成人高等教育教材

U0412067

线性代数

徐诚浩　编著

复旦大学出版社

内 容 提 要

本书是专门为全国成人高等学历教育编写的一本线性代数教材. 内容包括行列式、矩阵、向量、线性方程组、特征值与特征向量、正交矩阵与对称矩阵.

在编写本教材时,充分考虑到成人教育的实际情况以及成人教育的特点,在确保结构的系统性、推理的严密性、内容的应用性,以及叙述的通俗性前提下,在选材上坚持基础性. 本书的编写特点如下:概念叙述清楚、定理证明简晰、例题配置丰富、习题难度适当,减少了学习困难.

本书不但可以作为成人高等教育院校的线性代数教材,也是普通全日制本、专科学生学习线性代数课程的一本很好的参考书.

编者的话

线性代数是一门应用十分广泛的基础数学学科，是成人高等教育财经、管理、理、工、医等各个本科专业必修的一门公共课程. 线性代数学不但为研究和解决工程技术、经济管理中涉及多个变量的线性问题提供了有力的数学工具，也为很多相关专业课程准备好所需的基础知识. 所以，线性代数一直被列入成人高等教育必设的重要基础课程.

成人高等学历教育是我国成人教育的重要组成部分，发展并办好成人高等教育是极大的社会需求，可是缺少一本专为成人教育编写的专用教材. 面对如此庞大的知识群体和社会需求，作者认为理应做些力能所及的实事. 除了多年的授课经验以外，根据几十年的教学实践和长年积累的资料，结合成人教育的特点，编写成本教材. 为了确保教材的质量和适用性，在正式出版之前，在复旦大学继续教育学院以讲义形式在全院试用. 经过五年的教学实践，不断完善，终于能够正式出版了！

参加成人高等学历教育的学生的特点是，他们是利用业余时间前来"充电"、长知识、学才能的. 工作忙，家务重；年龄偏大，中断学习时间偏长. 这一切，在客观上给学习造成一定困难. 在编写本教材时，已充分顾及这一实际情况. 但是作为一本教材，必须要确保结构的系统性、推理的严密性，内容的应用性，以及叙述的通俗性. 再根据成人教育的实际情况，在选材上还要坚持基础性. 在编写本教材时，尽力遵循并实现这一宗旨. 教学重点是前四章内容. 凡是打有星号的内容可以选讲.

必须要提请学生注意的是，学习的重点应放在对概念和方法的正确理解和熟练运用上，善于对各种概念和结论举出正例与反例. 解题的熟练与技巧主要来源于对概念的透彻理解. 忽视概念而盲目解题，面对题目往往束手无策，甚至连题意都看不懂. 解题必须要学会举一反三，抓住关键知识点和解题思路，不能死记硬背，机械地生搬硬套．教材中的基本习题都是必须掌握的．学数学必须要做足够的练习题，而且要在掌握有关理论与方法的前提下，手脑联动，独立完成．光看不做，或不动脑筋地抄袭作业，收效甚微．

编写成人高等教育专用教材，是为全国成人教育学生服务的一件实事．复旦大学继续教育学院领导非常重视，江国伟副院长专门召开会议讨论有关事宜和实施方案．徐志玮与陈炳元两位老师和复旦大学出版社的梁玲编辑更是为这本教材的出版付出极大劳动．裘祖干教授一直大力支持这本教材的编写和试用．没有领导的支持和鼓励，没有有关老师的具体工作，这本教材是不可能问世的．在此向他们致以衷心、诚挚的感谢．

本教材在复旦大学继续教育学院各专业的五年试教中，郑广平、顾建弘、朱政华和叶月芳等老师提出了很多宝贵的修改意见，在此对他们深表感谢．编者虽已尽力而为，但限于水平和能力，难免仍有不妥当与错误之处，恳请同行与读者批评指正．

编者　徐诚浩　2011 年 10 月

目 录 Contents

预 备 知 识

一、连加号与连乘号

1. 连加号

$$\sum_{i=1}^{n} a_i = a_1 + a_2 + \cdots + a_n,$$

表示 n 个数 a_1, a_2, …, a_n 之和.

对于任意数 b,有 $\sum_{i=1}^{n}(ba_i) = b\sum_{i=1}^{n} a_i$,也就是说可从连加号中提出公因数.

2. 连乘号

$$\prod_{i=1}^{n} a_i = a_1 \times a_2 \times \cdots \times a_n,$$

表示 n 个数 a_1, a_2, …, a_n 之积. 特别地,

$$\prod_{k=1}^{n} k = 1 \times 2 \times \cdots \times n = n!,$$

念作"n **阶乘**".

对于任意数 b,有 $\prod_{i=1}^{n}(ba_i) = b^n \prod_{i=1}^{n} a_i$,也就是说从连乘号中需提出公因数 b 的 n 次方.

二、充分必要条件

这是一个专用的数学术语,其含义易被误解和错用.

设 A 表示"下大雨",B 表示"地面湿". 因为"下大雨"能**充分保证**"地面湿",所以我们就说"下大雨"是"地面湿"的充分条件;因为一旦"下大雨","地面**必定要**被淋湿",我们就说"地面湿"是"下大雨"的必要条件. 但"地面湿"不一定是"下大雨"造成的(可能是洒水车等其他原因造成的),所以"下大雨"不是"地面湿"的必要条

件;“地面湿”也不是“下大雨”的充分条件.

抽象地说,设 A 是“原因”,B 是“结果”,当 A 发生时,B 必发生,我们就说“原因”是“结果”的充分条件,“结果”是“原因”的必要条件.

设 A 和 B 表示两个命题. 如果当 A 正确时,B 一定正确,我们就说:A 是 B 的**充分条件**,B 是 A 的**必要条件**. 它们一定是成对存在的命题. 如果 A 既是 B 的充分条件,又是 B 的必要条件,则称 A 是 B 的**充分必要条件**,简称 A 是 B 的**充要条件**. 此时,B 也是 A 的充要条件. 有时也称 A 与 B 是**等价命题**,用记号 $A \Leftrightarrow B$ 表示. 它的另一种常用说法是:命题 A 成立**当且仅当**命题 B 成立. 这就是说,当 B 成立时,A 一定成立;而且只有当 B 成立时,A 才成立.

如果要证明 A 与 B 是等价命题,则由 A 成立推出 B 成立,称为**“必要性证明”**,用“$A \Rightarrow B$”表示. 由 B 成立推出 A 成立,称为**“充分性证明”**,用“$A \Leftarrow B$”表示.

例 0.1 两个三角形全等或相似的充分必要条件.

解 两个三角形全等$\Leftrightarrow$两个角对应相等且对应的两条夹边相等

$\Leftrightarrow$两条边对应相等且对应的两个夹角相等.

两个三角形全等$\Rightarrow$三个角对应相等. 反之并不成立.

两个三角形相似$\Leftrightarrow$三个角对应相等.

例 0.2 一个四边形是平行四边形或一个四边形中的四个角相等的条件.

解 一个四边形是平行四边形$\Leftrightarrow$有两条对应边平行而且相等.

一个四边形中的四个角相等$\Rightarrow$它是平行四边形. 反之并不成立.

因此,在命题 A 与 B 之间存在四种可能性:A 是 B 的**充分非必要条件**;A 是 B 的**必要非充分条件**;A 是 B 的**充要条件**和 A 是 B 的**无关的条件**.

三、数学归纳法

数学归纳法是数学中的一个基本证明方法. 我们先举例说明数学归纳法的证明步骤.

例 0.3 证明:对于任意正整数 n,都有求和公式

$$1+2+3+\cdots+n=\frac{n(n+1)}{2}.$$

证 首先,当 $n=1$ 时,此公式显然正确(我们把这一步称为**“归纳基础”**).

其次,假设此公式对于 $n=k$ 正确,即有

$$1+2+3+\cdots+k=\frac{k(k+1)}{2} \text{ (我们把这一步称为“归纳假设”)}.$$

最后,要证明此公式对 $n=k+1$ 也正确(我们把这一步称为**“归纳证明”**). 证法

如下：

$$
\begin{aligned}
& 1+2+3+\cdots+k+(k+1) \\
= & (1+2+3+\cdots+k)+(k+1) \\
= & \frac{k(k+1)}{2}+(k+1)=(k+1)\left(\frac{k+2}{2}\right) \\
= & \frac{(k+1)(k+2)}{2}.
\end{aligned}
$$

证毕

现在，我们把上述证明过程总结一下. 若把这个与正整数 n 有关的公式记为 $P(n)$，那么，$P(1)$ 正确就是归纳基础，这是需要证明的. 归纳假设就是“如果 $P(k)$ 正确”，这就是要证明的公式本身. 如果从这个“假设”出发，能证明 $P(k+1)$ 也正确，那么就完成了归纳证明. 结论是公式 $P(n)$ 对于任何正整数 n 都正确.

不过，归纳基础不一定要求从 $n=1$ 开始. 实际上，可以从任意一个取定的正整数 n_0 开始. 如果归纳基础 $P(n_0)$ 正确，只要从归纳假设“$P(k)$，$k\geqslant n_0$ 正确”可以证出“$P(k+1)$ 也正确”，那么，同样可以说，对于任何正整数 $n\geqslant n_0$，$P(n)$ 都正确.

例 0.4 证明：对于正整数 $n\geqslant 3$，都有 $2^n > 2n$.

证 首先，当 $n=3$ 时，显然有 $2^3=8>2\times 3=6$.

如果 $2^k>2k$ 是正确的，则必有 $k\geqslant 3$，那么一定有

$$2^{k+1}=2^k\times 2>2k\times 2>2(k+1),$$

这说明当 $n=k+1$ 时，公式也正确. 证毕

读者不妨证明一下，对于任意正整数 n，有平方和公式

$$\sum_{k=1}^{n} k^2=1^2+2^2+3^2+\cdots+n^2=\frac{n(n+1)(2n+1)}{6}.$$

本课程所涉及的线性代数学的核心内容是线性方程组的求解理论和求解方法. 面对一个从实际问题归纳出来的线性方程组，首先要判断它是否有解. 在有解时，要确定它只有一个解，还是有无穷多个解. 能否用一个简单的式子把线性方程组的所有的解都表示出来，更重要的是要具体给出线性方程组是不是有解的判别方法和求解方法. 所有这一切都必须应用一些数学工具，其中最有效的两个工具就是行列式和矩阵. 行列式计算和矩阵的初等变换是学习本课程必须掌握的两大基本功.

第 1 章

行　列　式

所谓行列式它是一个数，它有其独特的表示方法. 行列式有不同的阶数. 在本章中我们依次给出各个阶数的行列式的定义，讨论其性质，并进行计算.

§1.1　行列式的定义

最简单的行列式是**一阶行列式**

$$D_1 = | a | = a.$$

它就是数 a 本身.

注意　一阶行列式 $|a|$ 并不是指一个数 a 的绝对值. 例如，$|-5|=-5$，而不是 5.

为了引入二阶行列式的定义，我们先考虑以下含两个变量、两个方程的线性方程组的求解问题.

$$\begin{cases} a_{11}x_1 + a_{12}x_2 = b_1 & ① \\ a_{21}x_1 + a_{22}x_2 = b_2 & ② \end{cases},$$

为了在两个变量中消去一个变量，我们用第①式的 a_{22} 倍减去第②式的 a_{12} 倍，得到

$$(a_{11}a_{22} - a_{12}a_{21})x_1 + (a_{12}a_{22} - a_{12}a_{22})x_2 = b_1a_{22} - b_2a_{12}.$$

类似地，用第②式的 a_{11} 倍减去第①式的 a_{21} 倍，又得到

$$(a_{11}a_{21} - a_{11}a_{21})x_1 + (a_{11}a_{22} - a_{12}a_{21})x_2 = b_2a_{11} - b_1a_{21}.$$

因此只要引入以下三个记号

$$D = \begin{vmatrix} a_{11} & a_{12} \\ a_{21} & a_{22} \end{vmatrix} = a_{11}a_{22} - a_{12}a_{21},$$

$$D_1 = \begin{vmatrix} b_1 & a_{12} \\ b_2 & a_{22} \end{vmatrix} = b_1 a_{22} - b_2 a_{12},$$

$$D_2 = \begin{vmatrix} a_{11} & b_1 \\ a_{21} & b_2 \end{vmatrix} = b_2 a_{11} - b_1 a_{21},$$

就可以得到两个非常简单的式子

$$Dx_1 = D_1 \text{ 和 } Dx_2 = D_2.$$

于是，只要 $D \neq 0$，就可以求出此线性方程组的唯一解：

$$x_1 = \frac{D_1}{D},\ x_2 = \frac{D_2}{D}.$$

例 1.1.1 求出线性方程组 $\begin{cases} 2x - y = 5 \\ 3x + 2y = 11 \end{cases}$ 的解.

解 先求出三个值：

$$D = \begin{vmatrix} 2 & -1 \\ 3 & 2 \end{vmatrix} = 7,\ D_1 = \begin{vmatrix} 5 & -1 \\ 11 & 2 \end{vmatrix} = 21,\ D_2 = \begin{vmatrix} 2 & 5 \\ 3 & 11 \end{vmatrix} = 7.$$

据此即可求出唯一解：

$$x = \frac{21}{7} = 3,\ y = \frac{7}{7} = 1.$$

并且经过代入法可以验证它确实是解.

现在我们引入二阶行列式的定义. 所谓**二阶行列式**指的是数

$$D_2 = \begin{vmatrix} a_{11} & a_{12} \\ a_{21} & a_{22} \end{vmatrix} = a_{11}a_{22} - a_{12}a_{21}.$$

它是由四个数排成的正方形，两侧用两条竖线相围. 行列式中的数通常称为**元素**，其中，元素 a_{ij} 中的前一个下标 i 称为**行标**，后一个下标 j 称为**列标**. a_{ij} 在行列式的第 i 行与第 j 列的交叉位置上，常用(i, j)表示这个交叉位置. 例如，

$$\begin{vmatrix} 1 & 2 \\ 3 & 4 \end{vmatrix} = 4 - 6 = -2; \qquad \begin{vmatrix} 1 & 3 \\ 2 & 4 \end{vmatrix} = 4 - 6 = -2;$$

$$\begin{vmatrix} 3 & 4 \\ 1 & 2 \end{vmatrix} = 6 - 4 = 2; \qquad \begin{vmatrix} 3 & 1 \\ 4 & 2 \end{vmatrix} = 6 - 4 = 2;$$

$$\begin{vmatrix} a & b \\ 0 & d \end{vmatrix} = \begin{vmatrix} a & 0 \\ c & d \end{vmatrix} = \begin{vmatrix} a & 0 \\ 0 & d \end{vmatrix} = ad;\begin{vmatrix} a & b \\ c & 0 \end{vmatrix} = \begin{vmatrix} 0 & b \\ c & d \end{vmatrix} = \begin{vmatrix} 0 & b \\ c & 0 \end{vmatrix} = -bc.$$

有了二阶行列式的定义，自然要定义三阶行列式和更高阶的行列式.

定义 1.1.1 **三阶行列式**指的是数

$$D_3 = \begin{vmatrix} a_{11} & a_{12} & a_{13} \\ a_{21} & a_{22} & a_{23} \\ a_{31} & a_{32} & a_{33} \end{vmatrix}.$$

它是由九个数排成的正方形，两侧用两条竖线相围. 规定它的求值方法如下：

$$\begin{aligned} D_3 &= \begin{vmatrix} a_{11} & a_{12} & a_{13} \\ a_{21} & a_{22} & a_{23} \\ a_{31} & a_{32} & a_{33} \end{vmatrix} = a_{11}\begin{vmatrix} a_{22} & a_{23} \\ a_{32} & a_{33} \end{vmatrix} - a_{21}\begin{vmatrix} a_{12} & a_{13} \\ a_{32} & a_{33} \end{vmatrix} + a_{31}\begin{vmatrix} a_{12} & a_{13} \\ a_{22} & a_{23} \end{vmatrix} \\ &= a_{11}(a_{22}a_{33} - a_{23}a_{32}) - a_{21}(a_{12}a_{33} - a_{13}a_{32}) + a_{31}(a_{12}a_{23} - a_{13}a_{22}) \\ &= a_{11}a_{22}a_{33} + a_{12}a_{23}a_{31} + a_{13}a_{21}a_{32} - a_{13}a_{22}a_{31} - a_{12}a_{21}a_{33} - a_{11}a_{23}a_{32}. \quad ① \end{aligned}$$

我们把这种求值方法称为**“行列式按其第一列展开”**. 它把一个三阶行列式的计算化成计算三个二阶行列式的和.

注意 在第二个二阶行列式前面的系数 a_{21} 的前面必须取“－”号！

三阶行列式的上述求值的过程可用图 1.1.1 所示的方法帮助记忆.

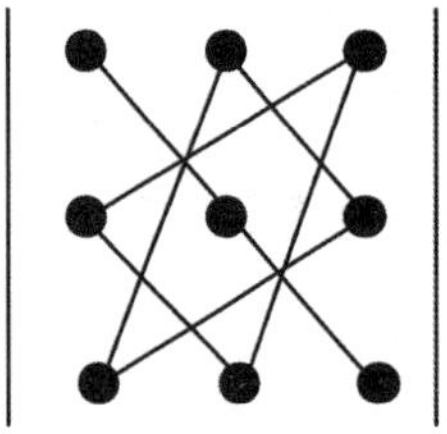

(a) 项前取“+”号

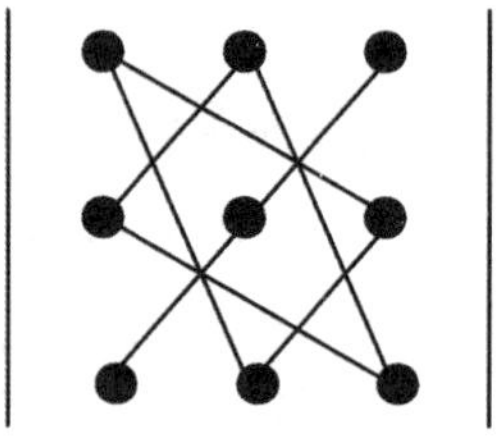

(b) 项前取“－”号

图 1.1.1

为了在后文中引用时叙述方便起见，我们把上述三阶行列式的示意图称为**“刮风法”**或**“画线法”**. 现将其含义说明如下：

在图 1.1.1(a)中有三条从“西北角”刮向“东南角”的平行线，其中一条长的线上有三个点，对应乘积项 $a_{11}a_{22}a_{33}$；以两条短平行线为底边可产生两个等腰三角形，每个三角形上有三个点，分别对应乘积项 $a_{12}a_{23}a_{31}$ 和 $a_{13}a_{21}a_{32}$. 规定这三项的前面都取正号. 类似地，在图 1.1.1(b)中有三条从“东北角”刮向“两南角”的平行线，其中一条长的线上有三个点，对应乘积项 $a_{13}a_{22}a_{31}$；以两条短平行线为底边可产生两个等腰三角形，每个三角形上有三个点，分别对应乘积项 $a_{12}a_{21}a_{33}$ 和 $a_{11}a_{23}a_{32}$. 规定这三项的前面都取负号. **规定**：刮西北风时，项前取正号；刮东北风时，项前取负号(都不包括数字 a_{ij} 本身的符号).

由这个定义可以看出：三阶行列式是 $3!=6$ 项代数和，每一项都是三个数的乘积，它们取之于 D_3 中不同的行和不同的列. 反之，任意取之于 D_3 中不同的行和不同的列的三个数的乘积都是 D_3 的展开式中的某一项. 每项前面的正负号的确定方法见图 1.1.1 所示.

例 1.1.2 计算 $D_3=\begin{vmatrix}2 & 5 & 6\\ 0 & -3 & -5\\ 1 & 2 & 3\end{vmatrix}$.

解 $$D_3=\begin{vmatrix}2 & 5 & 6\\ 0 & -3 & -5\\ 1 & 2 & 3\end{vmatrix}=2\times\begin{vmatrix}-3 & -5\\ 2 & 3\end{vmatrix}-0\times\begin{vmatrix}5 & 6\\ 2 & 3\end{vmatrix}+1\times\begin{vmatrix}5 & 6\\ -3 & -5\end{vmatrix}$$

$$=2(-9+10)+1(-25+18)=2-7=-5.$$

或者用刮风法求出

$$D_3=2\times(-3)\times3+5\times(-5)-6\times(-3)-2\times(-5)\times2=-5.$$

例 1.1.3 计算 $D_3=\begin{vmatrix}2 & -4 & 1\\ 3 & -6 & 3\\ -5 & 10 & 4\end{vmatrix}$.

解 $$D_3=\begin{vmatrix}2 & -4 & 1\\ 3 & -6 & 3\\ -5 & 10 & 4\end{vmatrix}=2\times\begin{vmatrix}-6 & 3\\ 10 & 4\end{vmatrix}-3\times\begin{vmatrix}-4 & 1\\ 10 & 4\end{vmatrix}-5\times\begin{vmatrix}-4 & 1\\ -6 & 3\end{vmatrix}$$

$$=2(-24-30)-3(-16-10)-5(-12+6)$$
$$=2\times(-54)-3\times(-26)-5(-6)=0.$$

或者用刮风法求出

$$D_3=2\times(-6)\times4+1\times3\times10+(-4)\times3\times(-5)$$
$$-1\times(-6)\times(-5)-(-4)\times3\times4-2\times3\times10=0.$$

例 1.1.4 $$\begin{vmatrix}a & a_{12} & a_{13}\\ 0 & b & a_{23}\\ 0 & 0 & c\end{vmatrix}=a\begin{vmatrix}b & a_{23}\\ 0 & c\end{vmatrix}=abc.$$

它的值与 a_{12}，a_{13}，a_{23} 的值毫无关系.

$$\begin{vmatrix} a & 0 & 0 \\ a_{21} & b & 0 \\ a_{31} & a_{32} & c \end{vmatrix} = a\begin{vmatrix} b & 0 \\ a_{32} & c \end{vmatrix} - a_{21}\begin{vmatrix} 0 & 0 \\ a_{32} & c \end{vmatrix} + a_{31}\begin{vmatrix} 0 & 0 \\ b & 0 \end{vmatrix} = abc.$$

它的值与 a_{21}，a_{31}，a_{32} 的值毫无关系.

例 1.1.5 $$\begin{vmatrix} a_{11} & a_{12} & a \\ a_{21} & b & 0 \\ c & 0 & 0 \end{vmatrix} = a_{11}\begin{vmatrix} b & 0 \\ 0 & 0 \end{vmatrix} - a_{21}\begin{vmatrix} a_{12} & a \\ 0 & 0 \end{vmatrix} + c\begin{vmatrix} a_{12} & a \\ b & 0 \end{vmatrix} = -abc.$$

它的值与 a_{11}，a_{12}，a_{21} 的值毫无关系.

$$\begin{vmatrix} 0 & 0 & a \\ 0 & b & a_{23} \\ c & a_{32} & a_{33} \end{vmatrix} = c\begin{vmatrix} 0 & a \\ b & a_{23} \end{vmatrix} = -abc.$$

它的值与 a_{23}，a_{32}，a_{33} 的值毫无关系.

例 1.1.6 设 a 和 b 是两个实数,则用刮风法容易判定

$$\begin{vmatrix} a & b & 0 \\ -b & a & 0 \\ 1 & 2 & 3 \end{vmatrix} = 3(a^2 + b^2) = 0 \Leftrightarrow a = b = 0.$$

$$\begin{vmatrix} a & 1 & 0 \\ 1 & a & 0 \\ 4 & 1 & 1 \end{vmatrix} = a^2 - 1 > 0 \Leftrightarrow |a| > 1 \Leftrightarrow a < -1,\text{或者 } a > 1.$$

为了把三阶行列式的这个定义推广到 n 阶行列式,我们把上述三阶行列式的展开式改写成另一种等价形式. 为此,需要引进如下三个二阶行列式:

$$M_{11} = \begin{vmatrix} a_{22} & a_{23} \\ a_{32} & a_{33} \end{vmatrix},\ M_{21} = \begin{vmatrix} a_{12} & a_{13} \\ a_{32} & a_{33} \end{vmatrix},\ M_{31} = \begin{vmatrix} a_{12} & a_{13} \\ a_{22} & a_{23} \end{vmatrix}.$$

易见,$M_{i1}(i=1,\ 2,\ 3)$是在三阶行列式 D_3 中划去第 i 行和第 1 列元素以后,剩下的四个数按原来的相对顺序所排成的二阶行列式. 进一步记

$$A_{i1} = (-1)^{i+1}M_{i1},$$

即

$$A_{11} = M_{11},\ A_{21} = -M_{21},\ A_{31} = M_{31},$$

于是，由三阶行列式的计算公式①可以得到三阶行列式的表示式

$$D_3=a_{11}M_{11}-a_{21}M_{21}+a_{31}M_{31}=a_{11}A_{11}+a_{21}A_{21}+a_{31}A_{31},$$

称为 D_3 的**按第一列展开式**. 我们经常把它简写成

$$D_3=\sum_{i=1}^{3}a_{i1}A_{i1}=\sum_{i=1}^{3}(-1)^{i+1}a_{i1}M_{i1}, \qquad ②$$

并称 M_{i1} 为元素 a_{i1} 在 D_3 中的**余子式**，称 A_{i1} 为元素 a_{i1} 在 D_3 中的**代数余子式**.

现在我们只要把②式中的“3”改成“n”，就可容易地引进 n 阶**行列式的递归定义**.

定义 1.1.2 由 n^2 个数 $a_{ij}(i=1,2,\cdots,n;\ j=1,2,\cdots,n)$ 所排成的 n **阶行列式**为

$$D_n=\begin{vmatrix} a_{11} & \cdots & a_{1j} & \cdots & a_{1n} \\ \vdots & & \vdots & & \vdots \\ a_{i1} & \cdots & a_{ij} & \cdots & a_{in} \\ \vdots & & \vdots & & \vdots \\ a_{n1} & \cdots & a_{nj} & \cdots & a_{nn} \end{vmatrix}=\sum_{i=1}^{n}a_{i1}A_{i1}=\sum_{i=1}^{n}(-1)^{i+1}a_{i1}M_{i1}$$

$$=a_{11}M_{11}-a_{21}M_{21}+a_{31}M_{31}-a_{41}M_{41}+\cdots+(-1)^{n+1}a_{n1}M_{n1}, \qquad ③$$

其中，$A_{i1}=(-1)^{i+1}M_{i1}(i=1,2,\cdots,n)$ 为元素 a_{i1} 在 D_n 中的**代数余子式**，而元素 a_{i1} 在 D_n 中的**余子式** M_{i1} 是 D_n 中划去第 i 行和第 1 列元素以后，剩下的 $(n-1)^2$ 个元素按原来的相对顺序所排成的 $n-1$ 阶行列式. 因此，一个 n 阶行列式计算归之于 n 个 $n-1$ 阶行列式计算. 展开式③中的每一项都由三部分组成：元素 a_{i1} 和它前面的符号 $(-1)^{i+1}$，以及它后面的余子式 M_{i1}. 三者缺一不可！

通常把上述 n 阶行列式 D_n 简记为 $|a_{ij}|_n$. 综上所述，可得如下的定理：

定理 1.1.1 n 阶行列式 D_n 是 $n!$ 项代数和，其中每一项都是 n 个数的乘积，它们取之于 D_n 中不同的行和不同的列. 反之，任意取之于 D_n 中不同的行和不同的列的 n 个数的乘积都是 D_n 的展开式中的某一项.

在这个定理中并未给出每一项前面的符号确定法则，它们由展开式③确定. 特别要提请注意的是，刮风法仅适用于二阶和三阶行列式. 对于高于三阶的行列式是无法用刮风法求值的！

例 1.1.7 计算 $D_4=\begin{vmatrix} 1 & 0 & 2 & 1 \\ 2 & -1 & 1 & 0 \\ 1 & 0 & 0 & 3 \\ -1 & 0 & 2 & 1 \end{vmatrix}$.

解 按第一列展开,有

$$D_4=(-1)^{1+1}\times1\times\begin{vmatrix}-1&1&0\\0&0&3\\0&2&1\end{vmatrix}+(-1)^{2+1}\times2\times\begin{vmatrix}0&2&1\\0&0&3\\0&2&1\end{vmatrix}+$$

$$(-1)^{3+1}\times1\times\begin{vmatrix}0&2&1\\-1&1&0\\0&2&1\end{vmatrix}+(-1)^{4+1}\times(-1)\times$$

$$\begin{vmatrix}0&2&1\\-1&1&0\\0&0&3\end{vmatrix}=6+0+0+6=12.$$

习题 1.1

1. 求下列行列式的值:

(1) $\begin{vmatrix}x+1&x\\x^2&x^2-x+1\end{vmatrix}$;　　(2) $\begin{vmatrix}1&\log_b a\\\log_a b&1\end{vmatrix}$;

(3) $\begin{vmatrix}\dfrac{1-x^2}{1+x^2}&\dfrac{2x}{1+x^2}\\\dfrac{-2x}{1+x^2}&\dfrac{1-x^2}{1+x^2}\end{vmatrix}$;　　(4) $\begin{vmatrix}0&a&0\\b&c&d\\0&e&0\end{vmatrix}$.

2. 在以下各题中,a 是参数.

(1) 求出 $\begin{vmatrix}a&3&4\\-1&a&0\\0&a&1\end{vmatrix}\neq0$ 的充要条件;

(2) 记 $D_3=\begin{vmatrix}a&1&1\\0&-1&0\\4&a&a\end{vmatrix}$,分别求出 $D_3<0$ 的充要条件和 $D_3>0$ 的充要条件.

3. 证明:当 $b\neq0$ 时,$\begin{vmatrix}a_{11}&a_{12}b^{-1}&a_{13}b^{-2}\\a_{21}b&a_{22}&a_{23}b^{-1}\\a_{31}b^2&a_{32}b&a_{33}\end{vmatrix}=\begin{vmatrix}a_{11}&a_{12}&a_{13}\\a_{21}&a_{22}&a_{23}\\a_{31}&a_{32}&a_{33}\end{vmatrix}$.

§1.2 行列式的展开

§1.1 中讲到的 n 阶行列式的展开式,规定是把 D_n 按其第一列展开,把阶数降低以后再求出其值.实际上,行列式可以按其任意一行或其任意一列按前述方法展开.

例 1.2.1 按前述图 1.1.1 所示的刮风方法可以求出

$$D=\begin{vmatrix}1&-1&2\\3&0&4\\2&1&1\end{vmatrix}=6-8+3-4=-3.$$

按第一列展开,得

$$D=1\times(0-4)-3(-1-2)+2(-4)=-4+9-8=-3.$$

按第二列展开,得

$$D=-(-1)(3-8)-(4-6)=-5+2=-3.$$

按第三列展开,得

$$D=2(3-0)-4(1+2)+3=6-12+3=-3.$$

按第一行展开,得

$$D=1\times(-4)-(-1)(3-8)+2(3-0)=-4-5+6=-3.$$

按第二行展开,得

$$D=-3(-1-2)-4(1+2)=9-12=-3.$$

按第三行展开,得

$$D=2(-4-0)-(4-6)+3=-8+2+3=-3.$$

这就是说,对于三阶行列式有以下两组展开式:

$$D_3=\begin{vmatrix}a_{11}&a_{12}&a_{13}\\a_{21}&a_{22}&a_{23}\\a_{31}&a_{32}&a_{33}\end{vmatrix}=a_{i1}A_{i1}+a_{i2}A_{i2}+a_{i3}A_{i3}$$

$$=(-1)^{i+1}a_{i1}M_{i1}+(-1)^{i+2}a_{i2}M_{i2}+(-1)^{i+3}a_{i3}M_{i3},\ 1\leqslant i\leqslant 3;$$

$$D_3=\begin{vmatrix}a_{11}&a_{12}&a_{13}\\a_{21}&a_{22}&a_{23}\\a_{31}&a_{32}&a_{33}\end{vmatrix}=a_{1j}A_{1j}+a_{2j}A_{2j}+a_{3j}A_{3j}$$

$$= (-1)^{1+j}a_{1j}M_{1j} + (-1)^{2+j}a_{2j}M_{2j} + (-1)^{3+j}a_{3j}M_{3j},\ 1 \leqslant j \leqslant 3,$$

分别称它们为**按第 i 行展开式和按第 j 列展开式**，其中，a_{ij} 在 D_3 中的**余子式** M_{ij} 是 D_3 中划去第 i 行和第 j 列以后，剩下的四个元素按原来的相对顺序所排成的二阶行列式，而**代数余子式** $A_{ij} = (-1)^{i+j}M_{ij}(i, j = 1, 2, 3)$.

例 1.2.2 求出 $D_3 = \begin{vmatrix} 2 & -1 & 0 \\ 4 & 1 & 2 \\ -1 & -1 & -1 \end{vmatrix}$ 中每个元素的余子式和代数余子式以及行列式的值.

解 $M_{11} = \begin{vmatrix} 1 & 2 \\ -1 & -1 \end{vmatrix} = 1$; $M_{12} = \begin{vmatrix} 4 & 2 \\ -1 & -1 \end{vmatrix} = -2$; $M_{13} = \begin{vmatrix} 4 & 1 \\ -1 & -1 \end{vmatrix} = -3$;

$M_{21} = \begin{vmatrix} -1 & 0 \\ -1 & -1 \end{vmatrix} = 1$; $M_{22} = \begin{vmatrix} 2 & 0 \\ -1 & -1 \end{vmatrix} = -2$; $M_{23} = \begin{vmatrix} 2 & -1 \\ -1 & -1 \end{vmatrix} = -3$;

$M_{31} = \begin{vmatrix} -1 & 0 \\ 1 & 2 \end{vmatrix} = -2$; $M_{32} = \begin{vmatrix} 2 & 0 \\ 4 & 2 \end{vmatrix} = 4$; $M_{33} = \begin{vmatrix} 2 & -1 \\ 4 & 1 \end{vmatrix} = 6$.

$A_{11} = 1$; $A_{12} = 2$; $A_{13} = -3$;

$A_{21} = -1$; $A_{22} = -2$; $A_{23} = 3$;

$A_{31} = -2$; $A_{32} = -4$; $A_{33} = 6$.

$D_3 = a_{11}A_{11} + a_{12}A_{12} + a_{13}A_{13} = 2 \times 1 + (-1) \times 2 = 0$.

为了便于把上述三阶行列式的两组展开式推广到 n 阶行列式，我们把它们缩写成

$$D_3 = \sum_{j=1}^{3}(-1)^{i+j}a_{ij}M_{ij} = \sum_{j=1}^{3}a_{ij}A_{ij},\ 1 \leqslant i \leqslant 3. \quad ④$$

$$D_3 = \sum_{i=1}^{3}(-1)^{i+j}a_{ij}M_{ij} = \sum_{i=1}^{3}a_{ij}A_{ij},\ 1 \leqslant j \leqslant 3. \quad ⑤$$

一般地，有以下重要定理：

定理 1.2.1(行列式按一行或按一列展开定理) n 阶行列式

$$D_n = \begin{vmatrix} a_{11} & \cdots & a_{1j} & \cdots & a_{1n} \\ \vdots & & \vdots & & \vdots \\ a_{i1} & \cdots & a_{ij} & \cdots & a_{in} \\ \vdots & & \vdots & & \vdots \\ a_{n1} & \cdots & a_{nj} & \cdots & a_{nn} \end{vmatrix}$$

$$= \sum_{j=1}^{n} a_{ij}A_{ij} = \sum_{j=1}^{n} (-1)^{i+j} a_{ij}M_{ij}, \ 1 \leqslant i \leqslant n. \quad ⑥$$

$$D_n = \sum_{i=1}^{n} a_{ij}A_{ij} = \sum_{i=1}^{n} (-1)^{i+j} a_{ij}M_{ij}, \ 1 \leqslant j \leqslant n. \quad ⑦$$

式⑥和式⑦分别称为 n 阶行列式**按其第 i 行展开式**和**按其第 j 列展开式**.

上述展开式中的每一项都由三部分组成：元素 a_{ij} 和它前面的符号 $(-1)^{i+j}$ 以及它后面的余子式 M_{ij}，三者缺一不可！为了便于记忆，不妨称它为**"展开三部曲"**.

推论 凡是含**零行**(行中元素全为零)或**零列**(列中元素全为零)的行列式必为零.

例 1.2.3 四类三角行列式的计算公式.

解
$$\begin{vmatrix} a_1 & * & \cdots & * \\ & a_2 & \cdots & * \\ & & \ddots & \vdots \\ & & & a_n \end{vmatrix} = \begin{vmatrix} a_1 & & & \\ * & a_2 & & \\ \vdots & \vdots & \ddots & \\ * & * & \cdots & a_n \end{vmatrix} = a_1a_2\cdots a_n = \prod_{i=1}^{n} a_i.$$

$$\begin{vmatrix} * & * & \cdots & * & a_1 \\ * & * & \cdots & a_2 & \\ \vdots & \vdots & \iddots & & \\ * & a_{n-1} & & & \\ a_n & & & & \end{vmatrix} = \begin{vmatrix} & & & & a_1 \\ & & & a_2 & * \\ & & \iddots & \vdots & \vdots \\ & a_{n-1} & \cdots & * & * \\ a_n & * & \cdots & * & * \end{vmatrix} = (-1)^{\frac{(n-1)n}{2}} \prod_{i=1}^{n} a_i.$$

说明 (1) 上述四类三角行列式中成片的空白处的元素都是零，它们可以省略不写. 凡是 $*$ 处的元素可以取任何值，它们不影响行列式的值.

(2) 在第一个式子中的两个行列式中，元素 $a_1, a_2, \cdots, a_n$ 所在的直线称为行列式的**主对角线**. 可以任意取值的元素都在主对角线的上面的行列式称为**上三角行列式**，在主对角线的下面的元素必须都是零；可以任意取值的元素都在主对角线的下面的行列式称为**下三角行列式**，在主对角线的上面的元素必须都是零. 所以上三角行列式和下三角行列式的值就是它的 n 个主对角元素 $a_1, a_2, \cdots, a_n$ 的乘积.

(3) 在第二个式子中的两个行列式中，元素 $a_1, a_2, \cdots, a_n$ 所在的直线称为行列式的**次对角线**. 可以任意取值的元素都在次对角线的左面的行列式称为**左三角行列式**，在次对角线的右面的元素必须都是零；可以任意取值的元素都在次对角线的右面的行列式称为**右三角行列式**，在次对角线的左面的元素必须都是零. 所以左三角行列式的值和右三角行列式的值就是它的 n 个次对角元素 $a_1, a_2, \cdots, a_n$ 的乘积再乘上 $(-1)^{\frac{n(n-1)}{2}}$. 取此名称的用意仅仅是为了叙述方便.

例如，若 D_n 是上述 n 阶左三角行列式，则可以直接求出

$$D_4 = (-1)^{\frac{4\times 3}{2}} \prod_{i=1}^{4} a_i = \prod_{i=1}^{4} a_i,$$

$$D_6 = (-1)^{\frac{6\times 5}{2}} \prod_{i=1}^{6} a_i = -\prod_{i=1}^{6} a_i.$$

(4) 关于这四类三角行列式的计算公式可以直接运用而不必深究其证明. 它们都可用行列式展开并对行列式的阶数用数学归纳法证明. 在此仅将上三角行列式的证明示范如下.

***证** 对于一阶行列式显然有 $D_1 = |a_1| = a_1$. 假设对于 k 阶行列式，有

$$D_k = \begin{vmatrix} a_1 & * & \cdots & * \\ & a_2 & \cdots & * \\ & & \ddots & \vdots \\ & & & a_k \end{vmatrix} = a_1 a_2 \cdots a_k,$$

则对于 $k+1$ 阶行列式有

$$D_{k+1} = \begin{vmatrix} a_1 & * & \cdots & * \\ & a_2 & \cdots & * \\ & & \ddots & \vdots \\ & & & a_{k+1} \end{vmatrix}_{k+1} = a_1 \begin{vmatrix} a_2 & * & \cdots & * \\ & a_3 & \cdots & * \\ & & \ddots & \vdots \\ & & & a_{k+1} \end{vmatrix}_{k} = a_1 a_2 \cdots a_{k+1}.$$

这就证明了对于任何正整数 n，都有 $D_n = a_1 a_2 \cdots a_n$. 证毕

例 1.2.4 若在 n 阶行列式 D_n 中至少有 $n^2 - n + 1$ 个元素为零，证明 $D_n = 0$.

证 在 D_n 中共有 n^2 个元素，由条件知道 D_n 中非零元素个数不会超过

$$n^2 - (n^2 - n + 1) = n - 1,$$

这说明 D_n 中一定有零行(也一定有零列)，所以 $D_n = 0$. 证毕

例 1.2.5 计算 $D_4 = \begin{vmatrix} 3 & -1 & 0 & 7 \\ 1 & 0 & 1 & 5 \\ 2 & 3 & -3 & 1 \\ 0 & 0 & 1 & -2 \end{vmatrix}$.

解 将行列式按其含零最多的第四行展开，得

$$D_4=\begin{vmatrix}3&-1&0&7\\1&0&1&5\\2&3&-3&1\\0&0&1&-2\end{vmatrix}=(-1)^{4+3}\begin{vmatrix}3&-1&7\\1&0&5\\2&3&1\end{vmatrix}+(-1)^{4+4}(-2)\begin{vmatrix}3&-1&0\\1&0&1\\2&3&-3\end{vmatrix}$$

$$=-(21-10+1-45)-2(-2-3-9)=33+28=61.$$

例 1.2.6 计算 $D_n=\begin{vmatrix}0&1&&&&\\&0&2&&&\\&&0&3&&\\&&&\ddots&\ddots&\\&&&&0&n-1\\n&&&&&0\end{vmatrix}$.

解 按其第 n 行展开即得

$$D_n=(-1)^{n+1}\times n\times\begin{vmatrix}1&&&\\&2&&\\&&\ddots&\\&&&n-1\end{vmatrix}=(-1)^{n+1}n!.$$

习题 1.2

1. 求出 $D=\begin{vmatrix}2&-1&0\\4&1&2\\-1&1&-1\end{vmatrix}$ 中所有元素的余子式和代数余子式的值，并求出 D 的值.

2. 已知四阶行列式 D 中第三列元素依次为 $-1, 2, 0, 1$，它们在 D 中的余子式依次为 $5, 3, -7, 4$，求出 D 的值.

3. 求出下列行列式的值：

(1) $\begin{vmatrix}-1&2&5&4\\0&3&2&0\\0&4&1&-1\\0&1&1&3\end{vmatrix}$； (2) $\begin{vmatrix}a_1&a_2&a_3&a_4\\b_1&b_2&b_3&b_4\\c&0&0&0\\d&0&0&0\end{vmatrix}$； (3) $\begin{vmatrix}a_1&0&0&b_1\\0&a_2&b_2&0\\0&c_2&d_2&0\\c_1&0&0&d_1\end{vmatrix}$.

4. 计算下列多项式：

(1) $f(x)=\begin{vmatrix}1&1&1&1\\0&1&-1&-1\\0&-1&1&-1\\x&-1&-1&1\end{vmatrix}$； (2) $f(x)=\begin{vmatrix}-1&0&x&1\\1&1&-1&-1\\1&-1&1&-1\\1&-1&-1&1\end{vmatrix}$.

5. 计算下列三角行列式：

(1) $D_5=\begin{vmatrix}0&0&0&0&1\\0&0&0&2&*\\0&0&3&*&*\\0&4&*&*&*\\5&*&*&*&*\end{vmatrix}$； (2) $D_6=\begin{vmatrix}*&*&*&*&*&1\\*&*&*&*&2&0\\*&*&*&3&0&0\\*&*&4&0&0&0\\*&5&0&0&0&0\\6&0&0&0&0&0\end{vmatrix}$.

§1.3 行列式的性质

由定义知道，一个 n 阶行列式是 $n!$ 项求和，而且每一项都是 n 个数的乘积，当 n 稍大一些时，计算量就非常大. 例如，十阶行列式的项数为 $10!=3\,628\,800$. 因此往往难以直接用定义去求行列式的值. 利用行列式性质可以有效地解决行列式求值的问题.

我们将列出行列式的以下五个性质. 读者务必要熟练运用.

性质 1.3.1 行列式经过转置以后其值不变，即：

$$\begin{vmatrix}a_{11}&a_{12}&\cdots&a_{1n}\\a_{21}&a_{22}&\cdots&a_{2n}\\\cdots&\cdots&\cdots&\cdots\\a_{n1}&a_{n2}&\cdots&a_{nn}\end{vmatrix}=\begin{vmatrix}a_{11}&a_{21}&\cdots&a_{n1}\\a_{12}&a_{22}&\cdots&a_{n2}\\\vdots&\vdots&\vdots&\vdots\\a_{1n}&a_{2n}&\cdots&a_{nn}\end{vmatrix}.$$

说明 所谓转置的含义是：以主对角线为轴，互换位于对称位置的两个元素，也就是互换行列式中的行与列的元素.

根据这个性质可知，在任意一个行列式中，行与列是处于对等地位的. 凡是对“行”成立的命题，对“列”一定成立；凡是对“列”成立的命题，对“行”也一定成立.

性质 1.3.2 用数 k 乘行列式 D 中某一行(列)中所有元素所得到的行列式等于 kD，也就是说，行列式可按其行和按其列提出公因数：

$$(k) \leftarrow \begin{vmatrix} \cdots & \cdots & \cdots & \cdots \\ ka_{i1} & ka_{i2} & \cdots & ka_{in} \\ \cdots & \cdots & \cdots & \cdots \end{vmatrix} = k\begin{vmatrix} \cdots & \cdots & \cdots & \cdots \\ a_{i1} & a_{i2} & \cdots & a_{in} \\ \cdots & \cdots & \cdots & \cdots \end{vmatrix}.$$

证 将左边的行列式按其第 i 行展开以后再提出公因数 k，即得右边的值.

$$\sum_{j=1}^{n}(ka_{ij})A_{ij} = k\sum_{j=1}^{n}a_{ij}A_{ij} = kD.$$

证毕

说明 必须要按行或按列逐次提出公因数.

例 1.3.1 计算 $\begin{vmatrix} 2 & 5 & 5 \\ 6 & 4 & 10 \\ 3 & 6 & 15 \end{vmatrix}$.

解 $\begin{vmatrix} 2 & 5 & 5 \\ 6 & 4 & 10 \\ 3 & 6 & 15 \end{vmatrix} = 2\times 3\times 5\times \begin{vmatrix} 2 & 5 & 1 \\ 3 & 2 & 1 \\ 1 & 2 & 1 \end{vmatrix} = 30\times(4+6+5-2-4-15)$

$= 30\times(-6) = -180.$

说明 分别在第二行、第三行和第三列中提出公因数，可以把行列式中数值化小以后再求值.

例 1.3.2 计算 $\begin{vmatrix} -ab & ac & ae \\ bd & -cd & de \\ bf & cf & -ef \end{vmatrix}$.

解 $\begin{vmatrix} -ab & ac & ae \\ bd & -cd & de \\ bf & cf & -ef \end{vmatrix} = abcdef\begin{vmatrix} -1 & 1 & 1 \\ 1 & -1 & 1 \\ 1 & 1 & -1 \end{vmatrix} = 4abcdef.$

例 1.3.3 证明 $D = \begin{vmatrix} 0 & a & b \\ -a & 0 & c \\ -b & -c & 0 \end{vmatrix} = 0.$

证 在每一行中都提出公因数(−1)，并用行列式性质 1.3.1 可得

$$D = \begin{vmatrix} 0 & a & b \\ -a & 0 & c \\ -b & -c & 0 \end{vmatrix} = (-1)^3\begin{vmatrix} 0 & -a & -b \\ a & 0 & -c \\ b & c & 0 \end{vmatrix} = -D.$$

因为行列式 D 是一个数，所以行列式 $D=0$. 证毕

说明 这种行列式称为**反对称行列式**，其中主对角线上的元素全为 0，而以主对角线为轴，两边处于对称位置上的元素异号.

对于三阶反对称行列式而言，直接用刮风法容易求出它的值为零. 用本题所述方法可以一般地证明：任意一个奇数阶反对称行列式必为零. 例如，五阶、七阶反对称行列式都必为零.

性质 1.3.3 互换行列式的某两行(列)，行列式改号，即

$$\begin{vmatrix} \cdots & \cdots & \cdots & \cdots \\ a_{i1} & a_{i2} & \cdots & a_{in} \\ \cdots & \cdots & \cdots & \cdots \\ a_{l1} & a_{l2} & \cdots & a_{ln} \\ \cdots & \cdots & \cdots & \cdots \end{vmatrix} = -\begin{vmatrix} \cdots & \cdots & \cdots & \cdots \\ a_{l1} & a_{l2} & \cdots & a_{ln} \\ \cdots & \cdots & \cdots & \cdots \\ a_{i1} & a_{i2} & \cdots & a_{in} \\ \cdots & \cdots & \cdots & \cdots \end{vmatrix}.$$

说明 根据这个性质可知，凡是有相同两行(列)的行列式一定为零. 这是由于互换这相同的两行仍然是原行列式，所以一定有 $D=-D$. 因为 D 为数，所以 $D=0$.

进一步地，凡是有两行(列)成比例的行列式一定为零. 这是由于

$$\begin{matrix} \\ \\ \\ (k)\leftarrow \\ \\ \end{matrix}\begin{vmatrix} \cdots & \cdots & \cdots & \cdots \\ a_{i1} & a_{i2} & \cdots & a_{in} \\ \cdots & \cdots & \cdots & \cdots \\ ka_{i1} & ka_{i2} & \cdots & ka_{in} \\ \cdots & \cdots & \cdots & \cdots \end{vmatrix} = k\begin{vmatrix} \cdots & \cdots & \cdots & \cdots \\ a_{i1} & a_{i2} & \cdots & a_{in} \\ \cdots & \cdots & \cdots & \cdots \\ a_{i1} & a_{i2} & \cdots & a_{in} \\ \cdots & \cdots & \cdots & \cdots \end{vmatrix} = 0.$$

例 1.3.4 求出 x 的方程 $f(x)=\begin{vmatrix} 1 & 1 & 2 & 3 \\ 1 & 2-x^2 & 2 & 3 \\ 2 & 3 & 1 & 5 \\ 2 & 3 & 1 & 9-x^2 \end{vmatrix}=0$ 所有的根.

解 根据定理 1 可知 $f(x)=(2-x^2)(9-x^2)+\cdots=0$ 一定是 x 的四次方程，它只有四个根. 因为当 $x=\pm1$ 和 $x=\pm2$ 时，得到有两行相同的行列式，其值为 0，所以，$x=\pm1$ 和 $x=\pm2$ 就是四次方程的四个根.

性质 1.3.4 行列式可以按其行(列)拆开，即：

$$\begin{vmatrix} \cdots & \cdots & \cdots & \cdots \\ b_{i1}+c_{i1} & b_{i2}+c_{i2} & \cdots & b_{in}+c_{in} \\ \cdots & \cdots & \cdots & \cdots \end{vmatrix}$$

$$=\begin{vmatrix} \cdots & \cdots & \cdots & \cdots \\ b_{i1} & b_{i2} & \cdots & b_{in} \\ \cdots & \cdots & \cdots & \cdots \end{vmatrix}+\begin{vmatrix} \cdots & \cdots & \cdots & \cdots \\ c_{i1} & c_{i2} & \cdots & c_{in} \\ \cdots & \cdots & \cdots & \cdots \end{vmatrix}.$$

证 将左边的行列式按其第 i 行展开即得右边两个行列式之和：

$$\sum_{j=1}^{n}(b_{ij}+c_{ij})A_{ij}=\sum_{j=1}^{n}b_{ij}A_{ij}+\sum_{j=1}^{n}c_{ij}A_{ij}.$$

证毕

说明 拆开时，不改变其他行中所有元素，必须逐行或逐列拆开求行列式的值.

例 1.3.5 计算 $\begin{vmatrix} a_1+a_2 & b_1+b_2 \\ c_1+c_2 & d_1+d_2 \end{vmatrix}$.

解 $$\begin{vmatrix} a_1+a_2 & b_1+b_2 \\ c_1+c_2 & d_1+d_2 \end{vmatrix}=\begin{vmatrix} a_1 & b_1 \\ c_1+c_2 & d_1+d_2 \end{vmatrix}+\begin{vmatrix} a_2 & b_2 \\ c_1+c_2 & d_1+d_2 \end{vmatrix}$$

$$=\begin{vmatrix} a_1 & b_1 \\ c_1 & d_1 \end{vmatrix}+\begin{vmatrix} a_1 & b_1 \\ c_2 & d_2 \end{vmatrix}+\begin{vmatrix} a_2 & b_2 \\ c_1 & d_1 \end{vmatrix}+\begin{vmatrix} a_2 & b_2 \\ c_2 & d_2 \end{vmatrix}.$$

$$\begin{vmatrix} a_1+a_2 & b_1+b_2 \\ c_1+c_2 & d_1+d_2 \end{vmatrix}=\begin{vmatrix} a_1 & b_1+b_2 \\ c_1 & d_1+d_2 \end{vmatrix}+\begin{vmatrix} a_2 & b_1+b_2 \\ c_2 & d_1+d_2 \end{vmatrix}$$

$$=\begin{vmatrix} a_1 & b_1 \\ c_1 & d_1 \end{vmatrix}+\begin{vmatrix} a_1 & b_2 \\ c_1 & d_2 \end{vmatrix}+\begin{vmatrix} a_2 & b_1 \\ c_2 & d_1 \end{vmatrix}+\begin{vmatrix} a_2 & b_2 \\ c_2 & d_2 \end{vmatrix}.$$

容易验证这两种不同的拆开方法所得的结果是相等的.

性质 1.3.5 把行列式 D 的某一行(列)的所有元素都乘以同一个数以后加到另一行(列)的对应元素上去，所得的行列式仍然是 D.

证 把 n 阶行列式

$$D=\begin{vmatrix} \cdots & \cdots & \cdots & \cdots \\ a_{i1} & a_{i2} & \cdots & a_{in} \\ \cdots & \cdots & \cdots & \cdots \\ a_{j1} & a_{j2} & \cdots & a_{jn} \\ \cdots & \cdots & \cdots & \cdots \end{vmatrix}$$

的第 j 行的 k 倍加到第 i 行上去即得

$$\begin{vmatrix} \cdots & \cdots & \cdots & \cdots \\ a_{i1}+ka_{j1} & a_{i2}+ka_{j2} & \cdots & a_{in}+ka_{jn} \\ \cdots & \cdots & \cdots & \cdots \\ a_{j1} & a_{j2} & \cdots & a_{jn} \\ \cdots & \cdots & \cdots & \cdots \end{vmatrix}$$

$$= \begin{vmatrix} \cdots & \cdots & \cdots & \cdots \\ a_{i1} & a_{i2} & \cdots & a_{in} \\ \cdots & \cdots & \cdots & \cdots \\ a_{j1} & a_{j2} & \cdots & a_{jn} \\ \cdots & \cdots & \cdots & \cdots \end{vmatrix} + k \begin{vmatrix} \cdots & \cdots & \cdots & \cdots \\ a_{j1} & a_{j2} & \cdots & a_{jn} \\ \cdots & \cdots & \cdots & \cdots \\ a_{j1} & a_{j2} & \cdots & a_{jn} \\ \cdots & \cdots & \cdots & \cdots \end{vmatrix} = D.$$

证毕

说明 这是一个被频繁使用的行列式性质. 我们把上述结论用下式表示:

$$D = \begin{vmatrix} \cdots & \cdots & \cdots & \cdots & \cdots \\ a_{i1} & a_{i2} & \cdots & \cdots & a_{in} \\ \cdots & \cdots & \cdots & \cdots & \cdots \\ a_{j1} & a_{j1} & \cdots & \cdots & a_{j1} \\ \cdots & \cdots & \cdots & \cdots & \cdots \end{vmatrix} \begin{matrix} \leftarrow\!\urcorner \\ \\ (k)\,\lrcorner \end{matrix} = \begin{vmatrix} \cdots & \cdots & \cdots & \cdots \\ a_{i1} & a_{i2} & \cdots & a_{in} \\ \cdots & \cdots & \cdots & \cdots \\ a_{j1} & a_{j2} & \cdots & a_{jn} \\ \cdots & \cdots & \cdots & \cdots \end{vmatrix}.$$

例 1.3.6 已知 $\begin{vmatrix} a_{11} & a_{12} & a_{13} \\ a_{21} & a_{22} & a_{23} \\ a_{31} & a_{32} & a_{33} \end{vmatrix} = a$, 求 $\begin{vmatrix} 2a_{11} & 2a_{12} & 2a_{13} \\ a_{21}+a_{31} & a_{22}+a_{32} & a_{23}+a_{33} \\ a_{11}+3a_{31} & a_{12}+3a_{32} & a_{13}+3a_{33} \end{vmatrix}$ 的值.

解

$$\begin{vmatrix} 2a_{11} & 2a_{12} & 2a_{13} \\ a_{21}+a_{31} & a_{22}+a_{32} & a_{23}+a_{33} \\ a_{11}+3a_{31} & a_{12}+3a_{32} & a_{13}+3a_{33} \end{vmatrix} \overset{(1)}{=} 2 \begin{vmatrix} a_{11} & a_{12} & a_{13} \\ a_{21}+a_{31} & a_{22}+a_{32} & a_{23}+a_{33} \\ a_{11}+3a_{31} & a_{12}+3a_{32} & a_{13}+3a_{33} \end{vmatrix} \overset{(2)}{=}$$

$$2 \begin{vmatrix} a_{11} & a_{12} & a_{13} \\ a_{21}+a_{31} & a_{22}+a_{32} & a_{23}+a_{33} \\ 3a_{31} & 3a_{32} & 3a_{33} \end{vmatrix} \overset{(3)}{=} 2 \times 3 \times \begin{vmatrix} a_{11} & a_{12} & a_{13} \\ a_{21} & a_{22} & a_{23} \\ a_{31} & a_{32} & a_{33} \end{vmatrix} = 6a.$$

说明 各个计算步骤说明如下:(1)在第一行中提出公因数 2;(2)在第三行中减去第一行,这就是把第一行的(−1)倍加到第三行上去;(3)先在第三行中提出公因数 3,再在第二行中减去第三行.

例 1.3.7 证明 $D = \begin{vmatrix} 1 & 1 & 0 & 0 \\ 1 & k & 1 & 0 \\ 0 & 0 & k & 2 \\ 0 & 0 & 2 & k \end{vmatrix} = 0$ 的充要条件是 $k = 1$ 或 $k = \pm 2$.

证 在第二行中减去第一行以后,再按第一列展开得到

$$D=\begin{vmatrix}1&1&0&0\\1&k&1&0\\0&0&k&2\\0&0&2&k\end{vmatrix}=\begin{vmatrix}1&1&0&0\\0&k-1&1&0\\0&0&k&2\\0&0&2&k\end{vmatrix}=\begin{vmatrix}k-1&1&0\\0&k&2\\0&2&k\end{vmatrix}=(k-1)(k^2-4).$$

所以 $D=0$ 的充要条件是 $k=1$ 或 $k=\pm 2$. 证毕

例 1.3.8 证明 $D_3=\begin{vmatrix}a_1-b_1&a_1-b_2&a_1-b_3\\a_2-b_1&a_2-b_2&a_2-b_3\\a_3-b_1&a_3-b_2&a_3-b_3\end{vmatrix}=0.$

证 在 D_3 的后两行中都减去第一行,即得

$$D_3=\begin{vmatrix}a_1-b_1&a_1-b_2&a_1-b_3\\a_2-b_1&a_2-b_2&a_2-b_3\\a_3-b_1&a_3-b_2&a_3-b_3\end{vmatrix}=\begin{vmatrix}a_1-b_1&a_1-b_2&a_1-b_3\\a_2-a_1&a_2-a_1&a_2-a_1\\a_3-a_1&a_3-a_1&a_3-a_1\end{vmatrix}$$

$$=(a_2-a_1)(a_3-a_1)\begin{vmatrix}a_1-b_1&a_1-b_2&a_1-b_3\\1&1&1\\1&1&1\end{vmatrix}=0.$$ 证毕

习题 1.3

1. 计算下列行列式的值:

(1) $\begin{vmatrix}10&8&2\\15&12&3\\20&32&12\end{vmatrix}$; (2) $\begin{vmatrix}6&42&27\\8&-28&36\\20&35&135\end{vmatrix}$;

(3) $\begin{vmatrix}-2&3&1\\503&201&298\\5&2&3\end{vmatrix}$; (4) $\begin{vmatrix}1&1&1&1\\1&2&3&4\\1&3&6&10\\1&4&10&20\end{vmatrix}$.

2. 求出下列方程所有的根:

(1) $\begin{vmatrix}1&1&1&1\\1&1-x&1&1\\1&1&2-x&1\\1&1&1&3-x\end{vmatrix}=0$; (2) $\begin{vmatrix}1&1&1&1\\1&1&-1&-1\\1&-1&1&-1\\x&-1&-1&1\end{vmatrix}=0$;

(3) $\begin{vmatrix} 1 & 2 & 3 & \cdots & n \\ 1 & x+1 & 3 & \cdots & n \\ 1 & 2 & x+1 & \cdots & n \\ \vdots & \vdots & \vdots & \vdots & \vdots \\ 1 & 2 & 3 & \cdots & x+1 \end{vmatrix} = 0$；

(4) $\begin{vmatrix} 1 & 1 & 1 & \cdots & 1 \\ x & a_1 & a_2 & \cdots & a_{n-1} \\ x^2 & a_1^2 & a_2^2 & \cdots & a_{n-1}^2 \\ \vdots & \vdots & \vdots & \vdots & \vdots \\ x^{n-1} & a_1^{n-1} & a_2^{n-1} & \cdots & a_{n-1}^{n-1} \end{vmatrix} = 0$；

(5) $\begin{vmatrix} x & 1 & 1 & 1 \\ 1 & x & 1 & 1 \\ 1 & 1 & x & 1 \\ 1 & 1 & 1 & x \end{vmatrix} = 0$；　　(6) $\begin{vmatrix} 2 & 3 & 1 & 5 \\ 2 & 3 & 1 & 9-x^2 \\ 1 & 2 & 3 & 4 \\ 2 & 4 & x^2 & 8 \end{vmatrix} = 0$.

3. 设 $A(x_1, y_1)$ 和 $B(x_2, y_2)$ 是平面上两个不同的点，证明过这两点的直线方程是

$$\begin{vmatrix} 1 & x & y \\ 1 & x_1 & y_1 \\ 1 & x_2 & y_2 \end{vmatrix} = 0.$$

4. 举例说明下列行列式等式未必成立：

$$\begin{vmatrix} a_1+a_2 & b_1+b_2 \\ c_1+c_2 & d_1+d_2 \end{vmatrix} = \begin{vmatrix} a_1 & b_1 \\ c_1 & d_1 \end{vmatrix} + \begin{vmatrix} a_2 & b_2 \\ c_2 & d_2 \end{vmatrix}.$$

5. 证明下列行列式等式：

(1) $\begin{vmatrix} a_1+kb_1 & b_1+lc_1 & c_1 \\ a_2+kb_2 & b_2+lc_2 & c_2 \\ a_3+kb_3 & b_3+lc_3 & c_3 \end{vmatrix} = \begin{vmatrix} a_1 & b_1 & c_1 \\ a_2 & b_2 & c_2 \\ a_3 & b_3 & c_3 \end{vmatrix}$；

(2) $\begin{vmatrix} b_1+c_1 & c_1+a_1 & a_1+b_1 \\ b_2+c_2 & c_2+a_2 & a_2+b_2 \\ b_3+c_3 & c_3+a_3 & a_3+b_3 \end{vmatrix} = 2\begin{vmatrix} a_1 & b_1 & c_1 \\ a_2 & b_2 & c_2 \\ a_3 & b_3 & c_3 \end{vmatrix}$.

6. 已知 $\begin{vmatrix} a_1 & b_1 & c_1 \\ a_2 & b_2 & c_2 \\ a_3 & b_3 & c_3 \end{vmatrix} = 1$，求 $\begin{vmatrix} 4a_1 & 2a_1-3b_1 & c_1 \\ 4a_2 & 2a_2-3b_2 & c_2 \\ 4a_3 & 2a_3-3b_3 & c_3 \end{vmatrix}$ 的值.

§1.4 行列式的计算

行列式计算主要采用以下两种基本方法：

(1) 利用行列式的性质，把原行列式化为容易求值的行列式，最常用的是化为三角行列式求值. 此时要注意的是，在互换两行或两列时，必须在新的行列式的前面乘上(−1). 在按其某一行或按其某一列提取公因数 k 时，必须在新的行列式的前面乘上 k.

(2) 把原行列式按选定的某一行或某一列展开，把阶数降低以后再求值. 通常是利用性质 1.3.5 产生尽可能多的零，再按其中含零最多的行或列展开. 此时必须注意不可缺一的"展开三部曲".

例 1.4.1 计算 $D_4 = \begin{vmatrix} 1 & 0 & 2 & 1 \\ 2 & -1 & 1 & 0 \\ 1 & 0 & 0 & 3 \\ -1 & 0 & 2 & 1 \end{vmatrix}$.

解 按其中含零最多的第二列展开：

$$D_4 = \begin{vmatrix} 1 & 0 & 2 & 1 \\ 2 & -1 & 1 & 0 \\ 1 & 0 & 0 & 3 \\ -1 & 0 & 2 & 1 \end{vmatrix} = (-1)^{2+2}(-1)\begin{vmatrix} 1 & 2 & 1 \\ 1 & 0 & 3 \\ -1 & 2 & 1 \end{vmatrix} = -\begin{vmatrix} 1 & 2 & 1 \\ 1 & 0 & 3 \\ -2 & 0 & 0 \end{vmatrix} = 12.$$

例 1.4.2 计算 $D_4 = \begin{vmatrix} 7 & 3 & 1 & -5 \\ 2 & 6 & -3 & 0 \\ 3 & 11 & -1 & 4 \\ -6 & 5 & 2 & -9 \end{vmatrix}$.

解 利用 $a_{13} = 1$ 把同列中其他元素都化为零以后，再展开求值.

$$D_4 = \begin{vmatrix} 7 & 3 & 1 & -5 \\ 2 & 6 & -3 & 0 \\ 3 & 11 & -1 & 4 \\ -6 & 5 & 2 & -9 \end{vmatrix} \overset{(1)}{=} \begin{vmatrix} 7 & 3 & 1 & -5 \\ 23 & 15 & 0 & -15 \\ 10 & 14 & 0 & -1 \\ -20 & -1 & 0 & 1 \end{vmatrix}$$

$$\overset{(2)}{=} (-1)^{1+3}\begin{vmatrix} 23 & 15 & -15 \\ 10 & 14 & -1 \\ -20 & -1 & 1 \end{vmatrix} \overset{(3)}{=} \begin{vmatrix} -277 & 0 & -15 \\ -10 & 13 & -1 \\ 0 & 0 & 1 \end{vmatrix}$$

$$=\begin{vmatrix}-277 & 0\\ -10 & 13\end{vmatrix}=-3\,601.$$

说明 (1) 利用 $a_{13}=1$ 把同列中其他元素都化为零;

(2) 按第三列展开;

(3) 利用 $a_{33}=1$ 把同行中其他元素都化为零.

这是一个常用的方法. 利用 $a_{ij}=\pm 1$ 可把同行或同列中的其他元素都化为零,然后按这一行或这一列展开,把行列式的阶降低一阶再求值.

例 1.4.3 计算 $D_4=\begin{vmatrix}7 & 3 & 2 & 6\\ 8 & -9 & 4 & 9\\ 7 & -2 & 7 & 3\\ 5 & -3 & 3 & 4\end{vmatrix}$.

解 $$D_4=\begin{vmatrix}7 & 3 & 2 & 6\\ 8 & -9 & 4 & 9\\ 7 & -2 & 7 & 3\\ 5 & -3 & 3 & 4\end{vmatrix}\overset{(1)}{=}\begin{vmatrix}7 & 3 & 2 & 6\\ 1 & -12 & 2 & 3\\ 0 & -5 & 5 & -3\\ -2 & -6 & 1 & -2\end{vmatrix}$$

$$\overset{(2)}{=}\begin{vmatrix}0 & 87 & -12 & -15\\ 1 & -12 & 2 & 3\\ 0 & -5 & 5 & -3\\ 0 & -30 & 5 & 4\end{vmatrix}\overset{(3)}{=}(-1)^{2+1}\begin{vmatrix}87 & -12 & -15\\ -5 & 5 & -3\\ -30 & 5 & 4\end{vmatrix}$$

$$\overset{(4)}{=}-3\begin{vmatrix}29 & -4 & -5\\ -5 & 5 & -3\\ -30 & 5 & 4\end{vmatrix}\overset{(5)}{=}-3\begin{vmatrix}29 & -4 & -5\\ -5 & 5 & -3\\ -1 & 1 & -1\end{vmatrix}$$

$$\overset{(6)}{=}-3\begin{vmatrix}25 & -4 & -9\\ 0 & 5 & 2\\ 0 & 1 & 0\end{vmatrix}=150.$$

说明 为了尽量避开极易算错的分数运算,当在行列式中没有元素±1 时,可以先用性质 1.3.5 产生±1. 本题的计算步骤说明如下:

(1) 在后三行中都减去第一行;

(2) 利用 $a_{21}=1$ 把同列中其他元素都化为零;

(3) 按第一列展开,前面必须加一个“-”号;

(4) 在第一行中提出公因数 3;

(5) 把第一行加到第三行上去;

(6) 利用 $a_{32}=1$ 把同行中其他元素都化为零.

例 1.4.4 计算 $D_4=\begin{vmatrix}3&1&1&1\\1&3&1&1\\1&1&3&1\\1&1&1&3\end{vmatrix}$.

解 $D_4=\begin{vmatrix}3&1&1&1\\1&3&1&1\\1&1&3&1\\1&1&1&3\end{vmatrix}=6\begin{vmatrix}1&1&1&1\\1&3&1&1\\1&1&3&1\\1&1&1&3\end{vmatrix}=6\begin{vmatrix}1&1&1&1\\&2&&\\&&2&\\&&&2\end{vmatrix}=48.$

说明 在每一行(列)中的所有元素的和都相同的行列式称为**同行(列)和行列式**. 对于那些"同行和行列式"和"同列和行列式",都可以采用简易方法求值. 这是一种重要的行列式求值方法.

先把 D_4 中的后三列都加到第一列上去,再提出公因数 6,然后在后三行中都减去第一行,即可化为三角行列式求值.

例 1.4.5 计算 $D_4=\begin{vmatrix}a&1&0&0\\-1&b&1&0\\0&-1&c&1\\0&0&-1&d\end{vmatrix}$.

解

$$\begin{vmatrix}a&1&0&0\\-1&b&1&0\\0&-1&c&1\\0&0&-1&d\end{vmatrix}\overset{(1)}{=}\begin{vmatrix}0&1+ab&a&0\\-1&b&1&0\\0&-1&0&1+cd\\0&0&-1&d\end{vmatrix}\overset{(2)}{=}\begin{vmatrix}1+ab&a&0\\-1&0&1+cd\\0&-1&d\end{vmatrix}$$

$$=(1+ab)(1+cd)+ad.$$

说明 在计算含文字的行列式的值时,切忌用文字作分母,因为文字可能取零值.

(1) 第二行乘 a 加到第一行上去,第四行乘 c 加到第三行上去;

(2) 按第一列展开.

例 1.4.6 计算 $D_4=\begin{vmatrix}a^2&(a+1)^2&(a+2)^2&(a+3)^2\\b^2&(b+1)^2&(b+2)^2&(b+3)^2\\c^2&(c+1)^2&(c+2)^2&(c+3)^2\\d^2&(d+1)^2&(d+2)^2&(d+3)^2\end{vmatrix}$.

解 在第三列中减去第二列，在第四列中减去第一列，得到有两列成比例的行列式如下：

$$D_4=\begin{vmatrix} a^2 & (a+1)^2 & (a+2)^2 & (a+3)^2 \\ b^2 & (b+1)^2 & (b+2)^2 & (b+3)^2 \\ c^2 & (c+1)^2 & (c+2)^2 & (c+3)^2 \\ d^2 & (d+1)^2 & (d+2)^2 & (d+3)^2 \end{vmatrix}=\begin{vmatrix} a^2 & (a+1)^2 & 2a+3 & 6a+9 \\ b^2 & (b+1)^2 & 2b+3 & 6b+9 \\ c^2 & (c+1)^2 & 2c+3 & 6c+9 \\ d^2 & (d+1)^2 & 2d+3 & 6d+9 \end{vmatrix}$$
$$=0.$$

*__例 1.4.7__ 计算 n 阶行列式 $D_n=\begin{vmatrix} 1+x_1y_1 & 1+x_1y_2 & \cdots & 1+x_1y_n \\ 1+x_2y_1 & 1+x_2y_2 & \cdots & 1+x_2y_n \\ \vdots & \vdots & & \vdots \\ 1+x_ny_1 & 1+x_ny_2 & \cdots & 1+x_ny_n \end{vmatrix}$.

解 显然，$D_1=1+x_1y_1$.

$$D_2=\begin{vmatrix} 1+x_1y_1 & 1+x_1y_2 \\ 1+x_2y_1 & 1+x_2y_2 \end{vmatrix}=\begin{vmatrix} 1+x_1y_1 & x_1(y_2-y_1) \\ 1+x_1y_1 & x_2(y_2-y_1) \end{vmatrix}$$

$$=(y_2-y_1)\begin{vmatrix} 1+x_1y_1 & x_1 \\ 1+x_2y_1 & x_2 \end{vmatrix}=(y_2-y_1)\begin{vmatrix} 1 & x_1 \\ 1 & x_2 \end{vmatrix}=(x_2-x_1)(y_2-y_1).$$

对于 $n\geqslant 3$，在第一列和第二列中都减去最后一列，再提出因此而产生的公因式 (y_1-y_n) 和 (y_2-y_n)，就得到前两列相同的行列式.

$$D_n=\begin{vmatrix} x_1(y_1-y_n) & x_1(y_2-y_n) & \cdots & 1+x_1y_n \\ x_2(y_1-y_n) & x_2(y_2-y_n) & \cdots & 1+x_2y_n \\ \vdots & \vdots & & \vdots \\ x_n(y_1-y_n) & x_n(y_2-y_n) & \cdots & 1+x_ny_n \end{vmatrix}$$

$$=(y_1-y_n)(y_2-y_n)\begin{vmatrix} x_1 & x_1 & \cdots & 1+x_1y_n \\ x_2 & x_2 & \cdots & 1+x_2y_n \\ \vdots & \vdots & & \vdots \\ x_n & x_n & \cdots & 1+x_ny_n \end{vmatrix}=0.$$

例 1.4.8 计算 $D_4=\begin{vmatrix} 2 & 3 & 1 & 0 \\ 4 & -2 & -1 & -1 \\ -2 & 1 & 2 & 1 \\ 0 & 1 & 1 & 0 \end{vmatrix}$.

解 $D_4 = \begin{vmatrix} 2 & 3 & 1 & 0 \\ 4 & -2 & -1 & -1 \\ -2 & 1 & 2 & 1 \\ 0 & 1 & 1 & 0 \end{vmatrix} \overset{(1)}{=} \begin{vmatrix} 2 & 3 & 1 & 0 \\ 0 & -8 & -3 & -1 \\ 0 & 4 & 3 & 1 \\ 0 & 1 & 1 & 0 \end{vmatrix} \overset{(2)}{=}$

$$-\begin{vmatrix} 2 & 3 & 1 & 0 \\ 0 & 1 & 1 & 0 \\ 0 & 4 & 3 & 1 \\ 0 & -8 & -3 & -1 \end{vmatrix} \overset{(3)}{=} -\begin{vmatrix} 2 & 3 & 1 & 0 \\ 0 & 1 & 1 & 0 \\ 0 & 0 & -1 & 1 \\ 0 & 0 & 5 & -1 \end{vmatrix} \overset{(4)}{=}$$

$$-\begin{vmatrix} 2 & 3 & 1 & 0 \\ 0 & 1 & 1 & 0 \\ 0 & 0 & -1 & 1 \\ 0 & 0 & 0 & 4 \end{vmatrix} = 8.$$

说明 (1) 利用 $a_{11} = 2$ 把同列中其他元素都化为 0;

(2) 互换第二行与第四行,行列式改号;

(3) 利用 $a_{22} = 1$ 把同列中**下面**的元素都化为 0;

(4) 利用 $a_{33} = -1$ 把同列中**下面**的元素都化为 0. 这是一个标准的化为三角行列式求值的例子.

当然,也可采用展开降阶的方法求值.

$$\begin{vmatrix} 2 & 3 & 1 & 0 \\ 4 & -2 & -1 & -1 \\ -2 & 1 & 2 & 1 \\ 0 & 1 & 1 & 0 \end{vmatrix} \overset{(1)}{=} \begin{vmatrix} 2 & 3 & -2 & 0 \\ 4 & -2 & 1 & -1 \\ -2 & 1 & 1 & 1 \\ 0 & 1 & 0 & 0 \end{vmatrix} \overset{(2)}{=} \begin{vmatrix} 2 & -2 & 0 \\ 4 & 1 & -1 \\ -2 & 1 & 1 \end{vmatrix}$$

$$= \begin{vmatrix} 2 & -2 & 0 \\ 4 & 1 & -1 \\ 2 & 2 & 0 \end{vmatrix} = \begin{vmatrix} 2 & -2 \\ 2 & 2 \end{vmatrix} = 8.$$

这里,(1) 在第三列中减去第二列;

(2) 按第四行展开.

例 1.4.9 证明 $D = \begin{vmatrix} a^2 & ab & b^2 \\ 2a & a+b & 2b \\ 1 & 1 & 1 \end{vmatrix} = (a-b)^3$.

【证法 1】 可直接求出

$$D = a^2(a+b) + 2ab^2 + 2ab^2 - b^2(a+b) - 2a^2b - 2a^2b = (a-b)^3.$$

【证法 2】 在 D 的后两列中都减去第一列得

$$D=\begin{vmatrix} a^2 & a(b-a) & (b+a)(b-a) \\ 2a & b-a & 2(b-a) \\ 1 & 0 & 0 \end{vmatrix}=(b-a)^2\begin{vmatrix} a & b+a \\ 1 & 2 \end{vmatrix}=(a-b)^3.$$

【证法 3】 在第一列中减去第二列的两倍以后，再加上第三列得

$$D=\begin{vmatrix} (a-b)^2 & ab & b^2 \\ 0 & a+b & 2b \\ 0 & 1 & 1 \end{vmatrix}=(a-b)^3.$$

例 1.4.10 范德蒙德(Van der Monde)行列式.

$$V_2=\begin{vmatrix} 1 & 1 \\ x_1 & x_2 \end{vmatrix}=x_2-x_1.$$

$$V_3=\begin{vmatrix} 1 & 1 & 1 \\ x_1 & x_2 & x_3 \\ x_1^2 & x_2^2 & x_3^2 \end{vmatrix}=\begin{vmatrix} 1 & 1 & 1 \\ 0 & x_2-x_1 & x_3-x_1 \\ 0 & x_2(x_2-x_1) & x_3(x_3-x_1) \end{vmatrix}$$

$$=(x_2-x_1)(x_3-x_1)\begin{vmatrix} 1 & 1 \\ x_2 & x_3 \end{vmatrix}=(x_2-x_1)(x_3-x_1)(x_3-x_2)=\prod_{1\leqslant j<i\leqslant 3}(x_i-x_j).$$

说明 先把第二行的$(-x_1)$倍加到第三行上去，再把第一行的$(-x_1)$倍加到第二行上去. 再按第一列展开并提出两个公因式，得到的是一个二阶范达蒙行列式.

例 1.4.11 计算行列式 $\begin{vmatrix} a & a^2 & a^3 \\ b & b^2 & b^3 \\ c & c^2 & c^3 \end{vmatrix}$.

解 $$\begin{vmatrix} a & a^2 & a^3 \\ b & b^2 & b^3 \\ c & c^2 & c^3 \end{vmatrix}=abc\begin{vmatrix} 1 & a & a^2 \\ 1 & b & b^2 \\ 1 & c & c^2 \end{vmatrix}=abc(b-a)(c-a)(c-b).$$

习题 1.4

1. 求下列行列式的值：

(1) $\begin{vmatrix} 1 & a & a^2 \\ 1 & b & b^2 \\ 1 & c & c^2 \end{vmatrix}$；　　(2) $\begin{vmatrix} 1 & 1 & 1 & 1 \\ -1 & 1 & 1 & 1 \\ -1 & -1 & 1 & 1 \\ -1 & -1 & -1 & 1 \end{vmatrix}$；

(3) $\begin{vmatrix} 1 & 2 & 3 & -1 \\ 1 & -1 & 0 & 2 \\ 0 & 1 & 0 & 1 \\ 0 & 0 & -1 & 2 \end{vmatrix}$； (4) $\begin{vmatrix} -1 & 2 & 5 & 4 \\ 0 & 1 & 1 & 3 \\ 0 & 4 & 1 & -1 \\ 0 & 3 & 2 & 0 \end{vmatrix}$；

(5) $\begin{vmatrix} 1 & 2 & -1 & 2 \\ 3 & 0 & 1 & 5 \\ 1 & -2 & 0 & 3 \\ -2 & -4 & 1 & 6 \end{vmatrix}$； (6) $\begin{vmatrix} 2 & 1 & 4 & -1 \\ 3 & -1 & 2 & -1 \\ 1 & 2 & 3 & -2 \\ 5 & 0 & 6 & -2 \end{vmatrix}$；

(7) $\begin{vmatrix} 1 & 0 & a & 1 \\ 0 & -1 & b & -1 \\ -1 & -1 & c & -1 \\ -1 & 1 & d & 0 \end{vmatrix}$； (8) $\begin{vmatrix} 0 & & & & & n \\ 1 & 0 & & & & \\ & 2 & 0 & & & \\ & & \ddots & \ddots & & \\ & & & \ddots & 0 & \\ & & & & n-1 & 0 \end{vmatrix}$；

(9) $D_n = \begin{vmatrix} a & b & & & & \\ & a & b & & & \\ & & a & \ddots & & \\ & & & \ddots & \ddots & \\ & & & & a & b \\ b & & & & & a \end{vmatrix}$.

2. 求下列行列式的值：

(1) $\begin{vmatrix} 1 & 2 & 3 \\ 3 & 1 & 2 \\ 2 & 3 & 1 \end{vmatrix}$； (2) $\begin{vmatrix} x & y & x+y \\ y & x+y & x \\ x+y & x & y \end{vmatrix}$；

(3) $\begin{vmatrix} 1 & 2 & 3 & 4 \\ 2 & 3 & 4 & 1 \\ 3 & 4 & 1 & 2 \\ 4 & 1 & 2 & 3 \end{vmatrix}$； (4) $\begin{vmatrix} 0 & 1 & 1 & 1 \\ 1 & 0 & 1 & 1 \\ 1 & 1 & 0 & 1 \\ 1 & 1 & 1 & 0 \end{vmatrix}$；

(5) $\begin{vmatrix} x & a & a & a & a \\ a & x & a & a & a \\ a & a & x & a & a \\ a & a & a & x & a \\ a & a & a & a & x \end{vmatrix}$； (6) $D_n = \begin{vmatrix} a & 1 & \cdots & 1 & 1 \\ 1 & a & \cdots & 1 & 1 \\ \vdots & \vdots & \ddots & \vdots & \vdots \\ 1 & 1 & \cdots & a & 1 \\ 1 & 1 & \cdots & 1 & a \end{vmatrix}$.

第2章

矩　　阵

矩阵是线性代数学中最重要的基本概念之一，它是研究和求解线性方程组的必不可少的工具.本章内容是全书的重点之一.

§2.1　矩阵的定义

我们还是出于研究线性方程组的需要引进矩阵这个全新的概念.

考虑如下形式的线性方程组：

$$\begin{cases} a_{11}x_1 + a_{12}x_2 + a_{13}x_3 = 0 \\ a_{21}x_1 + a_{22}x_2 + a_{23}x_3 = 0 \end{cases}.$$

它有多少个解，实际上是由它的六个系数 $a_{ij}(i=1,\ 2;\ j=1,\ 2,\ 3)$ 完全决定的. 既然如此，那么自然想到可以把这六个系数以及它们的排列方式抽出来单独研究，而不必繁琐地重复写出那些变量和方程. 特别对于那些含有很多方程和很多变量的线性方程组来说，把它们的全部系数按规定模式形成一个新的对象单独研究，就显得更加必要.

例如，上述线性方程组的系数可以对应一个矩形数表或者一个矩形阵列

$$\begin{pmatrix} a_{11} & a_{12} & a_{13} \\ a_{21} & a_{22} & a_{23} \end{pmatrix},$$

我们把它称为 2 行 3 列矩阵.

我们引进矩阵的一般定义.

定义 2.1.1　由 $m \times n$ 个数 $a_{ij}(i=1,\ 2,\ \cdots,\ m;\ j=1,\ 2,\ \cdots,\ n)$ 排成的 m 行 n 列矩形阵列

$$\begin{pmatrix} a_{11} & a_{12} & \cdots & a_{1n} \\ a_{21} & a_{22} & \cdots & a_{2n} \\ \vdots & \vdots & & \vdots \\ a_{m1} & a_{m2} & \cdots & a_{mn} \end{pmatrix}$$

称为 m **行** n **列矩阵**，简称 $m\times n$ **矩阵**. 通常记为

$$\boldsymbol{A}=(a_{ij})_{m\times n}\text{，或者}\quad (a_{ij})_{m\times n}\text{，或者}\quad \boldsymbol{A}_{m\times n}.$$

每个数 a_{ij} 称为矩阵的**元素**，这里，i 为元素的**行标**，j 为元素的**列标**，元素 a_{ij} 在矩阵 $\boldsymbol{A}$ 的第 i 行与第 j 列的交叉位置上，我们常用$(i,\ j)$表示这个交叉位置.

特别，当 $m=n$ 时，称 $\boldsymbol{A}=(a_{ij})_{n\times n}$ 为 n **阶方阵**，或简称为 n **阶阵**. 称 a_{11}，a_{22}，…，a_{nn} 为此方阵的**对角元**. 只有对于方阵才定义对角元. 对角元所在的直线称为**对角线**.

只有对于方阵这种特殊矩阵才定义"阶"的概念. 一般的矩阵称为 m 行 n 列矩阵.

元素全为零的矩阵称为**零阵**，用 $\boldsymbol{O}_{m\times n}$或 $\boldsymbol{O}$ 表示.

当 $m=1$ 时，称 $\boldsymbol{\alpha}=(a_1,\ a_2,\ \cdots,\ a_n)$ 为 n **维行向量**，它是 $1\times n$ 矩阵.

在书写时可以把行向量简写成 $\boldsymbol{\alpha}=(a_1,\ a_2,\ \cdots,\ a_n)$.

当 $n=1$ 时，称 $\boldsymbol{\beta}=\begin{pmatrix} b_1 \\ b_2 \\ \vdots \\ b_m \end{pmatrix}$ 为 m **维列向量**，它是 $m\times 1$ 矩阵.

在本课程中，我们约定：用黑粗体大写字母表示矩阵，用黑粗体小写字母表示向量.

我们把向量看成特殊的矩阵，而且它们是非常重要的矩阵. 这里，向量的**维数**指的是其中所含的分量的个数. 例如，$(a,\ b,\ c,\ d)$是四维行向量，$\begin{pmatrix} a \\ b \\ c \end{pmatrix}$是三维列向量.

当且仅当 $m=n=1$ 时，一阶方阵 $\boldsymbol{A}=(a)$ 才等同于一个数 a. 例如$(5)=5$，$(-5)=-5$.

常用的特殊方阵有以下几类：

(1) n **阶上三角阵与** n **阶下三角阵**

$$\begin{pmatrix} a_{11} & a_{12} & \cdots & a_{1n} \\ & a_{22} & \cdots & a_{2n} \\ & & \ddots & \vdots \\ & & & a_{nn} \end{pmatrix}, \begin{pmatrix} a_{11} & & & \\ a_{21} & a_{22} & & \\ \vdots & \vdots & \ddots & \\ a_{n1} & a_{n2} & \cdots & a_{nn} \end{pmatrix},$$

成片的空白处全为数 0.

(2) n **阶对角阵**

$$\boldsymbol{\Lambda} = \begin{pmatrix} a_1 & & & \\ & a_2 & & \\ & & \ddots & \\ & & & a_n \end{pmatrix},$$

成片的空白处全为数 0. 对角阵必须是方阵.

显然,某方阵是对角阵当且仅当它既是上三角阵,又是下三角阵.

当对角阵中 $a_1 = a_2 = \cdots = a_n = 1$ 时,称为**单位阵**. 常记为 $\boldsymbol{I}_n$ 或者 $\boldsymbol{E}_n$. 在不会引起混淆时,也可以用 $\boldsymbol{I}$ 或 $\boldsymbol{E}$ 表示单位阵.

当对角阵中 $a_1 = a_2 = \cdots = a_n = a$ 时,称它为**纯量阵(数量阵)**. 通常记为 $a\boldsymbol{I}_n$ 或者 $a\boldsymbol{E}_n$. 即

$$a\boldsymbol{I}_n = \begin{pmatrix} a & & & \\ & a & & \\ & & \ddots & \\ & & & a \end{pmatrix}_{n\times n}.$$

注意 (1) 矩阵是阵列,行列式是数,切勿混为一谈. 而且两者的记号"$|*|$"与"$(*)$"也不能用错! 这是初学者常犯的一个错误,他们往往用行列式记号表示矩阵.

(2) 矩阵的行数与列数未必相等,但行列式的行数必与其列数相等.

(3) 对于任意一个 n 阶方阵 $\boldsymbol{A} = (a_{ij})_{n\times n}$,一定对应有一个 n 阶行列式 $D = |a_{ij}|_n$. 我们称为对方阵 $\boldsymbol{A} = (a_{ij})_{n\times n}$ **取行列式**,并记为 $D = |\boldsymbol{A}| = |a_{ij}|_n$.

例如,对于 $\boldsymbol{A} = \begin{pmatrix} 1 & 2 \\ 3 & 4 \end{pmatrix}$ 可以取它的行列式为 $|\boldsymbol{A}| = \begin{vmatrix} 1 & 2 \\ 3 & 4 \end{vmatrix} = -2$.

注意 对于不是方阵的矩阵绝对不可取行列式. 例如对 $\boldsymbol{A} = \begin{pmatrix} 1 & 2 & 3 \\ 4 & 5 & 6 \end{pmatrix}$ 决不可取行列式:

$$|\boldsymbol{A}| = \begin{vmatrix} 1 & 2 & 3 \\ 4 & 5 & 6 \end{vmatrix}.$$

特别,对于维数大于 1 的向量决不可取行列式.

易见,三角阵的行列式等于其所有对角元的乘积,即若

$$\boldsymbol{A} = \begin{pmatrix} a_{11} & a_{12} & \cdots & a_{1n} \\ & a_{22} & \cdots & a_{2n} \\ & & \ddots & \vdots \\ & & & a_{nn} \end{pmatrix}, \boldsymbol{B} = \begin{pmatrix} a_{11} & & & \\ a_{21} & a_{22} & & \\ \vdots & \vdots & \ddots & \\ a_{n1} & a_{n2} & \cdots & a_{nn} \end{pmatrix},$$

则 $|\boldsymbol{A}| = |\boldsymbol{B}| = \prod_{i=1}^{n} a_{ii}$. 特别地,有 $|a\boldsymbol{I}_n| = a^n$, $|\boldsymbol{I}_n| = 1$.

§2.2 矩 阵 运 算

矩阵既然是一个全新的研究对象,而且它又不是一个数,当然要定义一系列全新的运算.对于这些全新的运算,初学时可能有些新奇和不习惯,但是对于每一种运算必须弄清它的定义,并且要熟练掌握.

一、相等

设 $\boldsymbol{A} = (a_{ij})_{m\times n}$, $\boldsymbol{B} = (b_{ij})_{k\times l}$ 是两个矩阵,则规定

$$\boldsymbol{A} = \boldsymbol{B} \Leftrightarrow m = k,\ n = l \text{ 且 } a_{ij} = b_{ij},\ i = 1, 2, \cdots, m;\ j = 1, 2, \cdots, n.$$

也就是说,两个矩阵相等,指的是它们的行数相同且列数相同,而且所有处于相同位置的一对数都必须对应相等.

因此, $\boldsymbol{A} = (a_{ij})_{m\times n} = \boldsymbol{O} \Leftrightarrow \forall a_{ij} = 0,\ i = 1, 2, \cdots, m;\ j = 1, 2, \cdots, n.$ 这里的"$\forall$"是常用的数学符号,其含义是"for all,对于所有的".

注意 行列式相等与矩阵相等有本质区别.设 $\boldsymbol{A}$ 和 $\boldsymbol{B}$ 是两个同阶方阵(即阶数相等的方阵),则当 $\boldsymbol{A} = \boldsymbol{B}$ 时一定有 $|\boldsymbol{A}| = |\boldsymbol{B}|$. 但是反之却不然,不能根据 $|\boldsymbol{A}| = |\boldsymbol{B}|$ 就断言 $\boldsymbol{A} = \boldsymbol{B}$.

例如: $\begin{vmatrix} 1 & 0 \\ 0 & 1 \end{vmatrix} = \begin{vmatrix} 1 & 2 \\ 0 & 1 \end{vmatrix} = \begin{vmatrix} 0.5 & 0 \\ 3 & 2 \end{vmatrix} = 1$,但是,对应的三个方阵却两两不等,

$$\begin{pmatrix} 1 & 0 \\ 0 & 1 \end{pmatrix} \neq \begin{pmatrix} 1 & 2 \\ 0 & 1 \end{pmatrix} \neq \begin{pmatrix} 0.5 & 0 \\ 3 & 2 \end{pmatrix}.$$

二、加、减法

我们规定：两个矩阵 $\boldsymbol{A}=(a_{ij})$ 和 $\boldsymbol{B}=(b_{ij})$ 可以相加和相减，当且仅当 $\boldsymbol{A}$ 的行数与 $\boldsymbol{B}$ 的行数相等，而且 $\boldsymbol{A}$ 的列数与 $\boldsymbol{B}$ 的列数相等. 此时，把对应元素相加或相减即得

$$\boldsymbol{A}\pm\boldsymbol{B}=(a_{ij})_{m\times n}\pm(b_{ij})_{m\times n}=(a_{ij}\pm b_{ij})_{m\times n}.$$

例 2.2.1 计算 $\begin{pmatrix}1&2&3&4\\5&6&7&8\end{pmatrix}\pm\begin{pmatrix}0&1&4&5\\2&3&0&8\end{pmatrix}$.

解 $\begin{pmatrix}1&2&3&4\\5&6&7&8\end{pmatrix}+\begin{pmatrix}0&1&4&5\\2&3&0&8\end{pmatrix}=\begin{pmatrix}1&3&7&9\\7&9&7&16\end{pmatrix}$.

$\begin{pmatrix}1&2&3&4\\5&6&7&8\end{pmatrix}-\begin{pmatrix}0&1&4&5\\2&3&0&8\end{pmatrix}=\begin{pmatrix}1&1&-1&-1\\3&3&7&0\end{pmatrix}$.

加、减法运算律

(1) 交换律 $\boldsymbol{A}+\boldsymbol{B}=\boldsymbol{B}+\boldsymbol{A}$.

(2) 结合律 $(\boldsymbol{A}+\boldsymbol{B})+\boldsymbol{C}=\boldsymbol{A}+(\boldsymbol{B}+\boldsymbol{C})$.

(3) 消去律 $\boldsymbol{A}\pm\boldsymbol{C}=\boldsymbol{B}\pm\boldsymbol{C}\Leftrightarrow\boldsymbol{A}=\boldsymbol{B}$.

这些运算律的正确性是显然的.

注意 行列式相加与矩阵相加有本质区别：

矩阵相加，$\begin{pmatrix}a_1+a_2&b_1+b_2\\c_1+c_2&d_1+d_2\end{pmatrix}=\begin{pmatrix}a_1&b_1\\c_1&d_1\end{pmatrix}+\begin{pmatrix}a_2&b_2\\c_2&d_2\end{pmatrix}$.

行列式相加，$\begin{vmatrix}a_1+a_2&b_1+b_2\\c_1+c_2&d_1+d_2\end{vmatrix}=\begin{vmatrix}a_1&b_1\\c_1&d_1\end{vmatrix}+\begin{vmatrix}a_1&b_2\\c_1&d_2\end{vmatrix}+\begin{vmatrix}a_2&b_1\\c_2&d_1\end{vmatrix}+\begin{vmatrix}a_2&b_2\\c_2&d_2\end{vmatrix}$.

三、数乘运算

对于任意一个 $m\times n$ 矩阵 $\boldsymbol{A}=(a_{ij})$ 和任意一个数 k，规定 k 与 $\boldsymbol{A}$ 的乘积为

$$k\boldsymbol{A}=(ka_{ij})_{m\times n}.$$

根据一个数乘一个矩阵的定义可以知道，纯量阵 $a\boldsymbol{I}_n$ 就是数 a 与单位阵 $\boldsymbol{I}_n$ 的乘积.

一个 $m\times n$ 矩阵 $\boldsymbol{A}=(a_{ij})$ 的**负阵**指的是

$$-\boldsymbol{A}=(-1)\boldsymbol{A}=(-a_{ij})_{m\times n}.$$

一定有 $\boldsymbol{A}+(-\boldsymbol{A})=\boldsymbol{O}$.

注意 一个数 k 与矩阵 $\boldsymbol{A}$ 的乘积是 $\boldsymbol{A}$ 中所有元素都要乘 k，而一个数 k 与行列式 D_n 的乘积是用 k 乘 D_n 中某一行中的所有元素，或者用 k 乘 D_n 中某一列中的所有元素，所以这两种数乘是截然不同的！

正因为有这个本质的区别，所以由数乘矩阵运算的定义可以知道，对于任意一个 n 阶方阵 $\boldsymbol{A}$ 和任意一个数 k，有非常重要的关系式

$$|k\boldsymbol{A}|=k^n|\boldsymbol{A}|.$$

这是由于在 $|k\boldsymbol{A}|$ 的每一行中都要提出公因数 k，所以得到的是 $|k\boldsymbol{A}|=k^n|\boldsymbol{A}|$，而不是 $|k\boldsymbol{A}|=k|\boldsymbol{A}|$.

例如 $\boldsymbol{A}=\begin{pmatrix}1&2\\3&4\end{pmatrix}$, $k=5$, 则

$$|k\boldsymbol{A}|=\begin{vmatrix}5\times1&5\times2\\5\times3&5\times4\end{vmatrix}=5^2\begin{vmatrix}1&2\\3&4\end{vmatrix}=25\times(-2)=-50.$$

例 2.2.2 已知 $\boldsymbol{A}$ 是行列式的值为 d 的 n 阶方阵，求方阵 $d\boldsymbol{A}$ 的行列式.

解 若 $\boldsymbol{A}$ 是行列式的值为 d 的 n 阶方阵，则 n 阶方阵 $d\boldsymbol{A}$ 的行列式

$$|d\boldsymbol{A}|=d^n|\boldsymbol{A}|=d^{n+1}.$$

数乘运算律

(1) 交换律 $k\boldsymbol{A}=\boldsymbol{A}k$, k 为任意数.

(2) 结合律 $(kl)\boldsymbol{A}=k(l\boldsymbol{A})=kl\boldsymbol{A}$, k 和 l 为任意数.

(3) 分配律 $k(\boldsymbol{A}\pm\boldsymbol{B})=k\boldsymbol{A}\pm k\boldsymbol{B}$, $(k\pm l)\boldsymbol{A}=k\boldsymbol{A}\pm l\boldsymbol{A}$, k 和 l 为任意数.

四、乘法运算

矩阵乘法是矩阵最具特色的运算. 在给出它的定义之前，我们先举两个实例说明矩阵乘法定义的背景.

例 2.2.3 设某工厂生产编号为 1, 2, 3 的三种产品供应市场. 用 $a_{ij}(i=1, 2, 3, 4;\ j=1, 2, 3)$ 表示在第 i 个季度生产第 j 号产品的产量，则可以写出该工厂一年四个季度中产品的产量矩阵

$$\boldsymbol{A}=\begin{pmatrix}a_{11}&a_{12}&a_{13}\\a_{21}&a_{22}&a_{23}\\a_{31}&a_{32}&a_{33}\\a_{41}&a_{42}&a_{43}\end{pmatrix}.$$

用 $b_{i1}(i=1,2,3)$ 表示第 i 号产品的单位产品的销售价格(收入额)，$b_{i2}(i=1,2,3)$ 表示第 i 号产品的单位产品的利润,则可以写出单位产品的收入与利润矩阵

$$\boldsymbol{B}=\begin{pmatrix} b_{11} & b_{12} \\ b_{21} & b_{22} \\ b_{31} & b_{32} \end{pmatrix}.$$

假设产品全部售出,那么容易求出第 i 个季度生产出来的各种产品的总收入为

$$c_{i1}=a_{i1}b_{11}+a_{i2}b_{21}+a_{i3}b_{31},\ i=1,2,3,4.$$

第 i 个季度生产出来的各种产品的总利润为

$$c_{i2}=a_{i1}b_{12}+a_{i2}b_{22}+a_{i3}b_{32},\ i=1,2,3,4.$$

于是该工厂的一年中的总收入和总利润矩阵为

$$\boldsymbol{C}=\begin{pmatrix} c_{11} & c_{12} \\ c_{21} & c_{22} \\ c_{31} & c_{32} \\ c_{41} & c_{42} \end{pmatrix}.$$

根据上述八个关系式可以写出

$$\boldsymbol{C}=\begin{pmatrix} a_{11}b_{11}+a_{12}b_{21}+a_{13}b_{31} & a_{11}b_{12}+a_{12}b_{22}+a_{13}b_{32} \\ a_{21}b_{11}+a_{22}b_{21}+a_{23}b_{31} & a_{21}b_{12}+a_{22}b_{22}+a_{23}b_{32} \\ a_{31}b_{11}+a_{32}b_{21}+a_{33}b_{31} & a_{31}b_{12}+a_{32}b_{22}+a_{33}b_{32} \\ a_{41}b_{11}+a_{42}b_{21}+a_{43}b_{31} & a_{41}b_{12}+a_{42}b_{22}+a_{43}b_{32} \end{pmatrix}.$$

我们就把这种矩阵 $\boldsymbol{C}$ 定义成矩阵 $\boldsymbol{A}$ 和 $\boldsymbol{B}$ 的乘积,记为 $\boldsymbol{C}=\boldsymbol{AB}$.

例 2.2.4 线性方程组 $\begin{cases} a_{11}x_1+a_{12}x_2=b_1 \\ a_{21}x_1+a_{22}x_2=b_2 \\ a_{31}x_1+a_{32}x_2=b_3 \end{cases}$

可以改写成矩阵形式

$$\begin{pmatrix} a_{11} & a_{12} \\ a_{21} & a_{22} \\ a_{31} & a_{31} \end{pmatrix}\begin{pmatrix} x_1 \\ x_2 \end{pmatrix}=\begin{pmatrix} b_1 \\ b_2 \\ b_3 \end{pmatrix},$$

即 $\boldsymbol{Ax}=\boldsymbol{b}$.

其中 $\boldsymbol{A}=\begin{pmatrix} a_{11} & a_{12} \\ a_{21} & a_{22} \\ a_{31} & a_{31} \end{pmatrix}$, $\boldsymbol{x}=\begin{pmatrix} x_1 \\ x_2 \end{pmatrix}$, $\boldsymbol{b}=\begin{pmatrix} b_1 \\ b_2 \\ b_3 \end{pmatrix}$.

列向量 $\boldsymbol{b}$ 中第一个数 b_1 是矩阵 $\boldsymbol{A}$ 的第一行中的两个数与列向量 $\boldsymbol{x}$ 中的两个数的乘积之和：$b_1=a_{11}x_1+a_{12}x_2$；第二个数 b_2 是 $\boldsymbol{A}$ 的第二行中的两个数与 $\boldsymbol{x}$ 中的两个数的乘积之和：$b_2=a_{21}x_1+a_{22}x_2$；第三个数 b_3 是 $\boldsymbol{A}$ 的第三行中的两个数与 $\boldsymbol{x}$ 中的两个数的乘积之和：$b_3=a_{31}x_1+a_{32}x_2$. 我们把列向量 $\boldsymbol{b}$ 看成是矩阵 $\boldsymbol{A}$ 与列向量 $\boldsymbol{x}$ 的乘积.

例 2.2.5 仿照例 2.2.4 中矩阵相乘的方法容易得到以下的矩阵等式：

$$\begin{pmatrix} 1 & 0 & -1 \\ 2 & 1 & 0 \\ 3 & 2 & -1 \end{pmatrix}\begin{pmatrix} 1 \\ 3 \\ 0 \end{pmatrix}=\begin{pmatrix} 1\times1+0\times3+(-1)\times0 \\ 2\times1+1\times3+0\times0 \\ 3\times1+2\times3+(-1)\times0 \end{pmatrix}=\begin{pmatrix} 1 \\ 5 \\ 9 \end{pmatrix},$$

$$\begin{pmatrix} 1 & 0 & -1 \\ 2 & 1 & 0 \\ 3 & 2 & -1 \end{pmatrix}\begin{pmatrix} 0 \\ 1 \\ 2 \end{pmatrix}=\begin{pmatrix} 1\times0+0\times1+(-1)\times2 \\ 2\times0+1\times1+0\times2 \\ 3\times0+2\times1+(-1)\times2 \end{pmatrix}=\begin{pmatrix} -2 \\ 1 \\ 0 \end{pmatrix}.$$

在实际计算时可直接写出 $\begin{pmatrix} 1 & 0 & -1 \\ 2 & 1 & 0 \\ 3 & 2 & -1 \end{pmatrix}\begin{pmatrix} 1 & 0 \\ 3 & 1 \\ 0 & 2 \end{pmatrix}=\begin{pmatrix} 1 & -2 \\ 5 & 1 \\ 9 & 0 \end{pmatrix}$.

现在引进**矩阵乘法**的定义如下：

设 $\boldsymbol{A}=(a_{ij})_{m\times k}$, $\boldsymbol{B}=(b_{ij})_{k\times n}$, $\boldsymbol{C}=\boldsymbol{AB}=(c_{ij})_{m\times n}$, 即

$$\begin{pmatrix} \cdots & \cdots & \cdots & \cdots \\ a_{i1} & a_{i2} & \cdots & a_{ik} \\ \cdots & \cdots & \cdots & \cdots \end{pmatrix}\begin{pmatrix} \vdots & b_{1j} & \vdots \\ \vdots & b_{2j} & \vdots \\ \vdots & \vdots & \vdots \\ \vdots & b_{kj} & \vdots \end{pmatrix}=\begin{pmatrix} & \vdots & \\ \cdots & c_{ij} & \cdots \\ & \vdots & \end{pmatrix},$$

其中

$$c_{ij}=a_{i1}b_{1j}+a_{i2}b_{2j}+\cdots+a_{ik}b_{kj},\ i=1, 2, \cdots, m;\ j=1, 2, \cdots, n.$$

即 $\boldsymbol{C}$ 中的第 i 行、第 j 列元素 c_{ij} 是 $\boldsymbol{A}$ 中的第 i 行中的 k 个元素与 $\boldsymbol{B}$ 中的第 j 列中的对应的 k 个元素的乘积之和.

由此定义可以推出以下两个重要结论：

(1) 两个矩阵 $\boldsymbol{A}=(a_{ij})$ 和 $\boldsymbol{B}=(b_{ij})$ 可以相乘，当且仅当 $\boldsymbol{A}$ 的列数与 $\boldsymbol{B}$ 的行数相等.

(2) 当 $\boldsymbol{C}=\boldsymbol{AB}$ 时，$\boldsymbol{C}$ 的行数 $=\boldsymbol{A}$ 的行数，$\boldsymbol{C}$ 的列数 $=\boldsymbol{B}$ 的列数.

例 2.2.6 若在矩阵等式 $\boldsymbol{AC}=\boldsymbol{CB}$ 中，已知 $\boldsymbol{C}$ 为 $m\times n$ 矩阵，证明 $\boldsymbol{A}$ 是 m 阶方阵，$\boldsymbol{B}$ 是 n 阶方阵.

证 根据两个矩阵可以相乘的定义和运算结果，可以知道

$\boldsymbol{A}$ 的行数 $=$ $\boldsymbol{AC}$ 的行数 $=$ $\boldsymbol{CB}$ 的行数 $=$ $\boldsymbol{C}$ 的行数 $=m$.

$\boldsymbol{A}$ 的列数 $=$ $\boldsymbol{C}$ 的行数 $=m$.

$\boldsymbol{B}$ 的行数 $=$ $\boldsymbol{C}$ 的列数 $=n$.

$\boldsymbol{B}$ 的列数 $=$ $\boldsymbol{CB}$ 的列数 $=$ $\boldsymbol{AC}$ 的列数 $=$ $\boldsymbol{C}$ 的列数 $=n$. 证毕

乘法运算律

(1) 矩阵乘法结合律 $(\boldsymbol{AB})\boldsymbol{C}=\boldsymbol{A}(\boldsymbol{BC})$.

(2) 矩阵乘法分配律 $(\boldsymbol{A}\pm\boldsymbol{B})\boldsymbol{C}=\boldsymbol{AC}\pm\boldsymbol{BC}$, $\boldsymbol{A}(\boldsymbol{B}\pm\boldsymbol{C})=\boldsymbol{AB}\pm\boldsymbol{AC}$.

(3) 两种乘法的结合律 $k(\boldsymbol{AB})=(k\boldsymbol{A})\boldsymbol{B}=\boldsymbol{A}(k\boldsymbol{B})$, k 为任意数.

(4) $\boldsymbol{I}_m\boldsymbol{A}_{m\times n}=\boldsymbol{A}_{m\times n}$, $\boldsymbol{A}_{m\times n}\boldsymbol{I}_n=\boldsymbol{A}_{m\times n}$（注意与 $\boldsymbol{A}$ 可乘的单位阵的阶数）.

(5) 记 $\boldsymbol{A}^2=\boldsymbol{AA}$，称为 $\boldsymbol{A}$ **自乘**. 方阵 $\boldsymbol{A}$ 的正整数乘幂 $\boldsymbol{A}^k$ 表示 k 个 $\boldsymbol{A}$ 自乘，它满足 $\boldsymbol{A}^k\boldsymbol{A}^l=\boldsymbol{A}^{k+l}$, $(\boldsymbol{A}^k)^l=\boldsymbol{A}^{kl}$, k, l 为任意正整数.

注意 $\boldsymbol{A}$ 可以自乘当且仅当 $\boldsymbol{A}$ 的列数等于 $\boldsymbol{A}$ 的行数. 因此，只有方阵才可以自乘.

例 2.2.7 设 $\boldsymbol{A}=\begin{pmatrix}-1&2&1\\0&-1&2\end{pmatrix}$, $\boldsymbol{B}=\begin{pmatrix}1&0&3\\2&1&-1\end{pmatrix}$, $\boldsymbol{C}=\begin{pmatrix}-1&1&4\\3&-2&1\\0&0&2\end{pmatrix}$,

求 $\boldsymbol{AC}+\boldsymbol{BC}$.

解 $\boldsymbol{AC}+\boldsymbol{BC}=(\boldsymbol{A}+\boldsymbol{B})\boldsymbol{C}=\begin{pmatrix}0&2&4\\2&0&1\end{pmatrix}\begin{pmatrix}-1&1&4\\3&-2&1\\0&0&2\end{pmatrix}=\begin{pmatrix}6&-4&10\\-2&2&10\end{pmatrix}$.

例 2.2.8 用数学归纳法证明以下矩阵等式：

(1) $\begin{pmatrix}1&1\\0&1\end{pmatrix}^n=\begin{pmatrix}1&n\\0&1\end{pmatrix}$;

(2) $\begin{pmatrix}1&1\\1&1\end{pmatrix}^n=2^{n-1}\begin{pmatrix}1&1\\1&1\end{pmatrix}$.

证 (1) 当 $n=1$ 时，矩阵等式显然成立.

假设当 $n=k$ 时，矩阵等式成立，则把归纳假设 $\begin{pmatrix}1&1\\0&1\end{pmatrix}^k=\begin{pmatrix}1&k\\0&1\end{pmatrix}$ 代入就可证得

$$\begin{pmatrix}1&1\\0&1\end{pmatrix}^{k+1}=\begin{pmatrix}1&1\\0&1\end{pmatrix}^{k}\begin{pmatrix}1&1\\0&1\end{pmatrix}=\begin{pmatrix}1&k\\0&1\end{pmatrix}\begin{pmatrix}1&1\\0&1\end{pmatrix}=\begin{pmatrix}1&k+1\\0&1\end{pmatrix}.$$

因此，当 $n=k+1$ 时，矩阵等式也成立. 所以，对于任意正整数 n，此矩阵等式都成立.

（2）当 $n=1$ 时，矩阵等式显然成立.

假设当 $n=k$ 时，矩阵等式成立，则把归纳假设 $\begin{pmatrix}1&1\\1&1\end{pmatrix}^{k}=2^{k-1}\begin{pmatrix}1&1\\1&1\end{pmatrix}$ 代入就可证得

$$\begin{pmatrix}1&1\\1&1\end{pmatrix}^{k+1}=\begin{pmatrix}1&1\\1&1\end{pmatrix}^{k}\begin{pmatrix}1&1\\1&1\end{pmatrix}=2^{k-1}\begin{pmatrix}1&1\\1&1\end{pmatrix}\begin{pmatrix}1&1\\1&1\end{pmatrix}=2^{k}\begin{pmatrix}1&1\\1&1\end{pmatrix}.$$

因此，当 $n=k+1$ 时，矩阵等式也成立. 所以，对任意正整数 n，此矩阵等式都成立.

证毕

矩阵乘法有什么特点呢？它与数的乘法有什么本质区别？

众所周知，两个数的乘积是可以交换的：$ab=ba$，因而才有如下熟知的公式与结论：

（1）$(a+b)^2=a^2+2ab+b^2$；　$a^2-b^2=(a+b)(a-b)$；　$(ab)^k=a^kb^k$.

（2）两个非零数的乘积不可能为零，因此，当 $ab=0$ 时，一定有 $a=0$ 或者 $b=0$，也可能 $a=b=0$.

（3）当 $ab=ac$ 成立时，只要 $a\neq 0$，就可以把 a 消去得到 $b=c$.

但是，这种乘法交换律和消去律在矩阵乘法中却不再成立了！

例 2.2.9　试比较 $(a_1,a_2,\cdots,a_n)\begin{pmatrix}b_1\\b_2\\\vdots\\b_n\end{pmatrix}$ 与 $\begin{pmatrix}b_1\\b_2\\\vdots\\b_n\end{pmatrix}(a_1,a_2,\cdots,a_n)$.

解　$(a_1,a_2,\cdots,a_n)\begin{pmatrix}b_1\\b_2\\\vdots\\b_n\end{pmatrix}=\sum\limits_{i=1}^{n}a_ib_i$，

而 $\begin{pmatrix}b_1\\b_2\\\vdots\\b_n\end{pmatrix}(a_1,a_2,\cdots,a_n)=\begin{pmatrix}b_1a_1&b_1a_2&\cdots&b_1a_n\\b_2a_1&b_2a_2&\cdots&b_2a_n\\\vdots&\vdots&&\vdots\\b_na_1&b_na_2&\cdots&b_na_n\end{pmatrix}$.

前者是数,后者是 n 阶方阵,两者竟完全不同!这说明的确存在矩阵 $\boldsymbol{A}$ 和 $\boldsymbol{B}$,使得 $\boldsymbol{AB} \neq \boldsymbol{BA}$.

因此,乘矩阵只能在矩阵等式的同侧进行,即当 $\boldsymbol{A}=\boldsymbol{B}$ 时,在可乘条件下一定可以推出

$$\boldsymbol{AC} = \boldsymbol{BC} \text{ 和 } \boldsymbol{CA} = \boldsymbol{CB},$$

但未必有

$$\boldsymbol{AC} = \boldsymbol{CB} \text{ 和 } \boldsymbol{CA} = \boldsymbol{BC}.$$

对于 n 阶方阵 $\boldsymbol{A}$ 和 $\boldsymbol{B}$,有以下重要结论:

(1) 因为

$$(\boldsymbol{A}+\boldsymbol{B})^2 = (\boldsymbol{A}+\boldsymbol{B})(\boldsymbol{A}+\boldsymbol{B}) = \boldsymbol{A}^2 + \boldsymbol{AB} + \boldsymbol{BA} + \boldsymbol{B}^2,$$

所以 $(\boldsymbol{A}+\boldsymbol{B})^2 = \boldsymbol{A}^2 + 2\boldsymbol{AB} + \boldsymbol{B}^2 \Leftrightarrow \boldsymbol{AB} = \boldsymbol{BA}$.

(2) $(\boldsymbol{A}+\boldsymbol{B})(\boldsymbol{A}-\boldsymbol{B}) = \boldsymbol{A}^2 + \boldsymbol{BA} - \boldsymbol{AB} - \boldsymbol{B}^2 = \boldsymbol{A}^2 - \boldsymbol{B}^2 \Leftrightarrow \boldsymbol{AB} = \boldsymbol{BA}$.

(3) 当 $\boldsymbol{AB} = \boldsymbol{BA}$ 时,才一定有 $(\boldsymbol{AB})^k = \boldsymbol{A}^k\boldsymbol{B}^k$.

例 2.2.10 对于 $\boldsymbol{A} = \begin{pmatrix} 0 & 1 \\ 0 & 0 \end{pmatrix}$, $\boldsymbol{B} = \begin{pmatrix} 1 & 0 \\ 0 & 0 \end{pmatrix}$,求出 $\boldsymbol{A}^2$, $\boldsymbol{B}^2$, $\boldsymbol{AB}$, $\boldsymbol{BA}$, $(\boldsymbol{A}+\boldsymbol{B})^2$, $(\boldsymbol{A}^2+2\boldsymbol{AB}+\boldsymbol{B}^2)$, $(\boldsymbol{A}+\boldsymbol{B})(\boldsymbol{A}-\boldsymbol{B})$, $(\boldsymbol{A}^2-\boldsymbol{B}^2)$.

解 $\boldsymbol{A}^2 = \begin{pmatrix} 0 & 1 \\ 0 & 0 \end{pmatrix}^2 = \begin{pmatrix} 0 & 0 \\ 0 & 0 \end{pmatrix}$.

$\boldsymbol{B}^2 = \begin{pmatrix} 1 & 0 \\ 0 & 0 \end{pmatrix}^2 = \begin{pmatrix} 1 & 0 \\ 0 & 0 \end{pmatrix}$.

$\boldsymbol{AB} = \begin{pmatrix} 0 & 0 \\ 0 & 0 \end{pmatrix}$, $\boldsymbol{BA} = \begin{pmatrix} 0 & 1 \\ 0 & 0 \end{pmatrix}$.

$(\boldsymbol{A}+\boldsymbol{B})^2 = \begin{pmatrix} 1 & 1 \\ 0 & 0 \end{pmatrix}\begin{pmatrix} 1 & 1 \\ 0 & 0 \end{pmatrix} = \begin{pmatrix} 1 & 1 \\ 0 & 0 \end{pmatrix}$.

$\boldsymbol{A}^2 + 2\boldsymbol{AB} + \boldsymbol{B}^2 = \begin{pmatrix} 0 & 0 \\ 0 & 0 \end{pmatrix} + 2\begin{pmatrix} 0 & 0 \\ 0 & 0 \end{pmatrix} + \begin{pmatrix} 1 & 0 \\ 0 & 0 \end{pmatrix} = \begin{pmatrix} 1 & 0 \\ 0 & 0 \end{pmatrix}$.

$(\boldsymbol{A}+\boldsymbol{B})(\boldsymbol{A}-\boldsymbol{B}) = \begin{pmatrix} 1 & 1 \\ 0 & 0 \end{pmatrix}\begin{pmatrix} -1 & 1 \\ 0 & 0 \end{pmatrix} = \begin{pmatrix} -1 & 1 \\ 0 & 0 \end{pmatrix}$.

$\boldsymbol{A}^2 - \boldsymbol{B}^2 = \begin{pmatrix} 0 & 0 \\ 0 & 0 \end{pmatrix} - \begin{pmatrix} 1 & 0 \\ 0 & 0 \end{pmatrix} = \begin{pmatrix} -1 & 0 \\ 0 & 0 \end{pmatrix}$.

例 2.2.11 对于 $\boldsymbol{A}=\begin{pmatrix}1&0\\0&0\end{pmatrix}$, $\boldsymbol{B}=\begin{pmatrix}1&1\\1&1\end{pmatrix}$,求出 $\boldsymbol{AB}$, $\boldsymbol{BA}$, $(\boldsymbol{AB})^k$, $\boldsymbol{A}^k$, $\boldsymbol{B}^k$, $\boldsymbol{A}^k\boldsymbol{B}^k$.

解 $\boldsymbol{AB}=\begin{pmatrix}1&1\\0&0\end{pmatrix}$, $\boldsymbol{BA}=\begin{pmatrix}1&0\\1&0\end{pmatrix}$.

$$(\boldsymbol{AB})^k=\begin{pmatrix}1&1\\0&0\end{pmatrix}\begin{pmatrix}1&1\\0&0\end{pmatrix}\cdots\begin{pmatrix}1&1\\0&0\end{pmatrix}=\begin{pmatrix}1&1\\0&0\end{pmatrix}.$$

$$\boldsymbol{A}^k=\begin{pmatrix}1&0\\0&0\end{pmatrix}\begin{pmatrix}1&0\\0&0\end{pmatrix}\cdots\begin{pmatrix}1&0\\0&0\end{pmatrix}=\begin{pmatrix}1&0\\0&0\end{pmatrix},$$

$$\boldsymbol{B}^k=\begin{pmatrix}1&1\\1&1\end{pmatrix}\begin{pmatrix}1&1\\1&1\end{pmatrix}\cdots\begin{pmatrix}1&1\\1&1\end{pmatrix}=2^{k-1}\begin{pmatrix}1&1\\1&1\end{pmatrix},$$

$$\boldsymbol{A}^k\boldsymbol{B}^k=\begin{pmatrix}1&0\\0&0\end{pmatrix}\times 2^{k-1}\begin{pmatrix}1&1\\1&1\end{pmatrix}=2^{k-1}\begin{pmatrix}1&1\\0&0\end{pmatrix}.$$

这里用到了例 2.2.8 中用归纳法证明的矩阵等式

$$\begin{pmatrix}1&1\\1&1\end{pmatrix}^k=2^{k-1}\begin{pmatrix}1&1\\1&1\end{pmatrix}.$$

例 2.2.12 (1) 由 $\boldsymbol{AB}=\boldsymbol{O}$, $\boldsymbol{A}\neq\boldsymbol{O}$,不能推出 $\boldsymbol{B}=\boldsymbol{O}$. 例如:

$$\begin{pmatrix}0&1\\0&0\end{pmatrix}\begin{pmatrix}1&0\\0&0\end{pmatrix}=\begin{pmatrix}0&0\\0&0\end{pmatrix}.$$

(2) 由 $\boldsymbol{A}^2=\boldsymbol{O}$,不能推出 $\boldsymbol{A}=\boldsymbol{O}$. 例如:

$$\begin{pmatrix}0&0\\1&0\end{pmatrix}\begin{pmatrix}0&0\\1&0\end{pmatrix}=\begin{pmatrix}0&0\\0&0\end{pmatrix}.$$

(3) 由 $\boldsymbol{AB}=\boldsymbol{AC}$, $\boldsymbol{A}\neq\boldsymbol{O}$,不能推出 $\boldsymbol{B}=\boldsymbol{C}$. 例如:

$$\begin{pmatrix}1&0\\0&0\end{pmatrix}\begin{pmatrix}0&0\\0&0\end{pmatrix}=\begin{pmatrix}1&0\\0&0\end{pmatrix}\begin{pmatrix}0&0\\0&1\end{pmatrix}=\begin{pmatrix}0&0\\0&0\end{pmatrix},\ \begin{pmatrix}0&0\\0&0\end{pmatrix}\neq\begin{pmatrix}0&0\\0&1\end{pmatrix}.$$

(4) 由 $\boldsymbol{A}^2=\boldsymbol{B}^2$,不能推出 $(\boldsymbol{A}+\boldsymbol{B})(\boldsymbol{A}-\boldsymbol{B})=\boldsymbol{O}$ 和 $\boldsymbol{A}=\pm\boldsymbol{B}$. 例如,取

$$\boldsymbol{A}=\begin{pmatrix}1&0\\1&-1\end{pmatrix},\ \boldsymbol{B}=\begin{pmatrix}-1&1\\0&1\end{pmatrix},$$

不难求出 $\boldsymbol{A}^2=\boldsymbol{I}_2$, $\boldsymbol{B}^2=\boldsymbol{I}_2$, 可是

$$(\boldsymbol{A}+\boldsymbol{B})(\boldsymbol{A}-\boldsymbol{B})=\begin{pmatrix}0&1\\1&0\end{pmatrix}\begin{pmatrix}2&-1\\1&-2\end{pmatrix}=\begin{pmatrix}1&-2\\2&-1\end{pmatrix}.$$

因此,在牵涉矩阵乘法运算时,必须警惕矩阵乘法不满足交换律和消去律!

不过,我们说矩阵乘法不满足交换律和消去律,并不是说任意两个方阵相乘都不能交换,任意一个方阵都不能从矩阵等式的同侧消去.(在§2.3中我们将要指出,一种被称为可逆阵的方阵一定可以从矩阵等式的同侧消去.)

例 2.2.13 $\begin{pmatrix}1&m\\0&1\end{pmatrix}\begin{pmatrix}1&n\\0&1\end{pmatrix}=\begin{pmatrix}1&m+n\\0&1\end{pmatrix}=\begin{pmatrix}1&n\\0&1\end{pmatrix}\begin{pmatrix}1&m\\0&1\end{pmatrix}$.

单位阵与任意一个同阶方阵的乘积一定可交换:$\boldsymbol{I}_n\boldsymbol{A}=\boldsymbol{A}\boldsymbol{I}_n$.

纯量阵与任意一个同阶方阵的乘积一定可交换:$(a\boldsymbol{I}_n)\boldsymbol{A}=\boldsymbol{A}(a\boldsymbol{I}_n)$.

例 2.2.14 证明与 $\boldsymbol{A}=\begin{pmatrix}1&1\\0&1\end{pmatrix}$ 可以交换的二阶方阵一定为 $\begin{pmatrix}a&b\\0&a\end{pmatrix}$.

证 由 $\begin{pmatrix}a&b\\c&d\end{pmatrix}\begin{pmatrix}1&1\\0&1\end{pmatrix}=\begin{pmatrix}1&1\\0&1\end{pmatrix}\begin{pmatrix}a&b\\c&d\end{pmatrix}$,

即

$$\begin{pmatrix}a&a+b\\c&c+d\end{pmatrix}=\begin{pmatrix}a+c&b+d\\c&d\end{pmatrix},$$

可推出 $a=d,\ c=0$. 证毕

例 2.2.15 两个同阶对角阵的乘积是可交换的:

$$\begin{pmatrix}a_1&&&\\&a_2&&\\&&\ddots&\\&&&a_n\end{pmatrix}\begin{pmatrix}b_1&&&\\&b_2&&\\&&\ddots&\\&&&b_n\end{pmatrix}=\begin{pmatrix}a_1b_1&&&\\&a_2b_2&&\\&&\ddots&\\&&&a_nb_n\end{pmatrix}$$

$$=\begin{pmatrix}b_1&&&\\&b_2&&\\&&\ddots&\\&&&b_n\end{pmatrix}\begin{pmatrix}a_1&&&\\&a_2&&\\&&\ddots&\\&&&a_n\end{pmatrix}.$$

定理 2.2.1(行列式乘法规则) 对于任意两个同阶方阵 $\boldsymbol{A}$ 和 $\boldsymbol{B}$,都有行列式等式

$$|\boldsymbol{AB}|=|\boldsymbol{A}|\times|\boldsymbol{B}|.$$

这个定理说明:尽管 $\boldsymbol{AB}\neq\boldsymbol{BA}$,但必有 $|\boldsymbol{AB}|=|\boldsymbol{BA}|$. 我们仅用例子给出示

范说明.

例 2.2.16 设 $\boldsymbol{A}=\begin{pmatrix}1 & 3\\ 2 & -2\end{pmatrix}$, $\boldsymbol{B}=\begin{pmatrix}2 & 5\\ 3 & 4\end{pmatrix}$,求 $\boldsymbol{AB}$ 和 $\boldsymbol{BA}$.

解 $\boldsymbol{AB}=\begin{pmatrix}1 & 3\\ 2 & -2\end{pmatrix}\begin{pmatrix}2 & 5\\ 3 & 4\end{pmatrix}=\begin{pmatrix}11 & 17\\ -2 & 2\end{pmatrix}$,

$\boldsymbol{BA}=\begin{pmatrix}2 & 5\\ 3 & 4\end{pmatrix}\begin{pmatrix}1 & 3\\ 2 & -2\end{pmatrix}=\begin{pmatrix}12 & -4\\ 11 & 1\end{pmatrix}$.

却有 $|\boldsymbol{AB}|=|\boldsymbol{BA}|=56$, $|\boldsymbol{A}|\times|\boldsymbol{B}|=(-8)(-7)=56$.

例 2.2.17 设 $\boldsymbol{A}$, $\boldsymbol{B}$ 同为 n 阶方阵,如果 $\boldsymbol{AB}=\boldsymbol{O}$,则由 $|\boldsymbol{AB}|=|\boldsymbol{A}|\times|\boldsymbol{B}|=0$ 可知一定有

$$|\boldsymbol{A}|=0 \text{ 或 } |\boldsymbol{B}|=0.$$

当 $\boldsymbol{AB}=\boldsymbol{O}$ 时,未必有 $\boldsymbol{A}=\boldsymbol{O}$ 或 $\boldsymbol{B}=\boldsymbol{O}$. 例如:

$$\begin{pmatrix}0 & 1\\ 0 & 0\end{pmatrix}\begin{pmatrix}1 & 0\\ 0 & 0\end{pmatrix}=\begin{pmatrix}0 & 0\\ 0 & 0\end{pmatrix}.$$

五、转置运算

$$\boldsymbol{A}=\begin{pmatrix}a_{11} & a_{12} & \cdots & a_{1n}\\ a_{21} & a_{22} & \cdots & a_{2n}\\ \vdots & \vdots & & \vdots\\ a_{m1} & a_{m2} & \cdots & a_{mn}\end{pmatrix} \text{ 的**转置矩阵**为 } \boldsymbol{A}'=\begin{pmatrix}a_{11} & a_{21} & \cdots & a_{m1}\\ a_{12} & a_{22} & \cdots & a_{m2}\\ \vdots & \vdots & & \vdots\\ a_{1n} & a_{2n} & \cdots & a_{mn}\end{pmatrix}.$$

这就是说,互换 $\boldsymbol{A}$ 中行与列元素就得到 $\boldsymbol{A}'$, $\boldsymbol{A}$ 中 (i, j) 位置的数就是 $\boldsymbol{A}'$ 中 (j, i) 位置的数.

所以,$m\times n$ 矩阵 $\boldsymbol{A}$ 的转置矩阵为 $n\times m$ 矩阵,且 $\boldsymbol{A}$ 与 $\boldsymbol{A}'$ 互为转置矩阵. 有时,也可用 $\boldsymbol{A}^{\mathrm{T}}$ 表示 $\boldsymbol{A}$ 的转置矩阵. 特别,n 维行(列)向量的转置为 n 维列(行)向量.

例 2.2.18 如果已知 $\boldsymbol{A}$ 为 $l\times n$ 矩阵,$\boldsymbol{BA}'$ 为 $r\times l$ 矩阵,证明 $\boldsymbol{B}$ 为 $r\times n$ 矩阵.

证 设 $\boldsymbol{B}$ 为 $x\times y$ 矩阵,则

$$x=\boldsymbol{B} \text{ 的行数}=\boldsymbol{BA}' \text{ 的行数}=r.$$

根据矩阵可乘条件知道,

$$y=\boldsymbol{B} \text{ 的列数}=\boldsymbol{A}' \text{ 的行数}=\boldsymbol{A} \text{ 的列数}=n.$$ 证毕

转置运算律

(1) $(\boldsymbol{A}')'=\boldsymbol{A}$.

(2) $(\boldsymbol{A} \pm \boldsymbol{B})' = \boldsymbol{A}' \pm \boldsymbol{B}'$.

(3) $(k\boldsymbol{A})' = k\boldsymbol{A}'$, k 为数.

(4) $(\boldsymbol{AB})' = \boldsymbol{B}'\boldsymbol{A}'$, $(\boldsymbol{A}_1\boldsymbol{A}_2\cdots\boldsymbol{A}_k)' = \boldsymbol{A}_k'\boldsymbol{A}_{k-1}'\cdots\boldsymbol{A}_1'$.

说明 为了引用时叙述方便,我们把运算反序律(4)称为**“穿脱原理”**. 它的含义如下:用 $\boldsymbol{A}$ 表示袜子,用 $\boldsymbol{B}$ 表示鞋子. “$\boldsymbol{AB}$”表示在“穿”的时候,是先穿袜子 $\boldsymbol{A}$ 后穿鞋子 $\boldsymbol{B}$. 把求转置运算看成“脱”. $(\boldsymbol{AB})'=\boldsymbol{B}'\boldsymbol{A}'$ 表示:在“脱”的时候,必须先脱鞋子 $\boldsymbol{B}$ 后脱袜子 $\boldsymbol{A}$. 这同样适用于穿和脱内、中、外多件衣服的情形:

$$(\boldsymbol{A}_1\boldsymbol{A}_2\cdots\boldsymbol{A}_k)' = \boldsymbol{A}_k'\boldsymbol{A}_{k-1}'\cdots\boldsymbol{A}_1'.$$

例 2.2.19 设 $\boldsymbol{A} = \begin{pmatrix} 2 & 0 & -1 \\ 1 & 3 & 2 \end{pmatrix}$, $\boldsymbol{B} = \begin{pmatrix} 1 & 7 & -1 \\ 4 & 2 & 3 \\ 2 & 0 & 1 \end{pmatrix}$,求 $\boldsymbol{AB}$, $\boldsymbol{B}'\boldsymbol{A}'$.

解 $\boldsymbol{AB} = \begin{pmatrix} 0 & 14 & -3 \\ 17 & 13 & 10 \end{pmatrix}$,

$$\boldsymbol{B}'\boldsymbol{A}' = \begin{pmatrix} 1 & 4 & 2 \\ 7 & 2 & 0 \\ -1 & 3 & 1 \end{pmatrix}\begin{pmatrix} 2 & 1 \\ 0 & 3 \\ -1 & 2 \end{pmatrix} = \begin{pmatrix} 0 & 17 \\ 14 & 13 \\ -3 & 10 \end{pmatrix} = (\boldsymbol{AB})'.$$

定义 2.2.1 设 $\boldsymbol{A} = (a_{ij})$ 为 n 阶实方阵.

$\boldsymbol{A}$ 为**对称阵**指的是 $\boldsymbol{A}$ 满足 $\boldsymbol{A}'=\boldsymbol{A}$,也就是说 $\boldsymbol{A}$ 中元素满足

$$a_{ij} = a_{ji},\ i,\ j = 1,\ 2,\ \cdots,\ n.$$

$\boldsymbol{A}$ 为**反对称阵**指的是 $\boldsymbol{A}$ 满足 $\boldsymbol{A}'=-\boldsymbol{A}$,也就是说 $\boldsymbol{A}$ 中元素满足

$$a_{ij} = -a_{ji},\ i,\ j = 1,\ 2,\ \cdots,\ n,$$

此时一定有 $a_{ii} = 0,\ i = 1,\ 2,\ \cdots,\ n$.

例如,$\begin{pmatrix} a & b \\ b & d \end{pmatrix}$, $\begin{pmatrix} a & b & c \\ b & d & e \\ c & e & f \end{pmatrix}$ 都是对称阵.

$\begin{pmatrix} 0 & b \\ -b & 0 \end{pmatrix}$, $\begin{pmatrix} 0 & b & -c \\ -b & 0 & e \\ c & -e & 0 \end{pmatrix}$ 都是反对称阵.

对称阵和反对称阵是两类重要的实方阵. 在第 6 章中将深入讨论对称阵.

例 2.2.20 证明任意一个实方阵 $\boldsymbol{A}$ 都可以唯一地表为一个对称阵与一个反对称阵之和.

证 设 $\boldsymbol{A}=\boldsymbol{X}+\boldsymbol{Y}$,其中,$\boldsymbol{X}'=\boldsymbol{X}$, $\boldsymbol{Y}'=-\boldsymbol{Y}$,则有 $\boldsymbol{A}'=\boldsymbol{X}'+\boldsymbol{Y}'=\boldsymbol{X}-\boldsymbol{Y}$. 把这两个式子相加得到 $\boldsymbol{A}+\boldsymbol{A}'=2\boldsymbol{X}$;把这两个式子相减得到 $\boldsymbol{A}-\boldsymbol{A}'=2\boldsymbol{Y}$. 于是可以求出唯一解:

$$\boldsymbol{X}=\frac{1}{2}(\boldsymbol{A}+\boldsymbol{A}'),\ \boldsymbol{Y}=\frac{1}{2}(\boldsymbol{A}-\boldsymbol{A}').$$ 证毕

说明 要证明方阵 $\boldsymbol{X}$ 是对称阵,$\boldsymbol{Y}$ 是反对称阵,只要证明 $\boldsymbol{X}'=\boldsymbol{X}$, $\boldsymbol{Y}'=-\boldsymbol{Y}$:

$$\boldsymbol{X}'=\frac{1}{2}(\boldsymbol{A}+\boldsymbol{A}')'=\frac{1}{2}(\boldsymbol{A}'+\boldsymbol{A})=\boldsymbol{X},\ \boldsymbol{Y}'=\frac{1}{2}(\boldsymbol{A}-\boldsymbol{A}')'=\frac{1}{2}(\boldsymbol{A}'-\boldsymbol{A})=-\boldsymbol{Y}.$$

例 2.2.21 证明任意奇数阶反对称阵的行列式一定为零.

证 设 $\boldsymbol{A}$ 为 $2n+1$ 阶反对称阵,则根据行列式性质 1.3.1 和性质 1.3.2 可以求出

$$|\boldsymbol{A}|=|\boldsymbol{A}'|=|-\boldsymbol{A}|=(-1)^{2n+1}|\boldsymbol{A}|=-|\boldsymbol{A}|,$$

于是一定有 $|\boldsymbol{A}|=0$. 证毕

例 2.2.22 对于任意一个 $m\times n$ 实矩阵 $\boldsymbol{A}$,证明 $\boldsymbol{AA}'$ 和 $\boldsymbol{A}'\boldsymbol{A}$ 都是对称阵.

证 因为 $(\boldsymbol{AA}')'=\boldsymbol{AA}'$,所以 $\boldsymbol{AA}'$ 是 m 阶对称阵.

因为 $(\boldsymbol{A}'\boldsymbol{A})'=\boldsymbol{A}'\boldsymbol{A}$,所以 $\boldsymbol{A}'\boldsymbol{A}$ 是 n 阶对称阵. 证毕

例 2.2.23 证明:(1) 两个同阶对称阵之和与差必为对称阵.

(2) 两个同阶反对称阵之和与差必为反对称阵.

(3) 两个同阶对称阵 $\boldsymbol{A}$ 与 $\boldsymbol{B}$ 之积为对称阵,当且仅当 $\boldsymbol{AB}=\boldsymbol{BA}$.

两个同阶对称阵 $\boldsymbol{A}$ 与 $\boldsymbol{B}$ 之积为反对称阵,当且仅当 $\boldsymbol{AB}=-\boldsymbol{BA}$.

(4) 两个同阶反对称阵 $\boldsymbol{A}$ 与 $\boldsymbol{B}$ 之积为对称阵,当且仅当 $\boldsymbol{AB}=\boldsymbol{BA}$.

两个同阶反对称阵 $\boldsymbol{A}$ 与 $\boldsymbol{B}$ 之积为反对称阵,当且仅当 $\boldsymbol{AB}=-\boldsymbol{BA}$.

(5) 对称阵 $\boldsymbol{A}$ 与同阶反对称阵 $\boldsymbol{B}$ 之积为对称阵,当且仅当 $\boldsymbol{AB}=-\boldsymbol{BA}$.

对称阵 $\boldsymbol{A}$ 与同阶反对称阵 $\boldsymbol{B}$ 之积为反对称阵,当且仅当 $\boldsymbol{AB}=\boldsymbol{BA}$.

证 (1) 设 $\boldsymbol{A}$ 与 $\boldsymbol{B}$ 是同阶对称阵,则 $(\boldsymbol{A}\pm\boldsymbol{B})'=\boldsymbol{A}'\pm\boldsymbol{B}'=\boldsymbol{A}\pm\boldsymbol{B}$.

(2) 设 $\boldsymbol{A}$ 与 $\boldsymbol{B}$ 是同阶反对称阵,则 $(\boldsymbol{A}\pm\boldsymbol{B})'=\boldsymbol{A}'\pm\boldsymbol{B}'=-(\boldsymbol{A}\pm\boldsymbol{B})$.

(3) 设 $\boldsymbol{A}$ 与 $\boldsymbol{B}$ 是同阶对称阵,则由 $(\boldsymbol{AB})'=\boldsymbol{B}'\boldsymbol{A}'=\boldsymbol{BA}$ 可知

$$(\boldsymbol{AB})'=\boldsymbol{AB}\Leftrightarrow\boldsymbol{AB}=\boldsymbol{BA},\ (\boldsymbol{AB})'=-\boldsymbol{AB}\Leftrightarrow\boldsymbol{AB}=-\boldsymbol{BA}.$$

(4) 设 $\boldsymbol{A}$ 与 $\boldsymbol{B}$ 是同阶反对称阵,则由 $(\boldsymbol{AB})'=\boldsymbol{B}'\boldsymbol{A}'=(-\boldsymbol{B})(-\boldsymbol{A})=\boldsymbol{BA}$ 可知

$$(\boldsymbol{AB})'=\boldsymbol{AB}\Leftrightarrow\boldsymbol{AB}=\boldsymbol{BA},\ (\boldsymbol{AB})'=-\boldsymbol{AB}\Leftrightarrow\boldsymbol{AB}=-\boldsymbol{BA}.$$

(5) 设 $\boldsymbol{A}'=\boldsymbol{A}$, $\boldsymbol{B}'=-\boldsymbol{B}$,则由 $(\boldsymbol{AB})'=\boldsymbol{B}'\boldsymbol{A}'=-\boldsymbol{BA}$ 可知

$$(\boldsymbol{AB})' = \boldsymbol{AB} \Leftrightarrow \boldsymbol{AB} = -\boldsymbol{BA},\ (\boldsymbol{AB})' = -\boldsymbol{AB} \Leftrightarrow \boldsymbol{AB} = \boldsymbol{BA}.$$ 证毕

说明 对于上述一大串结论，不必死记硬背. 只要利用穿脱原理 $(\boldsymbol{AB})' = \boldsymbol{B}'\boldsymbol{A}'$ 和对称阵与反对称阵的定义，即可自行证出所述结论.

例 2.2.24 设 $\boldsymbol{A}$ 为 n 阶对称阵，则对于任意 n 阶阵 $\boldsymbol{P}$，一定有

$$(\boldsymbol{P}'\boldsymbol{AP})' = \boldsymbol{P}'\boldsymbol{A}'\boldsymbol{P} = \boldsymbol{P}'\boldsymbol{AP}.$$

这说明 $\boldsymbol{P}'\boldsymbol{AP}$ 一定是 n 阶对称阵.

反之，如果 $\boldsymbol{P}'\boldsymbol{AP}$ 为 n 阶对称阵：

$$\boldsymbol{P}'\boldsymbol{AP} = (\boldsymbol{P}'\boldsymbol{AP})' = \boldsymbol{P}'\boldsymbol{A}'\boldsymbol{P},$$

则由于在矩阵等式中消去律并不成立，所以不能推出 $\boldsymbol{A}' = \boldsymbol{A}$，$\boldsymbol{A}$ 未必是对称阵.

六、方阵多项式

任意给定一个多项式 $f(x) = a_m x^m + a_{m-1}x^{m-1} + \cdots + a_1 x + a_0$ 和任意给定一个 $n\ (n \geqslant 2)$ 阶方阵 $\boldsymbol{A}$，都可以定义一个 n 阶方阵

$$f(\boldsymbol{A}) = a_m\boldsymbol{A}^m + a_{m-1}\boldsymbol{A}^{m-1} + \cdots + a_1\boldsymbol{A} + a_0\boldsymbol{I}_n,$$

称为 $\boldsymbol{A}$ 的**方阵多项式**.

方阵多项式的最后一项必须是纯量阵 $a_0\boldsymbol{I}_n$ 而不是数 a_0，因为数与方阵不能相加.

方阵多项式是以多项式形式表示的方阵.

例 2.2.25 设 $f(x) = x^2 - 4x + 3 = (x-3)(x-1)$，$\boldsymbol{A} = \begin{pmatrix} 2 & -1 \\ -3 & 4 \end{pmatrix}$，求 $f(\boldsymbol{A})$.

解

$$f(\boldsymbol{A}) = \begin{pmatrix} 2 & -1 \\ -3 & 4 \end{pmatrix}\begin{pmatrix} 2 & -1 \\ -3 & 4 \end{pmatrix} - 4\begin{pmatrix} 2 & -1 \\ -3 & 4 \end{pmatrix} + 3\begin{pmatrix} 1 & 0 \\ 0 & 1 \end{pmatrix}$$

$$= \begin{pmatrix} 7 & -6 \\ -18 & 19 \end{pmatrix} - \begin{pmatrix} 8 & -4 \\ -12 & 16 \end{pmatrix} + \begin{pmatrix} 3 & 0 \\ 0 & 3 \end{pmatrix} = \begin{pmatrix} 2 & -2 \\ -6 & 6 \end{pmatrix}.$$

或者 $f(\boldsymbol{A}) = \left[\begin{pmatrix} 2 & -1 \\ -3 & 4 \end{pmatrix} - 3\begin{pmatrix} 1 & 0 \\ 0 & 1 \end{pmatrix}\right]\left[\begin{pmatrix} 2 & -1 \\ -3 & 4 \end{pmatrix} - \begin{pmatrix} 1 & 0 \\ 0 & 1 \end{pmatrix}\right]$

$$= \begin{pmatrix} -1 & -1 \\ -3 & 1 \end{pmatrix}\begin{pmatrix} 1 & -1 \\ -3 & 3 \end{pmatrix} = \begin{pmatrix} 2 & -2 \\ -6 & 6 \end{pmatrix}.$$

习题 2.2

1. 计算$\begin{pmatrix}1&2&3&4\\0&2&-1&1\\1&-1&2&5\end{pmatrix}+\frac{1}{2}\begin{pmatrix}2&1&4&10\\0&-1&2&0\\0&2&3&-2\end{pmatrix}$.

2. 设$\boldsymbol{A}=\begin{pmatrix}-1&-1&-2\\-1&2&0\\0&1&1\end{pmatrix}$,求$|3\boldsymbol{A}|$和$3|\boldsymbol{A}|$,并找出$|3\boldsymbol{A}|$与$|\boldsymbol{A}|$满足的关系式.

3. 设$\boldsymbol{A}=\begin{pmatrix}3&1&0\\-1&2&1\\3&4&2\end{pmatrix}$, $\boldsymbol{B}=\begin{pmatrix}1&0&2\\-1&1&1\\2&1&1\end{pmatrix}$,求$\boldsymbol{X}$满足$3\boldsymbol{A}-2\boldsymbol{X}=\boldsymbol{B}$.

4. 当x和y满足什么条件时,$\boldsymbol{A}=\begin{pmatrix}1&2\\4&3\end{pmatrix}$与$\boldsymbol{B}=\begin{pmatrix}x&1\\2&y\end{pmatrix}$相乘可以交换?

5. 计算矩阵的乘积:

(1) $\begin{pmatrix}1&2&3\\2&4&6\\3&6&9\end{pmatrix}\begin{pmatrix}-1&-2&-4\\-1&-2&-4\\1&2&4\end{pmatrix}$;　　(2) $\begin{pmatrix}2&1&-2\\1&0&4\\-3&1&0\\0&1&1\end{pmatrix}\begin{pmatrix}3&1&0\\0&0&1\\-1&2&0\end{pmatrix}$.

6. 设$\boldsymbol{A}=\begin{pmatrix}1&0&3\\2&-1&0\end{pmatrix}$, $\boldsymbol{B}=\begin{pmatrix}1&-1\\2&3\\4&0\end{pmatrix}$,求$\boldsymbol{AB}$与$\boldsymbol{BA}$.

7. 设$\boldsymbol{A}=\begin{pmatrix}1&1&1\\-1&1&1\\1&-1&1\end{pmatrix}$, $\boldsymbol{B}=\begin{pmatrix}1&2&1\\1&3&-1\\2&1&4\end{pmatrix}$,计算

$\boldsymbol{A}^2-\boldsymbol{B}^2$和$(\boldsymbol{A}-\boldsymbol{B})(\boldsymbol{A}+\boldsymbol{B})$以及$(\boldsymbol{A}+\boldsymbol{B})(\boldsymbol{A}-\boldsymbol{B})$.

8. 设$\boldsymbol{A}=\begin{pmatrix}2&-1\\-3&3\end{pmatrix}$, $f(x)=x^2-5x+3$,求出$f(\boldsymbol{A})$.

9. 设$\boldsymbol{A}=\boldsymbol{B}-\boldsymbol{C}$,其中$\boldsymbol{B}'=\boldsymbol{B}$, $\boldsymbol{C}'=-\boldsymbol{C}$,证明$\boldsymbol{AA}'=\boldsymbol{A}'\boldsymbol{A}\Leftrightarrow\boldsymbol{BC}=\boldsymbol{CB}$.

§2.3 方阵的逆阵

在定义了矩阵的加、减、数乘、乘法和转置运算以后，自然想到要定义矩阵的“除法”.

我们知道，对于任意一个数 $a \neq 0$，一定存在唯一的数 b，满足 $ab = ba = 1$. 这个 b 就是 a 的倒数，常记为 $b = a^{-1}$，而且 a 与 b 互为倒数.

对于方阵 $\boldsymbol{A}$，我们可类似地定义它的逆阵.

定义 2.3.1 对于一个 n 阶方阵 $\boldsymbol{A}$，如果存在 n 阶方阵 $\boldsymbol{B}$，满足 $\boldsymbol{AB}=\boldsymbol{BA}=\boldsymbol{I}_n$，则称 $\boldsymbol{A}$ 为**可逆阵(非异阵)**，并称 $\boldsymbol{B}$ 为 $\boldsymbol{A}$ 的**逆阵**. 如果这种 $\boldsymbol{B}$ 不存在，则称 $\boldsymbol{A}$ 为**不可逆阵(奇异阵)**.

易见，当 $\boldsymbol{B}$ 为 $\boldsymbol{A}$ 的逆阵时，$\boldsymbol{B}$ 也为可逆阵，而且 $\boldsymbol{A}$ 与 $\boldsymbol{B}$ 互为逆阵.

哪些矩阵有可能是可逆阵呢？我们还是从矩阵可乘条件考虑.

如果 $\boldsymbol{A}$ 是可逆阵，那么由 $\boldsymbol{AB} = \boldsymbol{BA} = \boldsymbol{I}_n$ 可知

$$\boldsymbol{A} \text{ 的行数} = \boldsymbol{AB} \text{ 的行数} = \boldsymbol{I}_n \text{ 的行数 } n;$$
$$\boldsymbol{A} \text{ 的列数} = \boldsymbol{BA} \text{ 的列数} = \boldsymbol{I}_n \text{ 的列数 } n.$$

所以，只有方阵才可能是可逆阵. 任意一个不是方阵的矩阵是不可以求逆矩阵的.

但是并非任意一个方阵都是可逆阵. 例如，由

$$\begin{pmatrix} 1 & 0 \\ 0 & 0 \end{pmatrix}\begin{pmatrix} x & y \\ z & w \end{pmatrix} = \begin{pmatrix} x & y \\ 0 & 0 \end{pmatrix} \neq \begin{pmatrix} 1 & 0 \\ 0 & 1 \end{pmatrix}$$

可知，$\boldsymbol{A} = \begin{pmatrix} 1 & 0 \\ 0 & 0 \end{pmatrix}$ 决不是可逆阵.

显然，任意一个非零数 a 的倒数是唯一的，可以用 a^{-1} 表示. 对于可逆阵又如何呢？

定理 2.3.1 可逆阵 $\boldsymbol{A}$ 的逆阵是唯一的，记为 $\boldsymbol{A}^{-1}$.

证 设 $\boldsymbol{B}_1$ 和 $\boldsymbol{B}_2$ 都是 $\boldsymbol{A}$ 的逆阵，即有

$$\boldsymbol{AB}_1 = \boldsymbol{B}_1\boldsymbol{A} = \boldsymbol{I}_n,\ \boldsymbol{AB}_2 = \boldsymbol{B}_2\boldsymbol{A} = \boldsymbol{I}_n,$$

则由

$$(\boldsymbol{B}_1\boldsymbol{A})\boldsymbol{B}_2 = \boldsymbol{I}_n\boldsymbol{B}_2 = \boldsymbol{B}_2,\ \boldsymbol{B}_1(\boldsymbol{AB}_2) = \boldsymbol{B}_1\boldsymbol{I}_n = \boldsymbol{B}_1 \text{ 和} (\boldsymbol{B}_1\boldsymbol{A})\boldsymbol{B}_2 = \boldsymbol{B}_1(\boldsymbol{AB}_2)$$

可知 $\boldsymbol{B}_1 = \boldsymbol{B}_2$. 证毕

由逆阵的定义即可得到常用等式：$\boldsymbol{AA}^{-1} = \boldsymbol{A}^{-1}\boldsymbol{A} = \boldsymbol{I}_n$，再用行列式乘法规则

可知

$$|AA^{-1}|=|A|\times|A^{-1}|=|I_n|=1,$$

所以 $|A^{-1}|=|A|^{-1}$.

求逆运算律

(1) $(A^{-1})^{-1}=A$.

(2) $(AB)^{-1}=B^{-1}A^{-1}$(穿脱原理). 它可以推广到有限个可逆阵相乘的情形:

$$(A_1A_2\cdots A_{n-1}A_n)^{-1}=A_n^{-1}A_{n-1}^{-1}\cdots A_2^{-1}A_1^{-1}.$$

(3) $(kA)^{-1}=\frac{1}{k}A^{-1}$, $k\neq 0$.

(4) $(A')^{-1}=(A^{-1})'$.

(5) 设 A 是 n 阶可逆阵. 记 $A^0=I_n$. 对于正整数 k,定义 $A^{-k}=(A^{-1})^k$,则有 $A^kA^l=A^{k+l}$, $(A^k)^l=A^{kl}$, 这里, k 和 l 为任意整数.

(6) 可逆阵可以从矩阵等式的同侧消去,即当 P 为可逆阵时,有

$$PA=PB\Leftrightarrow A=B,\ AP=BP\Leftrightarrow A=B.$$

但由 $PA=BP$ 未必有 $A=B$.

证 (1) 因为 $AA^{-1}=A^{-1}A=I_n$,所以 $(A^{-1})^{-1}=A$.

(2) 因为 $(AB)(B^{-1}A^{-1})=A(BB^{-1})A^{-1}=AA^{-1}=I_n$, 所以,

$$(AB)^{-1}=B^{-1}A^{-1}.$$

(3) 因为 $(kA)\left(\frac{1}{k}A^{-1}\right)=AA^{-1}=I_n$,所以,$(kA)^{-1}=\frac{1}{k}A^{-1}$.

(4) 因为 $A'(A^{-1})'=(A^{-1}A)'=(I_n)'=I_n$,所以,$(A')^{-1}=(A^{-1})'$.

(5) 区别考虑 k 为负整数、零和正整数的情形,容易证明所述结论是正确的.

(6) 例如 $PA=PB\Leftrightarrow P^{-1}PA=P^{-1}PB\Leftrightarrow A=B$. 同理可证右侧消去的结论.

证毕

说明 关于运算律(2)、(3)和(4)的证明似乎只证明了“一半”:当 $AB=I_n$ 成立时,应该还要证明 $BA=I_n$. 可是根据即将证明的定理 2.3.3 的推论,这已经足够了!

不允许用 $\frac{A}{B}$ 表示 AB^{-1} 或 $B^{-1}A$. 矩阵绝对不能做分母!

关于方阵可逆的定义 2.3.1 毕竟太抽象了,不便于计算和判别. 为了给出一个方阵是不是可逆阵的判定方法,我们必须建立一组关系式,并引进一个被称为

伴随阵的重要方阵.

我们先证明以下的**行列式展开定理**.

定理 2.3.2 n 阶行列式

$$D=\begin{vmatrix} a_{11} & \cdots & a_{1j} & \cdots & a_{1t} & \cdots & a_{1n} \\ \vdots & & \vdots & & \vdots & & \vdots \\ a_{i1} & \cdots & a_{ij} & \cdots & a_{it} & \cdots & a_{in} \\ \vdots & & \vdots & & \vdots & & \vdots \\ a_{k1} & \cdots & a_{kj} & \cdots & a_{kt} & \cdots & a_{kn} \\ \vdots & & \vdots & & \vdots & & \vdots \\ a_{n1} & \cdots & a_{nj} & \cdots & a_{nt} & \cdots & a_{nn} \end{vmatrix}.$$

对于 $1\leqslant i,\ k\leqslant n$；$1\leqslant j,\ t\leqslant n$，有以下两组关系式：

$$\sum_{j=1}^{n} a_{ij}A_{kj}=a_{i1}A_{k1}+\cdots+a_{ij}A_{kj}+\cdots+a_{in}A_{kn}=\begin{cases} D, & \text{当 } i=k \text{ 时}, \\ 0, & \text{当 } i\neq k \text{ 时}. \end{cases} \qquad ①$$

$$\sum_{i=1}^{n} a_{ij}A_{it}=a_{1j}A_{1t}+\cdots+a_{ij}A_{it}+\cdots+a_{nj}A_{nt}=\begin{cases} D, & \text{当 } j=t \text{ 时}, \\ 0, & \text{当 } j\neq t \text{ 时}. \end{cases} \qquad ②$$

证 (1) 当 $i=k$ 时，在定理 1.2.1 中已证

$$D=\sum_{j=1}^{n} a_{ij}A_{ij}=a_{i1}A_{i1}+\cdots+a_{ij}A_{ij}+\cdots+a_{in}A_{in}.$$

当 $i\neq k$ 时，比较以下两个行列式：

$$D=\begin{vmatrix} a_{11} & a_{12} & \cdots & a_{1n} \\ \vdots & \vdots & & \vdots \\ a_{i1} & a_{i2} & \cdots & a_{in} \\ \vdots & \vdots & & \vdots \\ a_{k1} & a_{k2} & \cdots & a_{kn} \\ \vdots & \vdots & & \vdots \\ a_{n1} & a_{n2} & \cdots & a_{nn} \end{vmatrix},\ \widetilde{D}=\begin{vmatrix} a_{11} & a_{12} & \cdots & a_{1n} \\ \vdots & \vdots & & \vdots \\ a_{i1} & a_{i2} & \cdots & a_{in} \\ \vdots & \vdots & & \vdots \\ a_{i1} & a_{i2} & \cdots & a_{in} \\ \vdots & \vdots & & \vdots \\ a_{n1} & a_{n2} & \cdots & a_{nn} \end{vmatrix}.$$

它们的区别仅仅是第 k 行的元素可能不同，在 $\widetilde{D}$ 的第 k 行中的元素与第 i 行的元素完全相同，必有 $\widetilde{D}=0$. 根据这两个行列式的构造，第 k 行的对应元素必有完全相同的代数余子式，所以把 $\widetilde{D}$ 按其第 k 行展开即得

$$\sum_{j=1}^{n} a_{ij}A_{kj} = a_{i1}A_{k1} + \cdots + a_{ij}A_{kj} + \cdots + a_{in}A_{kn} = \widetilde{D} = 0.$$

(2) 考虑 D 的转置行列式即得另一组关系式. 证毕

说明 这两组关系式只要求理解和运用,不必深究其推导过程. 其含义是:每一行(列)中所有元素与自己的代数余子式的乘积之和等于行列式的值;每一行(列)中所有元素与别的行(列)中对应元素的代数余子式的乘积之和等于零.

我们先介绍求三阶方阵的逆阵的方法.

对于给定的三阶方阵 $\boldsymbol{A} = (a_{ij})$,可以构造如下三阶方阵(称为 $\boldsymbol{A}$ 的**伴随阵**):

$$\boldsymbol{A}^* = \begin{pmatrix} A_{11} & A_{21} & A_{31} \\ A_{12} & A_{22} & A_{32} \\ A_{13} & A_{23} & A_{33} \end{pmatrix} = \begin{pmatrix} M_{11} & -M_{21} & M_{31} \\ -M_{12} & M_{22} & -M_{32} \\ M_{13} & -M_{23} & M_{33} \end{pmatrix},$$

其中 $A_{ij} = (-1)^{i+j}M_{ij}$ 是三阶行列式 $D = |\boldsymbol{A}|$ 中第 i 行、第 j 列元素 a_{ij} 的代数余子式. 注意:A_{ij} 必须放在 $\boldsymbol{A}^*$ 的第 j 行与第 i 行的交叉位置上.

根据定理 2.3.2 可以直接求出以下矩阵等式:

$$\boldsymbol{A}\boldsymbol{A}^* = \begin{pmatrix} a_{11} & a_{12} & a_{13} \\ a_{21} & a_{22} & a_{23} \\ a_{31} & a_{32} & a_{33} \end{pmatrix} \begin{pmatrix} A_{11} & A_{21} & A_{31} \\ A_{12} & A_{22} & A_{32} \\ A_{13} & A_{23} & A_{33} \end{pmatrix} = \begin{pmatrix} |\boldsymbol{A}| & 0 & 0 \\ 0 & |\boldsymbol{A}| & 0 \\ 0 & 0 & |\boldsymbol{A}| \end{pmatrix} = |\boldsymbol{A}|\boldsymbol{I}_3;$$

$$\boldsymbol{A}^*\boldsymbol{A} = \begin{pmatrix} A_{11} & A_{21} & A_{31} \\ A_{12} & A_{22} & A_{32} \\ A_{13} & A_{23} & A_{33} \end{pmatrix} \begin{pmatrix} a_{11} & a_{12} & a_{13} \\ a_{21} & a_{22} & a_{23} \\ a_{31} & a_{32} & a_{33} \end{pmatrix} = \begin{pmatrix} |\boldsymbol{A}| & 0 & 0 \\ 0 & |\boldsymbol{A}| & 0 \\ 0 & 0 & |\boldsymbol{A}| \end{pmatrix} = |\boldsymbol{A}|\boldsymbol{I}_3.$$

当 $|\boldsymbol{A}| \neq 0$ 时,由 $\boldsymbol{A}\left(\frac{1}{|\boldsymbol{A}|}\boldsymbol{A}^*\right) = \left(\frac{1}{|\boldsymbol{A}|}\boldsymbol{A}^*\right)\boldsymbol{A} = \boldsymbol{I}_3$,立刻得到求三阶方阵的逆阵公式

$$\boldsymbol{A}^{-1} = \frac{1}{|\boldsymbol{A}|}\boldsymbol{A}^*.$$

例 2.3.1 求 $\boldsymbol{A} = \begin{pmatrix} 1 & -1 & 3 \\ 2 & -1 & 4 \\ -1 & 2 & -4 \end{pmatrix}$ 的逆阵.

解 先求出行列式

$$|\boldsymbol{A}| = \begin{vmatrix} 1 & -1 & 3 \\ 2 & -1 & 4 \\ -1 & 2 & -4 \end{vmatrix} = \begin{vmatrix} 1 & -2 \\ 1 & -1 \end{vmatrix} = 1,$$

再求出伴随阵

$$A^* = \begin{pmatrix} M_{11} & -M_{21} & M_{31} \\ -M_{12} & M_{22} & -M_{32} \\ M_{13} & -M_{23} & M_{33} \end{pmatrix} = \begin{pmatrix} \begin{vmatrix} -1 & 4 \\ 2 & -4 \end{vmatrix} & -\begin{vmatrix} -1 & 3 \\ 2 & -4 \end{vmatrix} & \begin{vmatrix} -1 & 3 \\ -1 & 4 \end{vmatrix} \\ -\begin{vmatrix} 2 & 4 \\ -1 & -4 \end{vmatrix} & \begin{vmatrix} 1 & 3 \\ -1 & -4 \end{vmatrix} & -\begin{vmatrix} 1 & 3 \\ 2 & 4 \end{vmatrix} \\ \begin{vmatrix} 2 & -1 \\ -1 & 2 \end{vmatrix} & -\begin{vmatrix} 1 & -1 \\ -1 & 2 \end{vmatrix} & \begin{vmatrix} 1 & -1 \\ 2 & -1 \end{vmatrix} \end{pmatrix}$$

$$= \begin{pmatrix} -4 & 2 & -1 \\ 4 & -1 & 2 \\ 3 & -1 & 1 \end{pmatrix}.$$

因为 $|A| = 1$，所以

$$A^{-1} = \frac{1}{|A|}A^* = \begin{pmatrix} -4 & 2 & -1 \\ 4 & -1 & 2 \\ 3 & -1 & 1 \end{pmatrix}.$$

说明 为了确保计算正确无误，在求出这个逆阵以后，需作如下验证：

$$AA^{-1} = \begin{pmatrix} 1 & -1 & 3 \\ 2 & -1 & 4 \\ -1 & 2 & -4 \end{pmatrix}\begin{pmatrix} -4 & 2 & -1 \\ 4 & -1 & 2 \\ 3 & -1 & 1 \end{pmatrix} = \begin{pmatrix} 1 & 0 & 0 \\ 0 & 1 & 0 \\ 0 & 0 & 1 \end{pmatrix} = I_3.$$

一般地，对于 n 阶方阵 $A = (a_{ij})$，可构造如下 n 阶方阵：

$$A^* = \begin{pmatrix} A_{11} & A_{21} & \cdots & A_{n1} \\ A_{12} & A_{22} & \cdots & A_{n2} \\ \vdots & \vdots & & \vdots \\ A_{1n} & A_{2n} & \cdots & A_{nn} \end{pmatrix},$$

称 A^* 为 A 的**伴随阵**. 这里，$A_{ij} = (-1)^{i+j}M_{ij}$ 是 n 阶行列式 $|A|$ 中第 i 行、第 j 列元素 a_{ij} 的代数余子式. A_{ij} 必须放在 A^* 中的第 j 行、第 i 列交叉位置上. 根据定理 2.3.2 可以直接验证如下重要等式：

$$AA^* = A^*A = |A| I_n.$$

对于一般的 n 阶方阵，我们可证明以下重要定理.

定理 2.3.3 n 阶方阵 A 为可逆阵 $\Leftrightarrow |A| \neq 0$.

证 (1) 必要性：设 A 是 n 阶可逆阵，则存在 n 阶方阵 B，满足 $AB = I_n$. 用行

列式乘法规则可知 $|\boldsymbol{A}|\times|\boldsymbol{B}|=|\boldsymbol{I}_n|=1$,一定有 $|\boldsymbol{A}|\neq 0$.

(2) 充分性:当 $|\boldsymbol{A}|\neq 0$ 时,由 $\boldsymbol{A}\boldsymbol{A}^*=\boldsymbol{A}^*\boldsymbol{A}=|\boldsymbol{A}|\boldsymbol{I}_n$ 就得

$$\boldsymbol{A}\left(\frac{1}{|\boldsymbol{A}|}\boldsymbol{A}^*\right)=\left(\frac{1}{|\boldsymbol{A}|}\boldsymbol{A}^*\right)\boldsymbol{A}=\boldsymbol{I}_n.$$

这不但证明了 $\boldsymbol{A}$ 是可逆阵,而且还得到了求逆阵的公式为

$$\boldsymbol{A}^{-1}=\frac{1}{|\boldsymbol{A}|}\boldsymbol{A}^*.$$

证毕

说明 当 $n\geqslant 4$ 时,不宜用这种通过伴随阵求出逆阵的方法. 因为它需要计算 n^2 个 $n-1$ 阶行列式和一个 n 阶行列式. 如此大的计算量是难以用手工计算正确完成的.

例 2.3.2 求出二阶方阵 $\boldsymbol{A}=\begin{pmatrix}a & b\\ c & d\end{pmatrix}$ 为可逆阵的充分必要条件,并求出逆阵公式.

解 $\boldsymbol{A}$ 为可逆阵的充分必要条件为

$$|\boldsymbol{A}|=\begin{vmatrix}a & b\\ c & d\end{vmatrix}=ad-bc\neq 0.$$

根据伴随阵的定义立即可以求出二阶方阵求逆公式

$$\begin{pmatrix}a & b\\ c & d\end{pmatrix}^{-1}=\frac{1}{|\boldsymbol{A}|}\boldsymbol{A}^*=\frac{1}{ad-bc}\begin{pmatrix}d & -b\\ -c & a\end{pmatrix}.$$

说明 可以直接用此公式写出二阶可逆方阵的逆阵. 其记忆方法为:互换两个对角元素的位置,把剩下两个元素改变符号,再把求出的伴随阵除以此二阶方阵的行列式. 简单地说就是"换位置,改符号,除以行列式".

特别地,有

$$\begin{pmatrix}1 & k\\ 0 & 1\end{pmatrix}^{-1}=\begin{pmatrix}1 & -k\\ 0 & 1\end{pmatrix},\quad \begin{pmatrix}1 & 0\\ k & 1\end{pmatrix}^{-1}=\begin{pmatrix}1 & 0\\ -k & 1\end{pmatrix},\quad \begin{pmatrix}0 & 1\\ 1 & k\end{pmatrix}^{-1}=\begin{pmatrix}-k & 1\\ 1 & 0\end{pmatrix},$$

$$\begin{pmatrix}k & 1\\ 1 & 0\end{pmatrix}^{-1}=\begin{pmatrix}0 & 1\\ 1 & -k\end{pmatrix},\quad \begin{pmatrix}a & 0\\ 0 & d\end{pmatrix}^{-1}=\begin{pmatrix}a^{-1} & 0\\ 0 & d^{-1}\end{pmatrix},\quad \begin{pmatrix}0 & b\\ c & 0\end{pmatrix}^{-1}=\begin{pmatrix}0 & c^{-1}\\ b^{-1} & 0\end{pmatrix}.$$

定理 2.3.3 的推论 n 阶方阵 $\boldsymbol{A}$ 为可逆阵 $\Leftrightarrow$ 存在 n 阶方阵 $\boldsymbol{B}$ 满足 $\boldsymbol{AB}=\boldsymbol{I}_n$
$\Leftrightarrow$ 存在 n 阶方阵 $\boldsymbol{B}$ 满足 $\boldsymbol{BA}=\boldsymbol{I}_n$.

这是由于仅根据 $\boldsymbol{AB}=\boldsymbol{I}_n$,就可以推出 $|\boldsymbol{A}|\times|\boldsymbol{B}|=1$, $|\boldsymbol{A}|\neq 0$, $\boldsymbol{A}$ 必为可逆阵.

这说明要验证 n 阶方阵 $\boldsymbol{X}$ 是不是 n 阶方阵 $\boldsymbol{A}$ 的逆阵，只需要检验是不是满足 $\boldsymbol{AX}=\boldsymbol{I}_n$ 或者 $\boldsymbol{XA}=\boldsymbol{I}_n$，而不必按照定义两个都去验证.

例 2.3.3 设 $\boldsymbol{A}$ 为 n 阶方阵，则当 $\boldsymbol{P}$ 为可逆阵时，$\boldsymbol{A}$ 为对称阵$\Leftrightarrow\boldsymbol{P}'\boldsymbol{AP}$ 为对称阵.

证 当 $\boldsymbol{A}'=\boldsymbol{A}$ 时，显然有 $(\boldsymbol{P}'\boldsymbol{AP})'=\boldsymbol{P}'\boldsymbol{A}'\boldsymbol{P}=\boldsymbol{P}'\boldsymbol{AP}$.

反之，若 $(\boldsymbol{P}'\boldsymbol{AP})'=\boldsymbol{P}'\boldsymbol{AP}$ 成立，则有 $\boldsymbol{P}'\boldsymbol{A}'\boldsymbol{P}=\boldsymbol{P}'\boldsymbol{AP}$. 于是，由 $\boldsymbol{P}$ 和 $\boldsymbol{P}'$ 都是可逆阵可知一定可以把 $\boldsymbol{P}$ 和 $\boldsymbol{P}'$ 都消去得到 $\boldsymbol{A}'=\boldsymbol{A}$. 证毕

例 2.3.4 设 $\boldsymbol{A}$, $\boldsymbol{B}$, $\boldsymbol{C}$ 同为 n 阶方阵，则 $\boldsymbol{ABC}=\boldsymbol{I}_n\Leftrightarrow\boldsymbol{BCA}=\boldsymbol{I}_n\Leftrightarrow\boldsymbol{CAB}=\boldsymbol{I}_n$. 因此，有

$$\boldsymbol{A}^{-1}=\boldsymbol{BC},\ \boldsymbol{B}^{-1}=\boldsymbol{CA},\ \boldsymbol{C}^{-1}=\boldsymbol{AB}.$$

证 $\boldsymbol{ABC}=\boldsymbol{I}_n\Leftrightarrow\boldsymbol{A}^{-1}\boldsymbol{ABCA}=\boldsymbol{A}^{-1}\boldsymbol{I}_n\boldsymbol{A}=\boldsymbol{I}_n\Leftrightarrow\boldsymbol{BCA}=\boldsymbol{I}_n$.

$\boldsymbol{BCA}=\boldsymbol{I}_n\Leftrightarrow\boldsymbol{B}^{-1}\boldsymbol{BCAB}=\boldsymbol{B}^{-1}\boldsymbol{I}_n\boldsymbol{B}\Leftrightarrow\boldsymbol{CAB}=\boldsymbol{I}_n$. 证毕

注意 不能说 $\boldsymbol{B}^{-1}=\boldsymbol{AC}$.

例 2.3.5 设 $\boldsymbol{A}$ 为 n 阶方阵，则 $|\boldsymbol{A}^*|=|\boldsymbol{A}|^{n-1}$.

***证** 由 $\boldsymbol{AA}^*=|\boldsymbol{A}|\boldsymbol{I}_n$ 可知 $|\boldsymbol{A}|\times|\boldsymbol{A}^*|=|\boldsymbol{A}|^n$.

当 $|\boldsymbol{A}|\neq 0$ 时，显然有 $|\boldsymbol{A}^*|=|\boldsymbol{A}|^{n-1}$.

如果 $|\boldsymbol{A}|=0$，则要证明 $|\boldsymbol{A}^*|=0$. 我们用反证法. 如果 $|\boldsymbol{A}^*|\neq 0$，则 $\boldsymbol{A}^*$ 是可逆阵. 于是在矩阵等式 $\boldsymbol{AA}^*=|\boldsymbol{A}|\boldsymbol{I}_n=\boldsymbol{O}$ 的两边同时右乘 $\boldsymbol{A}^*$ 的逆阵即得 $\boldsymbol{A}=\boldsymbol{O}$. 零阵的伴随阵当然为零阵，即 $\boldsymbol{A}^*=\boldsymbol{O}$，这与 $|\boldsymbol{A}^*|\neq 0$ 矛盾，所以必有 $|\boldsymbol{A}^*|=0$.

证毕

说明 这个结论很重要. 它说明可逆阵的伴随阵也是可逆阵. 伴随阵 $\boldsymbol{A}^*$ 的行列式就是 n 阶阵 $\boldsymbol{A}$ 的行列式的 $n-1$ 次方.

伴随阵 $\boldsymbol{A}^*$ 是一个非常重要的矩阵，可建立很多关于它的命题. 可以说，凡是本课程中关于伴随阵的命题的证明或者计算，几乎都是从以下两个重要等式出发的：

$$\boldsymbol{AA}^*=|\boldsymbol{A}|\boldsymbol{I}_n,\ |\boldsymbol{A}^*|=|\boldsymbol{A}|^{n-1}.$$

这已经成了“条件反射”.

习题 2.3

1. 设 $\boldsymbol{A}$ 是 n 阶方阵. 证明：当(1) $\boldsymbol{AA}'=\boldsymbol{I}_n$；(2) $\boldsymbol{A}'=\boldsymbol{A}$；(3) $\boldsymbol{A}^2=\boldsymbol{I}_n$ 中有两个条件满足时，一定满足第三个条件.

2. 设 $\boldsymbol{P}$ 是 n 阶可逆阵. 如果 $\boldsymbol{B}=\boldsymbol{P}^{-1}\boldsymbol{AP}$，证明 $\boldsymbol{B}^m=\boldsymbol{P}^{-1}\boldsymbol{A}^m\boldsymbol{P}$，这里 m 为任意正整数.

3. 证明可逆对称阵的逆阵和伴随阵一定是对称阵.

4. 设 n 阶方阵 $\boldsymbol{A}$ 满足 $\boldsymbol{A}^2=\boldsymbol{A}$，证明 $\boldsymbol{A}$ 或者是单位阵，或者是不可逆阵.

5. 判断以下方阵是不是可逆阵. 若是，则求出其逆阵.

(1) $\begin{pmatrix} \cos\theta & \sin\theta \\ -\sin\theta & \cos\theta \end{pmatrix}$； (2) $\begin{pmatrix} \cos\theta & \sin\theta \\ \sin\theta & -\cos\theta \end{pmatrix}$； (3) $\boldsymbol{A}=\begin{pmatrix} 1 & 2 & -1 \\ 3 & -1 & 0 \\ 2 & -3 & 1 \end{pmatrix}$.

6. 证明同阶方阵 $\boldsymbol{A}$ 与 $\boldsymbol{B}$ 之积 $\boldsymbol{AB}$ 是不可逆阵，当且仅当 $\boldsymbol{A}$ 和 $\boldsymbol{B}$ 中至少有一个是不可逆阵.

§2.4 分块矩阵

分块矩阵理论是矩阵理论中不可缺少的重要组成部分. 特别随着计算机科学的迅猛发展，它的重要性和必需性越来越显著了. 它具有书写和表示方便、运算和证明简洁的特点. 在本课程中，我们将介绍一些最简单的内容，主要是供后续内容应用.

例 2.4.1 $\boldsymbol{A}=\left(\begin{array}{cc:ccc} 1 & 2 & 3 & 4 & 5 \\ 6 & 7 & 8 & 9 & 10 \\ \hdashline 10 & 9 & 8 & 7 & 6 \\ 5 & 4 & 3 & 2 & 1 \end{array}\right)=\begin{pmatrix} \boldsymbol{A}_{11} & \boldsymbol{A}_{12} \\ \boldsymbol{A}_{21} & \boldsymbol{A}_{22} \end{pmatrix}$.

一条横线和一条纵线把一个 4×5 矩阵 $\boldsymbol{A}$ 中元素分割成四块，产生一个分块矩阵，其中

$$\boldsymbol{A}_{11}=\begin{pmatrix} 1 & 2 \\ 6 & 7 \end{pmatrix},\ \boldsymbol{A}_{12}=\begin{pmatrix} 3 & 4 & 5 \\ 8 & 9 & 10 \end{pmatrix},\ \boldsymbol{A}_{21}=\begin{pmatrix} 10 & 9 \\ 5 & 4 \end{pmatrix},\ \boldsymbol{A}_{22}=\begin{pmatrix} 8 & 7 & 6 \\ 3 & 2 & 1 \end{pmatrix}.$$

一般地，用 $r-1$ 条横线和 $s-1$ 条纵线把 $m\times n$ 矩阵

$$\boldsymbol{A}=\begin{pmatrix} a_{11} & a_{12} & \cdots & a_{1n} \\ a_{21} & a_{22} & \cdots & a_{2n} \\ \vdots & \vdots & & \vdots \\ a_{m1} & a_{m2} & \cdots & a_{mn} \end{pmatrix}$$

分割成

$$\boldsymbol{A}=\begin{pmatrix} \boldsymbol{A}_{11} & \boldsymbol{A}_{12} & \cdots & \boldsymbol{A}_{1s} \\ \boldsymbol{A}_{21} & \boldsymbol{A}_{22} & \cdots & \boldsymbol{A}_{2s} \\ \vdots & \vdots & & \vdots \\ \boldsymbol{A}_{r1} & \boldsymbol{A}_{r2} & \cdots & \boldsymbol{A}_{rs} \end{pmatrix}=(\boldsymbol{A}_{ij})_{r\times s},$$

这里,每个 $\boldsymbol{A}_{ij}$ 都是 $\boldsymbol{A}$ 的**子矩阵**(并非指行列式 $|\boldsymbol{A}|$ 中元素的代数余子式 A_{ij}). 这种以子矩阵为"元素"的**形式矩阵**称为**分块矩阵**. 分块矩阵 $\boldsymbol{A}=(\boldsymbol{A}_{ij})_{r\times s}$ 中有 r 个**块行**、s 个**块列**.

对同一个矩阵采用不同的分块方法得到的是不同的分块矩阵.

对于任意一个 $m\times n$ 矩阵 $\boldsymbol{A}=(a_{ij})$, 常采用以下两种特殊的分块方法:

列向量表示法 $\boldsymbol{A}=(\boldsymbol{\beta}_1, \boldsymbol{\beta}_2, \cdots, \boldsymbol{\beta}_n)$,

其中 $\boldsymbol{\beta}_j=\begin{pmatrix} a_{1j} \\ a_{2j} \\ \vdots \\ a_{mj} \end{pmatrix}$, $j=1, 2, \cdots, n$.

行向量表示法 $\boldsymbol{A}=\begin{pmatrix} \boldsymbol{\alpha}_1 \\ \boldsymbol{\alpha}_2 \\ \vdots \\ \boldsymbol{\alpha}_m \end{pmatrix}$,

其中 $\boldsymbol{\alpha}_i=(a_{i1}, a_{i2}, \cdots, a_{in})$, $i=1, 2, \cdots, m$.

方阵的特殊分块矩阵主要有以下三类:(凡空白处都是零块,可以不写出)

$$\textbf{准上三角阵}\quad \boldsymbol{A}=\begin{pmatrix} \boldsymbol{A}_{11} & \boldsymbol{A}_{12} & \cdots & \boldsymbol{A}_{1r} \\ & \boldsymbol{A}_{22} & \cdots & \boldsymbol{A}_{2r} \\ & & \ddots & \vdots \\ & & & \boldsymbol{A}_{rr} \end{pmatrix};$$

$$\textbf{准下三角阵}\quad \boldsymbol{A}=\begin{pmatrix} \boldsymbol{A}_{11} & & & \\ \boldsymbol{A}_{21} & \boldsymbol{A}_{22} & & \\ \vdots & \vdots & \ddots & \\ \boldsymbol{A}_{r1} & \boldsymbol{A}_{r2} & \cdots & \boldsymbol{A}_{rr} \end{pmatrix};$$

$$\textbf{准对角阵}\quad \boldsymbol{A}=\begin{pmatrix} \boldsymbol{A}_{11} & & & \\ & \boldsymbol{A}_{22} & & \\ & & \ddots & \\ & & & \boldsymbol{A}_{rr} \end{pmatrix}.$$

在上述三类分块三角矩阵中,要求每一个主对角块 $\boldsymbol{A}_{11}, \boldsymbol{A}_{22}, \cdots, \boldsymbol{A}_{rr}$ 都必须是方阵,但未必要求是三角阵或者对角阵,而且各个主对角块的阶数也未必要求相同.

准上三角阵在"宏观上"看是上三角阵,但是每一个主对角块未必是上三角阵.

这就是取名为“准”的含义. 它就犹如比“少将”小而比“大校”大的军衔是“准将”.

在这里,我们只给出重要结论:上述三类特殊分块矩阵的行列式同为

$$|\boldsymbol{A}|=\prod_{i=1}^{r}|\boldsymbol{A}_{ii}|.$$

因此,准三角阵是可逆阵当且仅当它的每一个主对角阵 $\boldsymbol{A}_{ii}$ 都是可逆阵.

下面我们仅介绍三种最常用的分块矩阵运算. 需要特别指出的是,分块矩阵的所有运算仅是前述矩阵运算的换一种表述方法,并不是定义一种新的矩阵运算.

一、数乘分块矩阵

一个数 k 与一个分块矩阵 $\boldsymbol{A}=(\boldsymbol{A}_{ij})_{r\times s}$ 的乘积为

$$k(\boldsymbol{A}_{ij})_{r\times s}=(k\boldsymbol{A}_{ij})_{r\times s}.$$

二、分块矩阵转置

例 2.4.2

$$\boldsymbol{A}=\left(\begin{array}{cc:ccc}1&2&3&4&5\\6&7&8&9&10\\ \hdashline 10&9&8&7&6\\5&4&3&2&1\end{array}\right)=\begin{pmatrix}\boldsymbol{A}_{11}&\boldsymbol{A}_{12}\\\boldsymbol{A}_{21}&\boldsymbol{A}_{22}\end{pmatrix}.$$

$$\boldsymbol{A}'=\left(\begin{array}{cc:cc}1&6&10&5\\2&7&9&4\\ \hdashline 3&8&8&3\\4&9&7&2\\5&10&6&1\end{array}\right)=\begin{pmatrix}\boldsymbol{A}_{11}'&\boldsymbol{A}_{21}'\\\boldsymbol{A}_{12}'&\boldsymbol{A}_{22}'\end{pmatrix}.$$

我们发现:不但每个子矩阵的位置作了转置,而且每个子矩阵的内部也作了转置. 为了说话方便,不妨称它为“**内外一起转**”,或者说,不但“宏观”要转置,而且“微观”也要转置.

一般地,分块矩阵 $\boldsymbol{A}=\begin{pmatrix}\boldsymbol{A}_{11}&\boldsymbol{A}_{12}&\cdots&\boldsymbol{A}_{1s}\\\boldsymbol{A}_{21}&\boldsymbol{A}_{22}&\cdots&\boldsymbol{A}_{2s}\\\vdots&\vdots&&\vdots\\\boldsymbol{A}_{r1}&\boldsymbol{A}_{r2}&\cdots&\boldsymbol{A}_{rs}\end{pmatrix}=(\boldsymbol{A}_{ij})_{r\times s}$ 的转置矩阵为

$$\boldsymbol{A}'=\begin{pmatrix}\boldsymbol{A}_{11}' & \boldsymbol{A}_{21}' & \cdots & \boldsymbol{A}_{r1}'\\ \boldsymbol{A}_{12}' & \boldsymbol{A}_{22}' & \cdots & \boldsymbol{A}_{r2}'\\ \vdots & \vdots & & \vdots\\ \boldsymbol{A}_{1s}' & \boldsymbol{A}_{2s}' & \cdots & \boldsymbol{A}_{sr}'\end{pmatrix}=(\boldsymbol{B}_{ij})_{s\times r},\text{其中 } \boldsymbol{B}_{ij}=\boldsymbol{A}_{ji}',\ \begin{matrix}i=1,2,\cdots,s,\\ j=1,2,\cdots,r.\end{matrix}$$

例 2.4.3 设 $\boldsymbol{A}=(\boldsymbol{\beta}_1,\boldsymbol{\beta}_2,\cdots,\boldsymbol{\beta}_n)$ 是用列向量表示的 $m\times n$ 矩阵,其中每个 $\boldsymbol{\beta}_j$ 都是 m 维列向量,则其转置矩阵是 $\boldsymbol{A}'=\begin{pmatrix}\boldsymbol{\beta}_1'\\ \boldsymbol{\beta}_2'\\ \vdots\\ \boldsymbol{\beta}_n'\end{pmatrix}$,决不能写成 $\boldsymbol{A}'=\begin{pmatrix}\boldsymbol{\beta}_1\\ \boldsymbol{\beta}_2\\ \vdots\\ \boldsymbol{\beta}_n\end{pmatrix}$,因为 $\begin{pmatrix}\boldsymbol{\beta}_1\\ \boldsymbol{\beta}_2\\ \vdots\\ \boldsymbol{\beta}_n\end{pmatrix}$ 是一个 mn 维列向量.

三、分块矩阵的乘法和分块矩阵求逆

这是最能显示分块矩阵优越性的分块运算.我们先着重讨论 $r=s=2$ 的分块矩阵.

$$\begin{matrix} & l_1 & l_2 \\ m_1 & \boldsymbol{A}_{11} & \boldsymbol{A}_{12}\\ m_2 & \boldsymbol{A}_{21} & \boldsymbol{A}_{22}\end{matrix}\ \begin{matrix} n_1 & n_2 & \\ \boldsymbol{B}_{11} & \boldsymbol{B}_{12} & l_1\\ \boldsymbol{B}_{21} & \boldsymbol{B}_{22} & l_2\end{matrix}=\begin{matrix} n_1 & n_2 & \\ \boldsymbol{C}_{11} & \boldsymbol{C}_{12} & m_1\\ \boldsymbol{C}_{21} & \boldsymbol{C}_{22} & m_2\end{matrix}$$

其中
$$\boldsymbol{C}_{11}=\boldsymbol{A}_{11}\boldsymbol{B}_{11}+\boldsymbol{A}_{12}\boldsymbol{B}_{21},\ \boldsymbol{C}_{12}=\boldsymbol{A}_{11}\boldsymbol{B}_{12}+\boldsymbol{A}_{12}\boldsymbol{B}_{22},$$
$$\boldsymbol{C}_{21}=\boldsymbol{A}_{21}\boldsymbol{B}_{11}+\boldsymbol{A}_{22}\boldsymbol{B}_{21},\ \boldsymbol{C}_{22}=\boldsymbol{A}_{21}\boldsymbol{B}_{12}+\boldsymbol{A}_{22}\boldsymbol{B}_{22}.$$

第一个分块矩阵左面的 m_1 和 m_2 分别表示第一块行和第二块行中的行数;它上面的 l_1 和 l_2 分别表示第一块列和第二块列中的列数;在其他处的数字的含义类似.易见,上述两个分块矩阵可以相乘当且仅当

$$\boldsymbol{A}_{ik}\text{ 的列数}=\boldsymbol{B}_{kj}\text{ 的行数}=l_k,\ i=1,2;\ j=1,2;\ k=1,2.$$

设 $\boldsymbol{A}$ 为 $m\times l$ 矩阵,$\boldsymbol{B}$ 为 $l\times n$ 矩阵,则 $\boldsymbol{AB}$ 为 $m\times n$ 矩阵.

若把 $\boldsymbol{B}$ 采用列向量表示 $\boldsymbol{B}=(\boldsymbol{\beta}_1,\boldsymbol{\beta}_2,\cdots,\boldsymbol{\beta}_n)$,则

$$\boldsymbol{AB}=\boldsymbol{A}(\boldsymbol{\beta}_1,\boldsymbol{\beta}_2,\cdots,\boldsymbol{\beta}_n)=(\boldsymbol{A\beta}_1,\boldsymbol{A\beta}_2,\cdots,\boldsymbol{A\beta}_n).$$

准对角阵的乘积:

$$\begin{pmatrix}\boldsymbol{A}_1 & & & \\ & \boldsymbol{A}_2 & & \\ & & \ddots & \\ & & & \boldsymbol{A}_r\end{pmatrix}\begin{pmatrix}\boldsymbol{B}_1 & & & \\ & \boldsymbol{B}_2 & & \\ & & \ddots & \\ & & & \boldsymbol{B}_r\end{pmatrix}=\begin{pmatrix}\boldsymbol{A}_1\boldsymbol{B}_1 & & & \\ & \boldsymbol{A}_2\boldsymbol{B}_2 & & \\ & & \ddots & \\ & & & \boldsymbol{A}_r\boldsymbol{B}_r\end{pmatrix}.$$

当然,对每一个 $1\leqslant i\leqslant r$,$\boldsymbol{A}_i$ 与 $\boldsymbol{B}_i$ 必须是同阶方阵(否则它们不能相乘).

准对角阵的逆阵： $\begin{pmatrix} A_1 & & & \\ & A_2 & & \\ & & \ddots & \\ & & & A_r \end{pmatrix}^{-1} = \begin{pmatrix} A_1^{-1} & & & \\ & A_2^{-1} & & \\ & & \ddots & \\ & & & A_r^{-1} \end{pmatrix}$,

这里，每个 A_i 都是可逆方阵.

例 2.4.4 $$\left(\begin{array}{cc:cc:c} 1 & -1 & & & \\ 1 & -3 & & & \\ \hdashline & & 2 & 1 & \\ & & 3 & 2 & \\ \hdashline & & & & 4 \end{array}\right)^{-1} = \left(\begin{array}{cc:cc:c} 3/2 & -1/2 & & & \\ 1/2 & -1/2 & & & \\ \hdashline & & 2 & -1 & \\ & & -3 & 2 & \\ \hdashline & & & & 1/4 \end{array}\right).$$

例 2.4.5 $$\left(\begin{array}{cc:cc} 0 & 0 & 1 & 2 \\ 0 & 0 & 3 & 4 \\ \hdashline 1 & 0 & 0 & 0 \\ 2 & 1 & 0 & 0 \end{array}\right)^{-1} = \begin{pmatrix} O & B \\ C & O \end{pmatrix}^{-1} = \begin{pmatrix} O & C^{-1} \\ B^{-1} & O \end{pmatrix}$$
$$= \left(\begin{array}{cc:cc} 0 & 0 & 1 & 0 \\ 0 & 0 & -2 & 1 \\ \hdashline -2 & 1 & 0 & 0 \\ 3/2 & -1/2 & 0 & 0 \end{array}\right).$$

例 2.4.6 $$\left(\begin{array}{cc:cc} 1 & 0 & 1 & 2 \\ 0 & 1 & 3 & 4 \\ \hdashline 0 & 0 & 1 & 0 \\ 0 & 0 & 0 & 1 \end{array}\right)^{-1} = \begin{pmatrix} I_2 & B \\ O & I_2 \end{pmatrix}^{-1} = \begin{pmatrix} I_2 & -B \\ O & I_2 \end{pmatrix}$$
$$= \left(\begin{array}{cc:cc} 1 & 0 & -1 & -2 \\ 0 & 1 & -3 & -4 \\ 0 & 0 & 1 & 0 \\ \hdashline 0 & 0 & 0 & 1 \end{array}\right).$$

§2.5 初等变换与初等方阵

我们在§2.3中给出了求可逆阵的逆阵的一个公式

$$A^{-1} = \frac{1}{|A|}A^*.$$

这个公式的形式很简单，证明也不难，且有重大的理论意义，可惜无法具体运用. 因为它的计算量太大. 在本节中介绍的矩阵的初等变换法，不但能有效地用来求可逆阵的逆阵，而且研究线性方程组的求解理论和求解方法也离不开矩阵的初等变换. 对矩阵施行初等变换，是掌握本课程的又一基本功，必须非常熟练. 矩阵的初等变换有**“万能工具”**之美称.

一、初等变换

对于任意一个矩阵 $\boldsymbol{A}$，可以施行以下三类**初等行变换**和三类**初等列变换**：

（Ⅰ）互换 $\boldsymbol{A}$ 的某两行或某两列；

（Ⅱ）用非零数 k 乘 $\boldsymbol{A}$ 的某一行或某一列；

（Ⅲ）把 $\boldsymbol{A}$ 中某一行（或某一列）的 k 倍加到另一行（或另一列）上去，或者把 $\boldsymbol{A}$ 中某一列的 k 倍加到另一列上去.

这三种变换方法似曾相识，它们不就是在行列式的三条性质中提到的吗？互换两行或两列，行列式改号；用非零数 k 乘行列式中某一行或某一列，等于原行列式的 k 倍；把行列式中某一行（或某一列）的 k 倍加到另一行（或另一列）上去，行列式的值不变.

不过必须注意：行列式计算和矩阵初等变换之间有着本质的区别. 行列式计算是**求值过程**，前后用等号连接. 勿忘有时需要改号或提取公因数. 对矩阵施行初等变换是**变换过程**，除了恒等变换以外，变换前后的两个矩阵决不相等，因此，**只能用→连接**，决不可以用等号连接，而且也不必将矩阵改号或提取公因数. 这是初学者最易犯的一个错误！他们经常用等号连接两个决不相等的矩阵.

下面我们先在两个同阶方阵之间建立一种关系.

定义 2.5.1 若矩阵 $\boldsymbol{A}$ 经过若干次初等变换变为 $\boldsymbol{B}$，则称 $\boldsymbol{A}$ 与 $\boldsymbol{B}$ **等价**，记为 $\boldsymbol{A} \cong \boldsymbol{B}$.

记号 $\boldsymbol{A} \cong \boldsymbol{B}$ 决不是说 $\boldsymbol{A}$ 与 $\boldsymbol{B}$ 恒等.

矩阵之间的等价关系有以下三条性质：

(1) 反身性：$\boldsymbol{A} \cong \boldsymbol{A}$.（在第（Ⅱ）类初等变换中取 $k=1$，即恒等变换当然不变矩阵 $\boldsymbol{A}$.）

(2) 对称性：若 $\boldsymbol{A} \cong \boldsymbol{B}$，则 $\boldsymbol{B} \cong \boldsymbol{A}$. 我们以初等行变换为例示意证明如下：

$$\text{互换某两行，}\boldsymbol{A}=\begin{pmatrix}\vdots\\ \boldsymbol{\alpha}_i\\ \vdots\\ \boldsymbol{\alpha}_j\\ \vdots\end{pmatrix}\to\boldsymbol{B}=\begin{pmatrix}\vdots\\ \boldsymbol{\alpha}_j\\ \vdots\\ \boldsymbol{\alpha}_i\\ \vdots\end{pmatrix}\to\boldsymbol{A}.$$

非零数 k 乘某行，$\boldsymbol{A}=\begin{pmatrix}\vdots\\ \boldsymbol{\alpha}_i\\ \vdots\\ \vdots\end{pmatrix}\xleftarrow{}(k)\to\boldsymbol{B}=\begin{pmatrix}\vdots\\ k\boldsymbol{\alpha}_i\\ \vdots\\ \vdots\end{pmatrix}\xleftarrow{}\left(\frac{1}{k}\right)\to\boldsymbol{A}.$

把某行的倍数加到另一行上去，

$$\boldsymbol{A}=\begin{pmatrix}\vdots\\ \boldsymbol{\alpha}_i\\ \vdots\\ \boldsymbol{\alpha}_j\\ \vdots\end{pmatrix}\begin{matrix}(k)\\ \\ \\ \end{matrix}\to\boldsymbol{B}=\begin{pmatrix}\vdots\\ \boldsymbol{\alpha}_i\\ \vdots\\ \boldsymbol{\alpha}_j+k\boldsymbol{\alpha}_i\\ \vdots\end{pmatrix}\begin{matrix}(-k)\\ \\ \\ \end{matrix}\to\boldsymbol{A}.$$

这说明当 $\boldsymbol{A}$ 施行一次初等行变换变成 $\boldsymbol{B}$ 时，一定可以用同一类初等行变换把 $\boldsymbol{B}$ 变回 $\boldsymbol{A}$. 这就证明了当 $\boldsymbol{A}\cong\boldsymbol{B}$ 时，必有 $\boldsymbol{B}\cong\boldsymbol{A}$.

(3) 传递性：若 $\boldsymbol{A}\cong\boldsymbol{B}$，$\boldsymbol{B}\cong\boldsymbol{C}$，则 $\boldsymbol{A}\cong\boldsymbol{C}$.

当矩阵 $\boldsymbol{A}$ 经过若干次初等变换变为 $\boldsymbol{B}$、矩阵 $\boldsymbol{B}$ 经过若干次初等变换变为 $\boldsymbol{C}$ 时，则连续施行这些初等变换就可以把 $\boldsymbol{A}$ 变为 $\boldsymbol{C}$.

二、初等方阵

引进初等方阵的目的是想建立一些矩阵乘法等式去描述矩阵的初等变换，这样就可以利用矩阵工具作深入研究.

我们先以四阶方阵为例说明一下三类初等方阵的记号和定义. 取定四阶单位阵

$$\boldsymbol{I}_4=\begin{pmatrix}1&0&0&0\\0&1&0&0\\0&0&1&0\\0&0&0&1\end{pmatrix}.$$

把互换 $\boldsymbol{I}_4$ 的第一行和第三行，所得的方阵记为

$$\boldsymbol{P}_{13}=\begin{pmatrix}0&0&1&0\\0&1&0&0\\1&0&0&0\\0&0&0&1\end{pmatrix},$$

它的第一和第三个对角元为零. 用非零实数 k 乘 $\boldsymbol{I}_4$ 的第二行，所得的方阵记为

$$\boldsymbol{D}_2(k)=\begin{pmatrix}1&0&0&0\\0&k&0&0\\0&0&1&0\\0&0&0&1\end{pmatrix},$$

它的第二个对角元素是$k\neq 0$. 把 $\boldsymbol{I}_4$ 的第三行的k倍加到第一行上去,所得的方阵记为

$$\boldsymbol{T}_{13}(k)=\begin{pmatrix}1&0&k&0\\0&1&0&0\\0&0&1&0\\0&0&0&1\end{pmatrix},$$

其中元素k在(1, 3)位置上. 把 $\boldsymbol{I}_4$ 的第三列的k倍加到第一列上去,所得的方阵记为

$$\boldsymbol{T}_{31}(k)=\begin{pmatrix}1&0&0&0\\0&1&0&0\\k&0&1&0\\0&0&0&1\end{pmatrix},$$

其中元素k在(3, 1)位置上.

类似地可记(它们都是由单位阵经初等变换而得)

$$\boldsymbol{P}_{14}=\begin{pmatrix}0&&&1\\&1&&\\&&1&\\1&&&0\end{pmatrix},\ \boldsymbol{P}_{24}=\begin{pmatrix}1&&&\\&0&&1\\&&1&\\&1&&0\end{pmatrix},\ \boldsymbol{P}_{23}=\begin{pmatrix}1&&&\\&0&1&\\&1&0&\\&&&1\end{pmatrix};$$

$$\boldsymbol{D}_1(k)=\begin{pmatrix}k&&&\\&1&&\\&&1&\\&&&1\end{pmatrix},\ \boldsymbol{D}_3(k)=\begin{pmatrix}1&&&\\&1&&\\&&k&\\&&&1\end{pmatrix},\ \boldsymbol{D}_4(k)=\begin{pmatrix}1&&&\\&1&&\\&&1&\\&&&k\end{pmatrix};$$

$$\boldsymbol{T}_{23}(k)=\begin{pmatrix}1&&&\\&1&k&\\&&1&\\&&&1\end{pmatrix},\ \boldsymbol{T}_{42}(k)=\begin{pmatrix}1&&&\\&1&&\\&&1&\\&k&&1\end{pmatrix},\text{等等.}$$

用行列式展开方法容易求出上述三类四阶初等方阵的行列式的值:

$$|\boldsymbol{P}_{ij}| = \begin{vmatrix} 0 & 1 \\ 1 & 0 \end{vmatrix} = -1,\ |\boldsymbol{D}_i(k)| = k,\ |\boldsymbol{T}_{ij}(k)| = 1.$$

还可以直接验证

$$\begin{pmatrix} 0 & 1 \\ 1 & 0 \end{pmatrix}^{-1} = \begin{pmatrix} 0 & 1 \\ 1 & 0 \end{pmatrix},\ \begin{pmatrix} k & \\ & 1 \end{pmatrix}^{-1} = \begin{pmatrix} 1/k & \\ & 1 \end{pmatrix},\ k \neq 0,$$

$$\begin{pmatrix} 1 & k \\ 0 & 1 \end{pmatrix}^{-1} = \begin{pmatrix} 1 & -k \\ 0 & 1 \end{pmatrix},\ \begin{pmatrix} 1 & 0 \\ k & 1 \end{pmatrix}^{-1} = \begin{pmatrix} 1 & 0 \\ -k & 1 \end{pmatrix}.$$

由此可知上述三类四阶初等方阵都是可逆阵,而且其逆阵仍是同类初等方阵:

$$\boldsymbol{P}_{ij}^{-1} = \boldsymbol{P}_{ij},\ \boldsymbol{D}_i(k)^{-1} = \boldsymbol{D}_i\left(\frac{1}{k}\right),\ \boldsymbol{T}_{ij}(k)^{-1} = \boldsymbol{T}_{ij}(-k).$$

一般地,以下三类 n 阶方阵称为 n 阶**初等方阵**:

$$(\text{I})\ \boldsymbol{P}_{ij} = \begin{pmatrix} \boldsymbol{I}_r & & & & \\ & 0 & & 1 & \\ & & I_s & & \\ & 1 & & 0 & \\ & & & & \boldsymbol{I}_t \end{pmatrix},\ \begin{matrix} i \neq j, \\ a_{ii} = a_{jj} = 0, \\ a_{ij} = a_{ji} = 1, \end{matrix}$$

其他对角元都是 1,其他非对角元都是 0.

$$(\text{II})\ \boldsymbol{D}_i(k) = \begin{pmatrix} \boldsymbol{I}_r & & \\ & k & \\ & & \boldsymbol{I}_s \end{pmatrix},\ k \neq 0,\ a_{ii} = k,$$

其他对角元都是 1,所有非对角元都是 0.

$$(\text{III})\ \begin{matrix} \boldsymbol{T}_{ij}(k) = \\ (i < j) \end{matrix} \begin{pmatrix} \boldsymbol{I}_r & & & & \\ & 1 & & k & \\ & & \boldsymbol{I}_s & & \\ & & & 1 & \\ & & & & \boldsymbol{I}_t \end{pmatrix},\ \begin{matrix} \boldsymbol{T}_{ij}(k) = \\ (i > j) \end{matrix} \begin{pmatrix} \boldsymbol{I}_r & & & & \\ & 1 & & & \\ & & \boldsymbol{I}_s & & \\ & k & & 1 & \\ & & & & \boldsymbol{I}_t \end{pmatrix}.$$

这里,$a_{ii} = a_{jj} = 1$, $a_{ij} = k$,其他对角元都是 1,其他非对角元都是 0.

三类初等方阵的记号分别取自:Permutation, Diagonal, Triangular 的第一个字母,它们分别表示置换、对角形与三角形.

用行列式展开容易求出:

$$|\boldsymbol{P}_{ij}| = -1,\ |\boldsymbol{D}_i(k)| = k,\ |\boldsymbol{T}_{ij}(k)| = 1,$$

而且

$$P_{ij}^{-1}=P_{ij},\ D_i(k)^{-1}=D_i\left(\frac{1}{k}\right),\ T_{ij}(k)^{-1}=T_{ij}(-k).$$

这说明,**任意一类初等方阵一定是可逆阵,而且任意一类初等方阵的逆阵仍为同类初等方阵.**

例 2.5.1 可以直接验证下述矩阵等式的正确性(从中可归纳出初等方阵的'功能'):

$$\begin{pmatrix}0&1\\1&0\end{pmatrix}\begin{pmatrix}a&b\\c&d\end{pmatrix}=\begin{pmatrix}c&d\\a&b\end{pmatrix},\ \begin{pmatrix}a&b\\c&d\end{pmatrix}\begin{pmatrix}0&1\\1&0\end{pmatrix}=\begin{pmatrix}b&a\\d&c\end{pmatrix}.$$

$$\begin{pmatrix}k&\\&1\end{pmatrix}\begin{pmatrix}a&b\\c&d\end{pmatrix}=\begin{pmatrix}ka&kb\\c&d\end{pmatrix},\ \begin{pmatrix}a&b\\c&d\end{pmatrix}\begin{pmatrix}k&\\&1\end{pmatrix}=\begin{pmatrix}ka&b\\kc&d\end{pmatrix}.$$

$$\begin{pmatrix}1&\\&k\end{pmatrix}\begin{pmatrix}a&b\\c&d\end{pmatrix}=\begin{pmatrix}a&b\\kc&kd\end{pmatrix},\ \begin{pmatrix}a&b\\c&d\end{pmatrix}\begin{pmatrix}1&\\&k\end{pmatrix}=\begin{pmatrix}a&kb\\c&kd\end{pmatrix}.$$

$$\begin{pmatrix}1&k\\0&1\end{pmatrix}\begin{pmatrix}a&b\\c&d\end{pmatrix}=\begin{pmatrix}a+kc&b+kd\\c&d\end{pmatrix},\ \begin{pmatrix}a&b\\c&d\end{pmatrix}\begin{pmatrix}1&k\\0&1\end{pmatrix}=\begin{pmatrix}a&ka+b\\c&kc+d\end{pmatrix}.$$

$$\begin{pmatrix}1&0\\k&1\end{pmatrix}\begin{pmatrix}a&b\\c&d\end{pmatrix}=\begin{pmatrix}a&b\\ka+c&kb+d\end{pmatrix},\begin{pmatrix}a&b\\c&d\end{pmatrix}\begin{pmatrix}1&0\\k&1\end{pmatrix}=\begin{pmatrix}a+kb&b\\c+kd&d\end{pmatrix}.$$

根据此例不难看出 n 阶初等方阵有如下**功能**:

定理 2.5.1

$\boldsymbol{P}_{ij}$ 左(右)乘 $\boldsymbol{A}$ 就是互换 $\boldsymbol{A}$ 的第 i 行(列)和第 j 行(列);

$\boldsymbol{D}_i(k)$ 左(右)乘 $\boldsymbol{A}$ 就是用 k 乘 $\boldsymbol{A}$ 的第 i 行(列);

$\boldsymbol{T}_{ij}(k)$ 左乘 $\boldsymbol{A}$ 就是把 $\boldsymbol{A}$ 中第 j 行的 k 倍加到第 i 行上去;

$\boldsymbol{T}_{ij}(k)$ 右乘 $\boldsymbol{A}$ 就是把 $\boldsymbol{A}$ 中第 i 列的 k 倍加到第 j 列上去.

注 关于初等方阵的上述功能的记忆规则是"**左行右列**"."左行右列"的含义是:用初等方阵左(右)乘 $\boldsymbol{A}$ 就是对 $\boldsymbol{A}$ 施行相应的初等行(列)变换.

定理 2.5.2 若 $m\times n$ 矩阵 $\boldsymbol{A}$ 和 $\boldsymbol{B}$ 等价,则一定存在 m 阶可逆阵 $\boldsymbol{P}$ 和 n 阶可逆阵 $\boldsymbol{Q}$,使得

$$\boldsymbol{B}=\boldsymbol{PAQ}.$$

证 设 $\boldsymbol{A}$ 和 $\boldsymbol{B}$ 等价,则可以假设经过 s 次初等行变换和 t 次初等列变换把 $\boldsymbol{A}$ 变成 $\boldsymbol{B}$. 因为对矩阵施行初等行(列)变换就是对矩阵左(右)乘某个 $m(n)$ 阶初等方阵,所以可设

$$\boldsymbol{P}_s\cdots\boldsymbol{P}_2\boldsymbol{P}_1\boldsymbol{A}\boldsymbol{Q}_1\boldsymbol{Q}_2\cdots\boldsymbol{Q}_t=\boldsymbol{B},$$

这里,$\boldsymbol{P}_1, \boldsymbol{P}_2, \cdots, \boldsymbol{P}_s$ 是 s 个 m 阶初等方阵,$\boldsymbol{Q}_1, \boldsymbol{Q}_2, \cdots, \boldsymbol{Q}_t$ 是 t 个 n 阶初等方阵. 记

$$\boldsymbol{P}=\boldsymbol{P}_s\cdots\boldsymbol{P}_2\boldsymbol{P}_1,\ \boldsymbol{Q}=\boldsymbol{Q}_1\boldsymbol{Q}_2\cdots\boldsymbol{Q}_t,$$

则有 $\boldsymbol{B}=\boldsymbol{PAQ}$. 证毕

三、矩阵的等价标准形

我们先用实例说明求矩阵的等价标准形的变换过程.

例 2.5.2 $\boldsymbol{A}=\begin{pmatrix}2&0&-1&3\\1&2&-2&4\\0&1&3&-1\end{pmatrix}\xrightarrow{(1)}\begin{pmatrix}1&2&-2&4\\2&0&-1&3\\0&1&3&-1\end{pmatrix}\xrightarrow{(2)}\begin{pmatrix}1&0&0&0\\0&-4&3&-5\\0&1&3&-1\end{pmatrix}$

$$\xrightarrow{(3)}\begin{pmatrix}1&0&0&0\\0&1&3&-1\\0&-4&3&-5\end{pmatrix}\xrightarrow{(4)}\begin{pmatrix}1&0&0&0\\0&1&0&0\\0&0&15&-9\end{pmatrix}\xrightarrow{(5)}\begin{pmatrix}1&0&0&0\\0&1&0&0\\0&0&1&0\end{pmatrix}=(\boldsymbol{I}_3\quad \boldsymbol{O}).$$

说明 (1) 互换前两行;

(2) 利用 $a_{11}=1$ 把第一列中其他元素化为 0,再把第一行中其他元素化为 0;

(3) 互换后两行;

(4) 利用 $a_{22}=1$ 把第二列中其他元素化为 0,再把第二行中其他元素化为 0;

(5) 第三行除以 15,再利用 $a_{33}=1$ 把第三行中其他元素化为 0.

定理 2.5.3 任意一个矩阵 $\boldsymbol{A}$,一定可以施行有限次初等行变换和初等列变换变成标准形

$$\begin{pmatrix}\boldsymbol{I}_r&\boldsymbol{O}\\\boldsymbol{O}&\boldsymbol{O}\end{pmatrix},$$

其中 $\boldsymbol{I}_r$ 为 r 阶单位阵,$\boldsymbol{I}_0=0$,称为 $\boldsymbol{A}$ 的**等价标准形**.

因为对矩阵 $\boldsymbol{A}$ 施行初等变换相当于用初等方阵乘 $\boldsymbol{A}$,而初等方阵都是可逆阵,若干个可逆阵的乘积仍是可逆阵,所以,根据定理 2.5.2 可以将定理 2.5.3 等价地改述为如下的定理:

定理 2.5.4(等价标准形) 对于任意一个 $m\times n$ 矩阵 $\boldsymbol{A}$,一定存在 m 阶可逆阵 $\boldsymbol{P}$ 和 n 阶可逆阵 $\boldsymbol{Q}$,使得

$$\boldsymbol{PAQ}=\begin{pmatrix}\boldsymbol{I}_r&\boldsymbol{O}\\\boldsymbol{O}&\boldsymbol{O}\end{pmatrix},\ \boldsymbol{I}_0=0.$$

四、用初等变换求可逆阵的逆阵

现在我们可以介绍用初等行变换求可逆阵的逆阵的具体方法了.

设 $\boldsymbol{A}$ 是 n 阶可逆阵,已知一定存在 n 阶可逆阵 $\boldsymbol{P}$ 和 $\boldsymbol{Q}$,使得

$$\boldsymbol{PAQ}=\begin{pmatrix}\boldsymbol{I}_r & \boldsymbol{O}\\ \boldsymbol{O} & \boldsymbol{O}\end{pmatrix}.$$

两边取行列式,由行列式乘法规则知道有行列式等式

$$|\boldsymbol{P}|\times|\boldsymbol{A}|\times|\boldsymbol{Q}|=\begin{vmatrix}\boldsymbol{I}_r & \boldsymbol{O}\\ \boldsymbol{O} & \boldsymbol{O}\end{vmatrix}.$$

因为 $\boldsymbol{A}$, $\boldsymbol{P}$ 和 $\boldsymbol{Q}$ 都是可逆阵,它们的行列式都不为零,所以 $\begin{vmatrix}\boldsymbol{I}_r & \boldsymbol{O}\\ \boldsymbol{O} & \boldsymbol{O}\end{vmatrix}\neq 0$, 于是一定有 $r=n$, 即 $\boldsymbol{PAQ}=\boldsymbol{I}_n$. 于是得到以下的重要定理:

定理 2.5.5 n 阶方阵 $\boldsymbol{A}$ 是可逆阵⇔存在 n 阶可逆阵 $\boldsymbol{P}$ 和 $\boldsymbol{Q}$,使得

$$\boldsymbol{PAQ}=\boldsymbol{I}_n.$$

既然对于 n 阶可逆阵 $\boldsymbol{A}$,一定存在 n 阶可逆阵 $\boldsymbol{P}$ 和 $\boldsymbol{Q}$,使得 $\boldsymbol{PAQ}=\boldsymbol{I}_n$, 则一定有

$$\boldsymbol{PA}=\boldsymbol{Q}^{-1},\ \boldsymbol{QPA}=\boldsymbol{I}_n,\ \boldsymbol{A}=\boldsymbol{P}^{-1}\boldsymbol{Q}^{-1}.$$

因为 $\boldsymbol{P}$ 和 $\boldsymbol{Q}$ 都是若干个 n 阶初等方阵的乘积,可以假设

$$\boldsymbol{P}=\boldsymbol{P}_s\cdots\boldsymbol{P}_2\boldsymbol{P}_1,\ \boldsymbol{Q}=\boldsymbol{Q}_1\boldsymbol{Q}_2\cdots\boldsymbol{Q}_t,$$

则

$$\boldsymbol{Q}_1\boldsymbol{Q}_2\cdots\boldsymbol{Q}_t\boldsymbol{P}_s\cdots\boldsymbol{P}_2\boldsymbol{P}_1\boldsymbol{A}=\boldsymbol{I}_n,$$

这说明任意一个 n 阶可逆阵 $\boldsymbol{A}$,仅需经有限次初等行变换就可化为单位阵. 再由

$$\boldsymbol{A}=\boldsymbol{P}^{-1}\boldsymbol{Q}^{-1}=(\boldsymbol{P}_s\cdots\boldsymbol{P}_2\boldsymbol{P}_1)^{-1}(\boldsymbol{Q}_1\boldsymbol{Q}_2\cdots\boldsymbol{Q}_t)^{-1}=\boldsymbol{P}_1^{-1}\boldsymbol{P}_2^{-1}\cdots\boldsymbol{P}_s^{-1}\boldsymbol{Q}_t^{-1}\cdots\boldsymbol{Q}_2^{-1}\boldsymbol{Q}^{-1}$$

和任意一类初等方阵的逆阵仍为同类初等方阵知,任意一个 n 阶可逆阵一定可以写成若干个 n 阶初等方阵的乘积. 于是得到下面的定理:

定理 2.5.6 n 阶方阵 $\boldsymbol{A}$ 是可逆阵⇔只经过有限次**初等行变换**就可把 $\boldsymbol{A}$ 变成单位阵⇔$\boldsymbol{A}$ 可以写成若干个 n 阶初等方阵的乘积.

这就是说,经过有限次**初等行变换**不可能变成单位阵的 $\boldsymbol{A}$ 一定不是可逆阵.

鉴于这个事实,我们给出求可逆阵的逆阵的具体方法.

设 $\boldsymbol{A}$ 是 n 阶方阵(甚至未知 $\boldsymbol{A}$ 是否可逆),构造分块矩阵 $(\boldsymbol{A}, \boldsymbol{I}_n)$,它是 $n\times 2n$ 矩阵. 如果存在某个 n 阶可逆阵 $\boldsymbol{P}$,使得 $\boldsymbol{PA}=\boldsymbol{I}_n$,则 $\boldsymbol{P}=\boldsymbol{A}^{-1}$,而且有分块矩阵等式

$$\boldsymbol{P}(\boldsymbol{A}, \boldsymbol{I}_n)=(\boldsymbol{PA}, \boldsymbol{PI}_n)=(\boldsymbol{PA}, \boldsymbol{P})=(\boldsymbol{I}_n, \boldsymbol{A}^{-1}).$$

因为这个 n 阶可逆阵 $\boldsymbol{P}$ 就是若干个 n 阶初等方阵的乘积,所以实际操作方法是:只用若干个初等行变换把 $(\boldsymbol{A}, \boldsymbol{I}_n)$ 变成 $(\boldsymbol{I}_n, \boldsymbol{X})$,如果计算无误的话,那么由后 n 列组成的“仓库”中就可提出需求的可逆阵 $\boldsymbol{A}$ 的逆阵 $\boldsymbol{A}^{-1}$. 上述过程可以表示成

$$(\boldsymbol{A}, \boldsymbol{I}_n)\xrightarrow{\text{初等行变换}}(\boldsymbol{I}_n, \boldsymbol{A}^{-1}).$$

这就是**限用初等行变换求逆阵的方法和原理**. 如果这种 $\boldsymbol{P}$ 不存在,那么 $\boldsymbol{A}$ 就不是可逆阵.

例 2.5.3　求 $\boldsymbol{A}=\begin{pmatrix}1 & 2 & -1\\ 2 & -3 & 1\\ 4 & 1 & -1\end{pmatrix}$ 的逆阵.

解　只用初等行变换化简:

$$\begin{pmatrix}1 & 2 & -1 & 1 & 0 & 0\\ 2 & -3 & 1 & 0 & 1 & 0\\ 4 & 1 & -1 & 0 & 0 & 1\end{pmatrix}\to\begin{pmatrix}1 & 2 & -1 & 1 & 0 & 0\\ 0 & -7 & 3 & -2 & 1 & 0\\ 0 & -7 & 3 & -4 & 0 & 1\end{pmatrix}$$
$$\to\begin{pmatrix}1 & 2 & -1 & 1 & 0 & 0\\ 0 & -7 & 3 & -2 & 1 & 0\\ 0 & 0 & 0 & -2 & -1 & 1\end{pmatrix}.$$

因为它的前三列不可能变成单位阵,所以 $\boldsymbol{A}$ 不是可逆阵. 事实上,容易求出 $|\boldsymbol{A}|=0$.

例 2.5.4　求 $\boldsymbol{A}=\begin{pmatrix}1 & -1 & 3\\ 2 & -1 & 4\\ -1 & 2 & -4\end{pmatrix}$ 的逆阵.

解　只用初等行变换化简:

$$\begin{pmatrix}1 & -1 & 3 & 1 & 0 & 0\\ 2 & -1 & 4 & 0 & 1 & 0\\ -1 & 2 & -4 & 0 & 0 & 1\end{pmatrix}\to\begin{pmatrix}1 & -1 & 3 & 1 & 0 & 0\\ 0 & 1 & -2 & -2 & 1 & 0\\ 0 & 1 & -1 & 1 & 0 & 1\end{pmatrix}$$

$$\rightarrow\begin{pmatrix}1&0&1&-1&1&0\\0&1&-2&-2&1&0\\0&0&1&3&-1&1\end{pmatrix}\rightarrow\begin{pmatrix}1&0&0&-4&2&-1\\0&1&0&4&-1&2\\0&0&1&3&-1&1\end{pmatrix},$$

所以 $\boldsymbol{A}^{-1}=\begin{pmatrix}-4&2&-1\\4&-1&2\\3&-1&1\end{pmatrix}$.

注意 求方阵的逆阵时,绝对不允许用初等列变换! 最后还需要验证

$$\boldsymbol{A}\boldsymbol{A}^{-1}=\begin{pmatrix}1&-1&3\\2&-1&4\\-1&2&-4\end{pmatrix}\begin{pmatrix}-4&2&-1\\4&-1&2\\3&-1&1\end{pmatrix}=\begin{pmatrix}1&&\\&1&\\&&1\end{pmatrix}.$$

例 2.5.5 求 $\boldsymbol{A}=\begin{pmatrix}1&0&1\\2&1&0\\-3&2&-5\end{pmatrix}$ 的逆阵.

解 $\begin{pmatrix}1&0&1&1&0&0\\2&1&0&0&1&0\\-3&2&-5&0&0&1\end{pmatrix}\rightarrow\begin{pmatrix}1&0&1&1&0&0\\0&1&-2&-2&1&0\\0&2&-2&3&0&1\end{pmatrix}$

$$\rightarrow\begin{pmatrix}1&0&1&1&0&0\\0&1&-2&-2&1&0\\0&0&2&7&-2&1\end{pmatrix}\rightarrow\begin{pmatrix}1&0&1&1&0&0\\0&1&-2&-2&1&0\\0&0&1&7/2&-1&1/2\end{pmatrix}$$

$$\rightarrow\begin{pmatrix}1&0&1&1&0&0\\0&1&0&5&-1&1\\0&0&1&7/2&-1&1/2\end{pmatrix}\rightarrow\begin{pmatrix}1&0&0&-5/2&1&-1/2\\0&1&0&5&-1&1\\0&0&1&7/2&-1&1/2\end{pmatrix}.$$

求出 $\boldsymbol{A}^{-1}=\begin{pmatrix}-\frac{5}{2}&1&\frac{1}{2}\\5&-1&1\\\frac{7}{2}&-1&\frac{1}{2}\end{pmatrix}$.

五、求解矩阵方程

设 $\boldsymbol{A}$ 是 n 阶可逆阵.

对于任意 $n\times m$ 矩阵 $\boldsymbol{B}$,满足 $\boldsymbol{AX}=\boldsymbol{B}$ 的矩阵为 $\boldsymbol{X}=\boldsymbol{A}^{-1}\boldsymbol{B}$, 它是 $n\times m$ 阵.

对于任意 $m\times n$ 矩阵 $\boldsymbol{B}$,满足 $\boldsymbol{XA}=\boldsymbol{B}$ 的矩阵为 $\boldsymbol{X}=\boldsymbol{BA}^{-1}$, 它是 $m\times n$ 阵.

例 2.5.6 设 $\boldsymbol{A}=\begin{pmatrix}1&-1&3\\2&-1&4\\-1&2&-4\end{pmatrix}$，$\boldsymbol{B}=\begin{pmatrix}1&2&3\\2&-1&4\\0&-1&1\end{pmatrix}$，求解矩阵方程 $\boldsymbol{AX}=\boldsymbol{B}$ 和 $\boldsymbol{YA}=\boldsymbol{B}$.

解 根据例 2.5.4 求出的逆阵可以求出

$$\boldsymbol{X}=\boldsymbol{A}^{-1}\boldsymbol{B}=\begin{pmatrix}-4&2&-1\\4&-1&2\\3&-1&1\end{pmatrix}\begin{pmatrix}1&2&3\\2&-1&4\\0&-1&1\end{pmatrix}=\begin{pmatrix}0&-9&-5\\2&7&10\\1&6&6\end{pmatrix},$$

$$\boldsymbol{Y}=\boldsymbol{B}\boldsymbol{A}^{-1}=\begin{pmatrix}1&2&3\\2&-1&4\\0&-1&1\end{pmatrix}\begin{pmatrix}-4&2&-1\\4&-1&2\\3&-1&1\end{pmatrix}=\begin{pmatrix}13&-3&6\\0&1&0\\-1&0&-1\end{pmatrix}.$$

习题 2.5

1. 求出下列矩阵的等价标准形：

(1) $\begin{pmatrix}1&2&3\\-1&0&1\\0&2&-3\\2&1&4\end{pmatrix}$； (2) $\begin{pmatrix}1&2&3&4\\0&-1&0&-2\\1&1&3&2\\2&2&6&4\end{pmatrix}$.

2. 判断下列方阵是不是可逆阵.若是,则求出它们的逆阵：

(1) $\boldsymbol{A}=\begin{pmatrix}1&2&0\\2&1&-1\\3&1&1\end{pmatrix}$；(2) $\boldsymbol{A}=\begin{pmatrix}1&2&3\\2&-1&4\\0&-1&1\end{pmatrix}$；(3) $\boldsymbol{A}=\begin{pmatrix}1&-3&2\\-3&0&1\\1&1&-1\end{pmatrix}$；

(4) $\boldsymbol{A}=\begin{pmatrix}1&2&3&4\\2&3&1&2\\1&1&1&-1\\1&0&-2&-6\end{pmatrix}$.

3. 求解下列矩阵方程：

(1) $\begin{pmatrix}3&-1\\-4&2\end{pmatrix}\boldsymbol{X}=\begin{pmatrix}-1&5\\2&-6\end{pmatrix}$；

(2) $\boldsymbol{X}\begin{pmatrix}3&-1\\-4&2\end{pmatrix}=\begin{pmatrix}-1&5\\2&-6\end{pmatrix}$；

(3) $\begin{pmatrix} 2 & 2 & 3 \\ 1 & -1 & 0 \\ -1 & 2 & 1 \end{pmatrix} \boldsymbol{X} = \begin{pmatrix} 4 & 2 & 3 \\ 1 & 1 & 0 \\ -1 & 2 & 3 \end{pmatrix}$;

(4) $\begin{pmatrix} 0 & 1 & 0 \\ 1 & 0 & 0 \\ 0 & 0 & 1 \end{pmatrix} \boldsymbol{X} \begin{pmatrix} 1 & 0 & 0 \\ 0 & 0 & 1 \\ 0 & 1 & 0 \end{pmatrix} = \begin{pmatrix} 1 & -4 & 3 \\ 2 & 0 & -1 \\ 1 & -2 & 0 \end{pmatrix}$.

§2.6 矩阵的秩

矩阵的秩是矩阵的一个最能体现其本质特性的特征量，它在线性方程组的求解理论中充当必不可少的角色.

在 $m \times n$ 矩阵 $\boldsymbol{A}$ 中，任意取定某 k 行和某 k 列，$k \leqslant \min\{m, n\}$，位于这些行与列交叉处的 k^2 个元素按照原来的相对顺序排成的 k 阶行列式称为 $\boldsymbol{A}$ 的 **k 阶子式**. 显然，对于确定的 k 来说，在 $m \times n$ 矩阵 $\boldsymbol{A}$ 中，k 阶子式的总个数为 $C_m^k \times C_n^k$ 个，这里 $C_n^k = \dfrac{n!}{k!(n-k)!}$ 是组合数. 把 $\boldsymbol{A}$ 中对应不同的 k 的所有 k 阶子式分成两大类：值为零的与值不为零的. 值不为零的子式称为**非零子式**.

例 2.6.1 在 $\boldsymbol{A} = \begin{pmatrix} a_{11} & a_{12} & a_{13} & a_{14} \\ a_{21} & a_{22} & a_{23} & a_{24} \\ a_{31} & a_{32} & a_{33} & a_{34} \end{pmatrix}$ 中，每一个元素 a_{ij} 都是一阶子式，共有

$$C_3^1 \times C_4^1 = 3 \times 4 = 12(\text{个}).$$

二阶子式共有 $C_3^2 \times C_4^2 = 3 \times 6 = 18$(个). 例如

$$\begin{vmatrix} a_{11} & a_{12} \\ a_{21} & a_{22} \end{vmatrix}, \begin{vmatrix} a_{11} & a_{12} \\ a_{31} & a_{32} \end{vmatrix}, \begin{vmatrix} a_{12} & a_{14} \\ a_{22} & a_{24} \end{vmatrix}, \begin{vmatrix} a_{22} & a_{24} \\ a_{32} & a_{34} \end{vmatrix},\text{等等}.$$

三阶子式共有 $C_3^3 \times C_4^3 = 4$(个). 它们是

$$\begin{vmatrix} a_{11} & a_{12} & a_{13} \\ a_{21} & a_{22} & a_{23} \\ a_{31} & a_{32} & a_{33} \end{vmatrix}, \begin{vmatrix} a_{11} & a_{13} & a_{14} \\ a_{21} & a_{23} & a_{24} \\ a_{31} & a_{33} & a_{34} \end{vmatrix}, \begin{vmatrix} a_{11} & a_{12} & a_{14} \\ a_{21} & a_{22} & a_{24} \\ a_{31} & a_{32} & a_{34} \end{vmatrix}, \begin{vmatrix} a_{12} & a_{13} & a_{14} \\ a_{22} & a_{23} & a_{24} \\ a_{32} & a_{33} & a_{34} \end{vmatrix}.$$

定义 2.6.1 在 $m \times n$ 矩阵 $\boldsymbol{A}$ 中，非零子式的最高阶数称为 $\boldsymbol{A}$ 的**秩**. 记为

$R(\boldsymbol{A})$，(Rank).

显然，$R(\boldsymbol{A})=0 \Leftrightarrow \boldsymbol{A}=\boldsymbol{O}$. 对于任意 $m\times n$ 矩阵 $\boldsymbol{A}\neq\boldsymbol{O}$，必有 $1\leqslant R(\boldsymbol{A})\leqslant \min\{m, n\}$.

例 2.6.2 因为 $\begin{pmatrix}\boldsymbol{I}_r & \boldsymbol{O}\\ \boldsymbol{O} & \boldsymbol{O}\end{pmatrix}$ 的最高阶非零子式为 r 阶单位阵的行列式，所以它的秩为 r.

我们不加证明地给出以下结论.

定理 2.6.1 对矩阵施行任意一种初等变换，都将保持其秩不变.

(实际上，三类初等变换都不改变 $\boldsymbol{A}$ 中非零子式的最高阶数.)

推论 设 $\boldsymbol{A}$ 为 $m\times n$ 矩阵，$\boldsymbol{P}$ 和 $\boldsymbol{Q}$ 分别为 m 阶和 n 阶可逆阵，则有秩等式

$$R(\boldsymbol{PA})=R(\boldsymbol{A}),\ R(\boldsymbol{AQ})=R(\boldsymbol{A}).$$

证 因为 $\boldsymbol{P}$ 和 $\boldsymbol{Q}$ 都是若干个初等方阵的乘积，矩阵乘上初等方阵，相当于对矩阵施行初等变换，而它们都保持矩阵的秩不变，所以矩阵乘上可逆阵都不变其秩. 证毕

因此，如果 $\boldsymbol{PAQ}=\begin{pmatrix}\boldsymbol{I}_r & \boldsymbol{O}\\ \boldsymbol{O} & \boldsymbol{O}\end{pmatrix}$，则 $\boldsymbol{A}$ 的这个等价标准形中的 r 就是 $\boldsymbol{A}$ 的秩，它是由 $\boldsymbol{A}$ 唯一确定的. 这就告诉我们一个重要事实：尽管化等价标准形的途径有很大的任意性，可是最后所得的等价标准形却是唯一的.

对于一般的矩阵而言，要确定它的非零子式的最高阶数并非易事，但是对于被称为阶梯阵的矩阵来说，它的非零子式的最高阶数却是一目了然的，也就是说，它的秩是可以直观看出来的.

例 2.6.3 当 $\prod\limits_{i=1}^{r} a_i\neq 0$ 时，r 阶三角阵 $\boldsymbol{T}=\begin{pmatrix}a_1 & * & \cdots & *\\ & a_2 & \cdots & *\\ & & \ddots & \vdots\\ & & & a_r\end{pmatrix}$ 的秩显然为 r.

$m\times n$ **阶梯阵**的一般形状为

$$\boldsymbol{T}=\begin{pmatrix}0 & \cdots & 0 & a_{1j_1} & \cdots & * & * & \cdots & * & * & \cdots & *\\ 0 & \cdots & 0 & 0 & \cdots & 0 & a_{2j_2} & \cdots & * & * & \cdots & *\\ \vdots & & \vdots & \vdots & & \vdots & \vdots & \ddots & \vdots & \vdots & & \vdots\\ 0 & \cdots & 0 & 0 & \cdots & 0 & 0 & \cdots & a_{rj_r} & * & \cdots & *\\ 0 & \cdots & 0 & 0 & \cdots & 0 & 0 & \cdots & 0 & 0 & \cdots & 0\\ \vdots & & \vdots & \vdots & & \vdots & \vdots & & \vdots & \vdots & \ddots & \vdots\\ 0 & \cdots & 0 & 0 & \cdots & 0 & 0 & \cdots & 0 & 0 & \cdots & 0\end{pmatrix},$$

其中 $\prod_{i=1}^{r} a_{ij_i} \neq 0,\ 1 \leqslant j_1 < j_2 < \cdots < j_r \leqslant n$.

从直观上看，在阶梯阵 $\boldsymbol{T}$ 中，第 i 个非零行（该行中有非零元素的行称为**非零行**）中的第一个非零元为 a_{ij_i}，位于 a_{ij_i} 下面的元素必须全为零. 显然，阶梯阵 $\boldsymbol{T}$ 有最高阶非零子式：

$$\begin{vmatrix} a_{1j_1} & * & \cdots & * \\ & a_{2j_2} & \cdots & * \\ & & \ddots & \vdots \\ & & & a_{rj_r} \end{vmatrix} = \prod_{i=1}^{r} a_{ij_i} \neq 0,$$

所以 $R(\boldsymbol{T}) = r$，它就是 $\boldsymbol{T}$ 中非零行的行数. 这是可以直观看出来的.

对于求矩阵的秩来说，化成这种形状的阶梯阵已经足够了. 但在求线性方程组的解时，还要把每一个非零行中第一个非零元素 $a_{ij_i} \neq 0$ 化成 1，并把它所在的列中其他元素都化成零，得到如下形状的 $m \times n$ **最简阶梯阵**：

$$\boldsymbol{T} = \begin{pmatrix} 0 & \cdots & 0 & 1 & \cdots & * & 0 & \cdots & 0 & * & \cdots & * \\ 0 & \cdots & 0 & 0 & \cdots & 0 & 1 & \cdots & 0 & * & \cdots & * \\ \vdots & & \vdots & \vdots & & \vdots & \vdots & \ddots & \vdots & \vdots & & \vdots \\ 0 & \cdots & 0 & 0 & \cdots & 0 & 0 & \cdots & 1 & * & \cdots & * \\ 0 & \cdots & 0 & 0 & \cdots & 0 & 0 & \cdots & 0 & 0 & \cdots & 0 \\ \vdots & & \vdots & \vdots & & \vdots & \vdots & & \vdots & \vdots & \ddots & \vdots \\ 0 & \cdots & 0 & 0 & \cdots & 0 & 0 & \cdots & 0 & 0 & \cdots & 0 \end{pmatrix}.$$

既然矩阵的初等变换不变其秩，那么只要用初等行变换和初等列变换把任意矩阵 $\boldsymbol{A}$ 变为阶梯阵 T，则一定有 $R(\boldsymbol{A}) = R(\boldsymbol{T}) = r$.

例 2.6.4 求出以下矩阵的秩：

$$\boldsymbol{A} = \begin{pmatrix} 1 & 2 & 3 & 4 \\ -1 & -1 & -4 & -2 \\ 3 & 4 & 11 & 8 \end{pmatrix} \to \begin{pmatrix} 1 & 2 & 3 & 4 \\ 0 & 1 & -1 & 2 \\ 0 & -2 & 2 & -4 \end{pmatrix} \to \begin{pmatrix} 1 & 2 & 3 & 4 \\ 0 & 1 & -1 & 2 \\ 0 & 0 & 0 & 0 \end{pmatrix},\ R(\boldsymbol{A}) = 2.$$

$$\boldsymbol{A} = \begin{pmatrix} -1 & 3 & 0 & 1 \\ 4 & -1 & 1 & -2 \\ 2 & -2 & 0 & 1 \end{pmatrix} \to \begin{pmatrix} -1 & 3 & 0 & 1 \\ 0 & 11 & 1 & 2 \\ 0 & 4 & 0 & 3 \end{pmatrix} \to \begin{pmatrix} -1 & 0 & 3 & 1 \\ 0 & 1 & 11 & 2 \\ 0 & 0 & 4 & 3 \end{pmatrix},\ R(\boldsymbol{A}) = 3.$$

关于矩阵的秩，有以下结论：

(1) $R(\boldsymbol{A}') = R(\boldsymbol{A})$. 实际上，$\boldsymbol{A}$ 与 $\boldsymbol{A}'$ 有相同的非零子式的最高阶数.

(2) n 阶方阵 $\boldsymbol{A}$ 为可逆阵 $\Leftrightarrow |\boldsymbol{A}| \neq 0 \Leftrightarrow R(\boldsymbol{A}) = n$. 所以,可逆阵又称为**满秩阵**.

(3) $R\begin{pmatrix} \boldsymbol{A} & \boldsymbol{O} \\ \boldsymbol{O} & \boldsymbol{B} \end{pmatrix} = R\begin{pmatrix} \boldsymbol{O} & \boldsymbol{A} \\ \boldsymbol{B} & \boldsymbol{O} \end{pmatrix} = R(\boldsymbol{A}) + R(\boldsymbol{B})$.

证 设 $\boldsymbol{A}$ 中的最高阶非零子式为 $\boldsymbol{D}_{r_1} = |\boldsymbol{A}_1|$,$\boldsymbol{B}$ 中的最高阶非零子式为 $D_{r_2} = |\boldsymbol{B}_1|$,则 $D_{r_1+r_2} = \begin{vmatrix} \boldsymbol{A}_1 & \boldsymbol{O} \\ \boldsymbol{O} & \boldsymbol{B}_1 \end{vmatrix}$ 就是 $\begin{pmatrix} \boldsymbol{A} & \boldsymbol{O} \\ \boldsymbol{O} & \boldsymbol{B} \end{pmatrix}$ 中最高阶非零子式,所以

$$R\begin{pmatrix} \boldsymbol{A} & \boldsymbol{O} \\ \boldsymbol{O} & \boldsymbol{B} \end{pmatrix} = R(\boldsymbol{A}) + R(\boldsymbol{B}).$$

类似地可证明另一个等式. 证毕

(4) 设 $\boldsymbol{A}$ 为 $m \times n$ 矩阵,$\boldsymbol{B}$ 为 $n \times k$ 矩阵,则有秩估计式

$$R(\boldsymbol{AB}) \leqslant \min\{R(\boldsymbol{A}),\ R(\boldsymbol{B})\}.$$

这个不等式常叙述成"**矩阵相乘,其秩不增**".

说明 略去它的证明. 例如,已知 $R(\boldsymbol{A}) = 3$, $R(\boldsymbol{B}) = 5$, 则 $R(\boldsymbol{AB}) \leqslant 3$.

(5) 两个 $m \times n$ 矩阵 $\boldsymbol{A}$ 和 $\boldsymbol{B}$ 等价 $\Leftrightarrow R(\boldsymbol{A}) = R(\boldsymbol{B})$.

证 (1) 必要性:因为 $\boldsymbol{A}$ 和 $\boldsymbol{B}$ 等价,所以存在 m 阶可逆阵 $\boldsymbol{P}$ 和 n 阶可逆阵 $\boldsymbol{Q}$,使得

$$\boldsymbol{PAQ} = \boldsymbol{B}.$$

因为乘可逆阵后不改变矩阵的秩,所以一定有 $R(\boldsymbol{A}) = R(\boldsymbol{B})$.

(2) 充分性:设 $R(\boldsymbol{A}) = R(\boldsymbol{B}) = r$. 考虑 $\boldsymbol{A}$ 和 $\boldsymbol{B}$ 的等价标准形

$$\boldsymbol{P}_1\boldsymbol{A}\boldsymbol{Q}_1 = \begin{pmatrix} \boldsymbol{I}_{r_1} & \boldsymbol{O} \\ \boldsymbol{O} & \boldsymbol{O} \end{pmatrix},\ \boldsymbol{P}_2\boldsymbol{B}\boldsymbol{Q}_2 = \begin{pmatrix} \boldsymbol{I}_{r_2} & \boldsymbol{O} \\ \boldsymbol{O} & \boldsymbol{O} \end{pmatrix},$$

这里 $r_1 = R(\boldsymbol{A})$, $r_2 = R(\boldsymbol{B})$. 因为乘可逆阵后不改变矩阵的秩,所以一定有 $r_1 = r_2 = r$. 于是有矩阵等式

$$\boldsymbol{P}_1\boldsymbol{A}\boldsymbol{Q}_1 = \boldsymbol{P}_2\boldsymbol{B}\boldsymbol{Q}_2 = \begin{pmatrix} \boldsymbol{I}_r & \boldsymbol{O} \\ \boldsymbol{O} & \boldsymbol{O} \end{pmatrix},$$

$$\boldsymbol{B} = \boldsymbol{P}_2^{-1}\boldsymbol{P}_1\boldsymbol{A}\boldsymbol{Q}_1\boldsymbol{Q}_2^{-1} = (\boldsymbol{P}_2^{-1}\boldsymbol{P}_1)\boldsymbol{A}(\boldsymbol{Q}_1\boldsymbol{Q}_2^{-1}).$$

这说明 $\boldsymbol{A}$ 和 $\boldsymbol{B}$ 等价. 证毕

习题 2.6

1. 求出下列矩阵的秩：

(1) $\boldsymbol{A}=\begin{pmatrix}3 & 1 & 0 & 2\\ 1 & -1 & 2 & -1\\ 1 & 3 & -4 & 4\end{pmatrix}$；　　(2) $\boldsymbol{A}=\begin{pmatrix}1 & 1 & 1 & 0 & 1\\ 2 & 1 & -1 & 1 & 1\\ 1 & 2 & -1 & 1 & 2\\ 0 & 1 & 2 & 3 & 3\end{pmatrix}$；

(3) $\boldsymbol{A}=\begin{pmatrix}3 & 2 & -1 & -3 & -2\\ 2 & -1 & 3 & 1 & -3\\ 7 & 0 & 5 & -1 & -8\end{pmatrix}$；　　(4) $\boldsymbol{A}=\begin{pmatrix}1 & 4 & -1 & 2 & 2\\ 2 & -2 & 1 & 1 & 0\\ -2 & -1 & 3 & 2 & 0\end{pmatrix}$；

(5) $\boldsymbol{A}=\begin{pmatrix}1 & 0 & 1 & 0\\ 1 & 0 & -1 & 1\\ 3 & 0 & 4 & 2\\ 1 & 5 & 3 & 3\end{pmatrix}$；　　(6) $\boldsymbol{A}=\begin{pmatrix}0 & 1 & 1 & -1 & 2\\ 0 & 2 & 3 & 2 & 0\\ 1 & -1 & 1 & 1 & 1\\ 0 & 1 & 0 & 0 & -1\end{pmatrix}$.

2. 如果在一个 $m\times n$ 矩阵 $\boldsymbol{A}$ 中，已经找到某个 r 阶子行列式 $D_r\neq 0$，那么 $\boldsymbol{A}$ 的秩(　　).

(A) $R(\boldsymbol{A})=r$　　(B) $R(\boldsymbol{A})\leqslant r$

(C) $R(\boldsymbol{A})\geqslant r$　　(D) 可以是任意正整数

3. 如果在一个 $m\times n$ 矩阵 $\boldsymbol{A}$ 中，发现所有的 $r+1$ 阶子行列式 $D_{r+1}=0$，r 是某个确定的正整数，那么 $\boldsymbol{A}$ 的秩(　　).

(A) $R(\boldsymbol{A})=r$　　(B) $R(\boldsymbol{A})\leqslant r$

(C) $R(\boldsymbol{A})\geqslant r$　　(D) 可以是任意正整数

4. 设 $\boldsymbol{A}$ 是 $m\times n$ 阵，则 $\boldsymbol{A}$ 的秩为 r ($r<\min(m, n)$) 的充要条件是(　　). 为什么?

(A) $\boldsymbol{A}$ 中至少有一个 r 阶子式不为零，且没有等于零的 $r-1$ 阶子式

(B) $\boldsymbol{A}$ 中必有不等于零的 r 阶子式，且所有 $r+1$ 阶子式都为零

(C) $\boldsymbol{A}$ 中必有等于零的 r 阶子式，且没有不等于零的 $r+1$ 阶子式

(D) $\boldsymbol{A}$ 中没有等于零的 r 阶子式，但所有 $r+1$ 阶子式都为零

第 3 章

向　量

既然向量是一类非常特殊的矩阵，那么，一定可以对向量采用一些独特的研究方法，引进一些特有的概念，得到一系列结论．因为任意一个 $m\times n$ 矩阵，都可以看成是由 m 个 n 维行向量组成的，也可以看成是由 n 个 m 维列向量组成的，所以一定可以用所得到的关于向量的一些结论来进一步研究矩阵，这将更加深刻地揭示矩阵的秩的内涵．

在本章中，我们先介绍单个向量可以表成某个同维向量组的线性组合的概念．藉此可以引进一个初学者不易理解但又无法回避的概念——向量组的线性相关性和线性无关性．再利用极大无关向量组的概念定义向量组的秩，并进一步确定向量组的秩和矩阵的秩之间的关系．

§3.1　n 维向量空间

把实数全体组成的集合记为 $\mathbf{R}$，n 是任意取定的自然数．考虑 n 维实行向量全体

$$\mathbf{R}^n=\{\boldsymbol{\alpha}=(a_1,a_2,\cdots,a_n)\mid\forall a_i\in\mathbf{R}\}.$$

例如，$\mathbf{R}^1=\{a\mid a\in\mathbf{R}\}$ 就是实数轴；

$\mathbf{R}^2=\{(a_1,a_2)\mid a_1,a_2\in\mathbf{R}\}$ 就是实平面；

$\mathbf{R}^3=\{(a_1,a_2,a_3)\mid a_1,a_2,a_3\in\mathbf{R}\}$ 就是实三维空间．

在 $\mathbf{R}^n$ 中定义以下两个运算（分别称为数乘和加法）：

$$k(a_1,a_2,\cdots,a_n)=(ka_1,ka_2,\cdots,ka_n),\ k\in\mathbf{R};$$

$$(a_1,a_2,\cdots,a_n)+(b_1,b_2,\cdots,b_n)=(a_1+b_1,a_2+b_2,\cdots,a_n+b_n).$$

我们约定：对于任意 $k\in\mathbf{R}$，$\boldsymbol{\alpha}\in\mathbf{R}^n$，有 $k\boldsymbol{\alpha}=\boldsymbol{\alpha}k$，即一个数与一个向量的乘法是可以交换的．

对于 $\boldsymbol{\alpha},\boldsymbol{\beta},\boldsymbol{\gamma}\in\mathbf{R}^n$ 和 $k,l\in\mathbf{R}$，显然有如下运算法则：

(1) 加法交换律 $\boldsymbol{\alpha}+\boldsymbol{\beta}=\boldsymbol{\beta}+\boldsymbol{\alpha}$.

(2) 加法结合律 $(\boldsymbol{\alpha}+\boldsymbol{\beta})+\boldsymbol{\gamma}=\boldsymbol{\alpha}+(\boldsymbol{\beta}+\boldsymbol{\gamma})$.

(3) $\boldsymbol{\alpha}+\mathbf{0}=\boldsymbol{\alpha}$. 这里,$\mathbf{0}=(0, 0, \cdots, 0)$ 是 n 维**零行向量**.

(4) $\boldsymbol{\alpha}+(-\boldsymbol{\alpha})=\mathbf{0}$.

(5) $1\times\boldsymbol{\alpha}=\boldsymbol{\alpha}$.

(6) 向量分配律 $k(\boldsymbol{\alpha}+\boldsymbol{\beta})=k\boldsymbol{\alpha}+k\boldsymbol{\beta}$.

(7) 数分配律 $(k+l)\boldsymbol{\alpha}=k\boldsymbol{\alpha}+l\boldsymbol{\alpha}$.

(8) 数乘结合律 $(kl)\boldsymbol{\alpha}=k(l\boldsymbol{\alpha})$, $k, l\in\mathbf{R}$.

我们常把 $\mathbf{R}^n$ 称为 **n 维实行向量空间**. 类似地,可以定义 **n 维实列向量空间**,它由全体 n 维实列向量组成. 在不会引起混淆的情况下,我们仍用 $\mathbf{R}^n$ 表示它. 两者可平行讨论.

特别要提请注意的是,在 n 维实行向量空间中,只有“数乘”和“加法”这两个基本运算. 减法运算 $\boldsymbol{\alpha}-\boldsymbol{\beta}=\boldsymbol{\alpha}+(-1)\boldsymbol{\beta}$ 实际上是这两种运算的结合. 在 $\mathbf{R}^n$ 中根本不存在“转置”、“乘法”和“求逆”运算.

为了在书写时方便地区别数 0 与零向量 $\mathbf{0}$,可用希腊小写字母 $\boldsymbol{\theta}$ 表示零向量.

习题 3.1

1. 设 $\boldsymbol{\alpha}=(1, 1, 0, -1)$, $\boldsymbol{\beta}=(-2, 1, 0, 0)$, $\boldsymbol{\gamma}=(-1, -2, 0, 1)$, 求 $3\boldsymbol{\alpha}-\boldsymbol{\beta}+5\boldsymbol{\gamma}$.

2. 求解以下向量方程:

(1) $3\boldsymbol{x}+\boldsymbol{\alpha}=\boldsymbol{\beta}$, 已知 $\boldsymbol{\alpha}=(1, 0, 1)$, $\boldsymbol{\beta}=(1, 1, -1)$.

(2) $2\boldsymbol{x}+3\boldsymbol{\alpha}=3\boldsymbol{x}+\boldsymbol{\beta}$, 已知 $\boldsymbol{\alpha}=(2, 0, 1)$, $\boldsymbol{\beta}=(3, 1, -1)$.

§3.2 向量的线性组合

我们还是从线性方程组的求解问题出发引入向量的线性组合概念.

在定义矩阵乘法时已经讲到,一般地,可以把任意一个线性方程组

$$\begin{cases} a_{11}x_1+a_{12}x_2+\cdots+a_{1n}x_n=b_1 \\ a_{21}x_1+a_{22}x_2+\cdots+a_{2n}x_n=b_2 \\ \qquad\cdots\cdots\cdots\cdots \\ a_{m1}x_1+a_{m2}x_2+\cdots+a_{mn}x_n=b_m \end{cases}$$

改写成矩阵形式

$$\begin{pmatrix} a_{11} & a_{12} & \cdots & a_{1n} \\ a_{21} & a_{22} & \cdots & a_{2n} \\ \vdots & \vdots & & \vdots \\ a_{m1} & a_{m2} & \cdots & a_{mn} \end{pmatrix} \begin{pmatrix} x_1 \\ x_2 \\ \vdots \\ x_n \end{pmatrix} = \begin{pmatrix} b_1 \\ b_2 \\ \vdots \\ b_m \end{pmatrix}, \text{或 } \boldsymbol{Ax} = \boldsymbol{b}.$$

这里，

$$\boldsymbol{A} = \begin{pmatrix} a_{11} & a_{12} & \cdots & a_{1n} \\ a_{21} & a_{22} & \cdots & a_{2n} \\ \vdots & \vdots & & \vdots \\ a_{m1} & a_{m2} & \cdots & a_{mn} \end{pmatrix}, \boldsymbol{x} = \begin{pmatrix} x_1 \\ x_2 \\ \vdots \\ x_n \end{pmatrix}, \boldsymbol{b} = \begin{pmatrix} b_1 \\ b_2 \\ \vdots \\ b_m \end{pmatrix},$$

分别称为此线性方程组的**系数矩阵**、**未知列向量**和**右端常向量**. 把分块矩阵$(\boldsymbol{A} \vdots \boldsymbol{b})$称为此线性方程组的**增广矩阵**，它是$m\times(n+1)$矩阵.

对于这个用矩阵形式表示的线性方程组 $\boldsymbol{Ax}=\boldsymbol{b}$，自然会问：能不能用初等变换讨论它是否有解？在有解时，能不能用初等变换求出它的解？回答是肯定的.

设需要求解的线性方程组为 $\boldsymbol{Ax}=\boldsymbol{b}$. 如果存在可逆阵 $\boldsymbol{P}$（它是若干个初等方阵的乘积），使得

$$\boldsymbol{P}(\boldsymbol{A} \vdots \boldsymbol{b}) = (\boldsymbol{PA} \vdots \boldsymbol{Pb}) = (\boldsymbol{T} \vdots \boldsymbol{d}),$$

即

$$\boldsymbol{PA} = \boldsymbol{T},\ \boldsymbol{Pb} = \boldsymbol{d},$$

那么可以证明线性方程组 $\boldsymbol{Ax}=\boldsymbol{b}$ 与 $\boldsymbol{Tx}=\boldsymbol{d}$ 一定同解，也就是说，要么它们都无解；在有解时，它们的解是相同的. 事实上，如果 $\boldsymbol{v}$ 是 $\boldsymbol{Ax}=\boldsymbol{b}$ 的解，即 $\boldsymbol{Av}=\boldsymbol{b}$，则必有 $\boldsymbol{PAv}=\boldsymbol{Pb}$，即 $\boldsymbol{Tv}=\boldsymbol{d}$，说明 $\boldsymbol{v}$ 是 $\boldsymbol{Tx}=\boldsymbol{d}$ 的解. 反之，当 $\boldsymbol{Tv}=\boldsymbol{d}$ 成立，即 $\boldsymbol{PAv}=\boldsymbol{Pb}$ 成立时，由 $\boldsymbol{P}$ 是可逆阵知道可以把 $\boldsymbol{P}$ 消去得到 $\boldsymbol{Av}=\boldsymbol{b}$. 所以 $\boldsymbol{Ax}=\boldsymbol{b}$ 与 $\boldsymbol{Tx}=\boldsymbol{d}$ 一定是同解方程组.

具体操作方法如下：只用初等行变换把增广矩阵$(\boldsymbol{A} \vdots \boldsymbol{b})\rightarrow(\boldsymbol{T} \vdots \boldsymbol{d})$，转而去求 $\boldsymbol{Tx}=\boldsymbol{d}$ 的解. 当$(\boldsymbol{T} \vdots \boldsymbol{d})$是最简阶梯阵时，将使求解问题变得非常容易.

例 3.2.1 求出$\begin{cases} 2x_1+2x_2-x_3=6 \\ x_1-2x_2+4x_3=3 \\ 5x_1+7x_2+x_3=28 \end{cases}$的解.

解 只用初等行变换把它的增广矩阵化为最简阶梯阵.

$$(\boldsymbol{A}\vdots\boldsymbol{b})=\begin{pmatrix}2&2&-1&\vdots&6\\1&-2&4&\vdots&3\\5&7&1&\vdots&28\end{pmatrix}\xrightarrow{(1)}\begin{pmatrix}1&-2&4&\vdots&3\\2&2&-1&\vdots&6\\5&7&1&\vdots&28\end{pmatrix}\xrightarrow{(2)}\begin{pmatrix}1&-2&4&\vdots&3\\0&6&-9&\vdots&0\\0&17&-19&\vdots&13\end{pmatrix}$$

$$\xrightarrow{(3)}\begin{pmatrix}1&-2&4&\vdots&3\\0&2&-3&\vdots&0\\0&17&-19&\vdots&13\end{pmatrix}\xrightarrow{(4)}\begin{pmatrix}1&-2&4&\vdots&3\\0&2&-3&\vdots&0\\0&1&5&\vdots&13\end{pmatrix}\xrightarrow{(5)}\begin{pmatrix}1&0&14&\vdots&29\\0&0&-13&\vdots&-26\\0&1&5&\vdots&13\end{pmatrix}$$

$$\xrightarrow{(6)}\begin{pmatrix}1&0&14&\vdots&29\\0&0&1&\vdots&2\\0&1&5&\vdots&13\end{pmatrix}\xrightarrow{(7)}\begin{pmatrix}1&0&0&\vdots&1\\0&0&1&\vdots&2\\0&1&0&\vdots&3\end{pmatrix}\xrightarrow{(8)}\begin{pmatrix}1&0&0&\vdots&1\\0&1&0&\vdots&3\\0&0&1&\vdots&2\end{pmatrix}=(\boldsymbol{T}\vdots\boldsymbol{d}).$$

据此就可以求出原方程组的同解方程组$\begin{cases}x_1=1\\x_2=3\\x_3=2\end{cases}$，它就是原方程组的唯一解.

说明 我们所说的"最简阶梯阵"指的是在每一个非零行中第一个非零元素为 1,而它所在的列中只有一个非零元素,其他元素都已化为零. 上述变换过程说明如下:

(1) 互换第一行与第二行;

(2) 利用 $a_{11}=1$ 把第一列中其他元素都化为零;

(3) 在第二行中除去公因数 3;

(4) 在第三行中减去第二行的 8 倍,使得 $a_{32}=1$;

(5) 利用 $a_{32}=1$ 把第二列中其他元素都化为零;

(6) 在第二行中除去公因数-13,使得 $a_{23}=1$;

(7) 利用 $a_{23}=1$ 把第三列中其他元素都化为零;

(8) 互换第二行与第三行.

注 (1) 为了显示各个方程中等号的位置,在增广矩阵中必须画上分割竖线.

(2) 为了不改变各个变量的下标,在求解过程中不准用初等列变换.

(3) 在上述求解过程中,步骤(1)和(8)并不是必须的,但要记住各个变量的位置,它与变量的下标相对应.

有了上述求线性方程组的方法,我们可以讨论 $\mathbf{R}^n$ 中向量之间的关系.

现在我们引入向量的线性组合的定义和求法.

定义 3.2.1 如果对于向量 $\boldsymbol{\alpha}_1, \boldsymbol{\alpha}_2, \cdots, \boldsymbol{\alpha}_m$ 和 $\boldsymbol{\beta}\in\mathbf{R}^n$，存在数 $k_1, k_2, \cdots, k_m$,使得

$$\boldsymbol{\beta}=k_1\boldsymbol{\alpha}_1+k_2\boldsymbol{\alpha}_2+\cdots+k_m\boldsymbol{\alpha}_m,$$

则称 $\boldsymbol{\beta}$ 是 $\boldsymbol{\alpha}_1, \boldsymbol{\alpha}_2, \cdots, \boldsymbol{\alpha}_m$ 的**线性组合**，或称 $\boldsymbol{\beta}$ 可用（可由）$\boldsymbol{\alpha}_1, \boldsymbol{\alpha}_2, \cdots, \boldsymbol{\alpha}_m$ **线性表出（线性表示）**，称 $k_1, k_2, \cdots, k_m$ 为**组合系数**或者**表出系数**.

显然，零向量可以用任意同维向量组线性表出：

$$\mathbf{0} = 0 \cdot \boldsymbol{\alpha}_1 + 0 \cdot \boldsymbol{\alpha}_2 + \cdots + 0 \cdot \boldsymbol{\alpha}_m.$$

我们称它为零向量的**平凡**（trivial）**表出式**. 这说明表出系数可以全为零，此时被表出的一定是零向量.

例 3.2.2 在 $\mathbf{R}^3$ 中取三个**标准单位向量**：

$$\boldsymbol{\varepsilon}_1 = (1, 0, 0), \boldsymbol{\varepsilon}_2 = (0, 1, 0), \boldsymbol{\varepsilon}_3 = (0, 0, 1).$$

显然，任意一个 $\boldsymbol{\alpha} = (a_1, a_2, a_3) \in \mathbf{R}^3$ 都可以唯一地表为这三个标准单位向量的线性组合：

$$\boldsymbol{\alpha} = a_1\boldsymbol{\varepsilon}_1 + a_2\boldsymbol{\varepsilon}_2 + a_3\boldsymbol{\varepsilon}_3.$$

例 3.2.3 在 $\mathbf{R}^n$ 中取 n 个**标准单位向量**：

$$\boldsymbol{\varepsilon}_i = (0, \cdots, 0, 1, 0, \cdots, 0)\ (i = 1, 2, \cdots, n),$$

$\boldsymbol{\varepsilon}_i$ 中第 i 个分量为 1，其余都为 0.

显然，任一 $\boldsymbol{\alpha} = (a_1, a_2, \cdots, a_n) \in \mathbf{R}^n$ 都可以唯一地表为这 n 个标准单位向量的线性组合：

$$\boldsymbol{\alpha} = a_1\boldsymbol{\varepsilon}_1 + a_2\boldsymbol{\varepsilon}_2 + \cdots + a_n\boldsymbol{\varepsilon}_n.$$

如此引入的向量的线性表出关系有什么几何意义？

在 $\mathbf{R}^n$ 中任取非零向量 $\boldsymbol{\alpha}, \boldsymbol{\beta}$ 和 $\boldsymbol{\gamma}$，则 $\boldsymbol{\beta}$ 可用 $\boldsymbol{\alpha}$ 线性表出 $\Leftrightarrow \boldsymbol{\beta} = k\boldsymbol{\alpha}$，即 $\boldsymbol{\alpha}$ 与 $\boldsymbol{\beta}$ 共线. 这就是要求 $\boldsymbol{\alpha}$ 与 $\boldsymbol{\beta}$ 的对应分量成比例. $\boldsymbol{\gamma}$ 可用 $\boldsymbol{\alpha}, \boldsymbol{\beta}$ 线性表出 $\Leftrightarrow \boldsymbol{\gamma} = k\boldsymbol{\alpha} + l\boldsymbol{\beta}$，即 $\boldsymbol{\gamma}$ 与 $\boldsymbol{\alpha}, \boldsymbol{\beta}$ 共面（也可能共线）.

例 3.2.4 （1）因为 $(2, 4, 6) = 2(1, 2, 3)$，所以，$\boldsymbol{\beta} = (2, 4, 6)$ 可以用 $\boldsymbol{\alpha} = (1, 2, 3)$ 线性表出：$\boldsymbol{\beta} = 2\boldsymbol{\alpha}$. 这两个向量在一条直线上.

但是 $\boldsymbol{\beta} = (2, 4, 5)$ 不能用 $\boldsymbol{\alpha} = (1, 2, 3)$ 线性表出，它们不在一条直线上.

（2）因为 $(3, 10, 15) = (1, 2, 3) + 2(1, 4, 6)$，所以，$\boldsymbol{\gamma} = (3, 10, 15)$ 可以用 $\boldsymbol{\alpha} = (1, 2, 3)$，$\boldsymbol{\beta} = (1, 4, 6)$ 线性表出：$\boldsymbol{\gamma} = \boldsymbol{\alpha} + 2\boldsymbol{\beta}$，它们在一个平面上.

为了运用矩阵工具讨论向量的线性组合问题，我们要引入**线性组合的矩阵表示法**.

如果 $\boldsymbol{\alpha}_1, \boldsymbol{\alpha}_2, \cdots, \boldsymbol{\alpha}_m$ 和 $\boldsymbol{\beta}$ 都是 n 维列向量，构造 $n \times m$ 矩阵 $\boldsymbol{A} = (\boldsymbol{\alpha}_1, \boldsymbol{\alpha}_2, \cdots, \boldsymbol{\alpha}_m)$，则根据分块阵的乘法可以把线性表出式改写为矩阵形式：

$$\boldsymbol{\beta}=k_1\boldsymbol{\alpha}_1+k_2\boldsymbol{\alpha}_2+\cdots+k_m\boldsymbol{\alpha}_m=(\boldsymbol{\alpha}_1,\ \boldsymbol{\alpha}_2,\ \cdots,\ \boldsymbol{\alpha}_m)\begin{pmatrix}k_1\\k_2\\\vdots\\k_m\end{pmatrix},$$

于是,所需求出的表出系数 $k_1,\ k_2,\ \cdots,\ k_m$ 就是线性方程组 $\boldsymbol{Ax}=\boldsymbol{\beta}$ 的解. 如果它无解,则说明 $\boldsymbol{\beta}$ 不能表成 $\boldsymbol{\alpha}_1,\ \boldsymbol{\alpha}_2,\ \cdots,\ \boldsymbol{\alpha}_m$ 的线性组合.

说明 因为 m 维行向量 $(k_1,\ k_2,\ \cdots,\ k_m)$ 不能与 mn 维列向量相乘,所以它不能写成

$$\boldsymbol{\beta}=k_1\boldsymbol{\alpha}_1+k_2\boldsymbol{\alpha}_2+\cdots+k_m\boldsymbol{\alpha}_m=(k_1,\ k_2,\ \cdots,\ k_m)\begin{pmatrix}\boldsymbol{\alpha}_1\\\boldsymbol{\alpha}_2\\\vdots\\\boldsymbol{\alpha}_m\end{pmatrix}.$$

如果 $\boldsymbol{\alpha}_1,\ \boldsymbol{\alpha}_2,\ \cdots,\ \boldsymbol{\alpha}_m$ 和 $\boldsymbol{\beta}$ 都是 n 维行向量,此时,必须构造 $n\times m$ 矩阵

$$\boldsymbol{A}=(\boldsymbol{\alpha}'_1,\ \boldsymbol{\alpha}'_2,\ \cdots,\ \boldsymbol{\alpha}'_m),$$

即把所给的行向量全部转置成列向量再依次存放在 $\boldsymbol{A}$ 中,则

$$\boldsymbol{\beta}=k_1\boldsymbol{\alpha}_1+k_2\boldsymbol{\alpha}_2+\cdots+k_m\boldsymbol{\alpha}_m\text{ 成立}\Leftrightarrow\boldsymbol{\beta}'=k_1\boldsymbol{\alpha}'_1+k_2\boldsymbol{\alpha}'_2+\cdots+k_m\boldsymbol{\alpha}'_m\text{成立}$$
$$\Leftrightarrow\boldsymbol{Ax}=\boldsymbol{\beta}'\text{ 有解}.$$

说明 所述线性方程组的方程个数就是所讨论的向量维数(分量个数)n.
所述线性方程组的变量个数就是所讨论的向量个数 m,就是表出系数个数.
现在就可以介绍只用初等行变换求出表出系数的方法了.

例 3.2.5 $\boldsymbol{\beta}=(-1,\ 1,\ 5)$ 能否表成 $\boldsymbol{\alpha}_1=(1,\ 2,\ 3)$, $\boldsymbol{\alpha}_2=(0,\ 1,\ 4)$, $\boldsymbol{\alpha}_3=(2,\ 3,\ 6)$ 的线性组合?

解 设 $\boldsymbol{\beta}=k_1\boldsymbol{\alpha}_1+k_2\boldsymbol{\alpha}_2+k_3\boldsymbol{\alpha}_3$, 即

$$(k_1+2k_3,\ 2k_1+k_2+3k_3,\ 3k_1+4k_2+6k_3)=(-1,\ 1,\ 5).$$

根据两个向量相等的定义,可以写出所需求出的表出系数必须满足的线性方程组

$$\begin{cases}k_1 \qquad\quad +2k_3=-1\\2k_1+k_2+3k_3=1\\3k_1+4k_2+6k_3=5\end{cases}.$$

只用初等**行变换**把它的增广矩阵化为最简阶梯阵:

$$(\boldsymbol{A} \vdots \boldsymbol{\beta})=\left(\begin{array}{ccc:c}1&0&2&-1\\2&1&3&1\\3&4&6&5\end{array}\right)\rightarrow\left(\begin{array}{ccc:c}1&0&2&-1\\0&1&-1&3\\0&4&0&8\end{array}\right)\rightarrow\left(\begin{array}{ccc:c}1&0&2&-1\\0&1&-1&3\\0&0&4&-4\end{array}\right)$$

$$\rightarrow\left(\begin{array}{ccc:c}1&0&2&-1\\0&1&-1&3\\0&0&1&-1\end{array}\right)\rightarrow\left(\begin{array}{ccc:c}1&0&0&1\\0&1&0&2\\0&0&1&-1\end{array}\right)=(\boldsymbol{T} \vdots \boldsymbol{d}).$$

同解方程组 $\boldsymbol{Tx}=\boldsymbol{d}$ 显然就是 $k_1=1$，$k_2=2$，$k_3=-1$，所以有唯一表出式

$$\boldsymbol{\beta}=\boldsymbol{\alpha}_1+2\boldsymbol{\alpha}_2-\boldsymbol{\alpha}_3.$$

说明 由上述解题过程可以知道，不必写出表出系数满足的线性方程组的具体导出过程，可以根据所给出的向量组直接写出增广矩阵

$$(\boldsymbol{A} \vdots \boldsymbol{\beta}')=(\boldsymbol{\alpha}_1',\ \boldsymbol{\alpha}_2',\ \boldsymbol{\alpha}_3' \vdots \boldsymbol{\beta}').$$

再用初等行变换把它化成最简阶梯矩阵.

例 3.2.6 $\boldsymbol{\beta}=(4,\ 5,\ 5)$ 能否表成 $\boldsymbol{\alpha}_1=(1,\ 2,\ 3)$，$\boldsymbol{\alpha}_2=(-1,\ 1,\ 4)$，$\boldsymbol{\alpha}_3=(3,\ 3,\ 2)$ 的线性组合？

解 限用初等行变换化简以下矩阵：

$$(\boldsymbol{\alpha}_1',\ \boldsymbol{\alpha}_2',\ \boldsymbol{\alpha}_3' \vdots \boldsymbol{\beta}')=\left(\begin{array}{ccc:c}1&-1&3&4\\2&1&3&5\\3&4&2&5\end{array}\right)\rightarrow\left(\begin{array}{ccc:c}1&-1&3&4\\0&3&-3&-3\\0&7&-7&-7\end{array}\right)$$

$$\rightarrow\left(\begin{array}{ccc:c}1&-1&3&4\\0&1&-1&-1\\0&0&0&0\end{array}\right)\rightarrow\left(\begin{array}{ccc:c}1&0&2&3\\0&1&-1&-1\\0&0&0&0\end{array}\right).$$

同解方程组为 $\begin{cases}x_1=3-2x_3\\x_2=-1+x_3\end{cases}$. 取 $x_3=k$，则有

$$\boldsymbol{\beta}=(3-2k)\boldsymbol{\alpha}_1+(k-1)\boldsymbol{\alpha}_2+k\boldsymbol{\alpha}_3\text{，其中 } k \text{ 可任意取值.}$$

这说明 $\boldsymbol{\beta}$ 用 $\boldsymbol{\alpha}_1$，$\boldsymbol{\alpha}_2$，$\boldsymbol{\alpha}_3$ 线性表出的方法有无穷多种.

说明 必须把所给的行向量全部转置以后存放在增广矩阵中，再用初等行变换化简.

例 3.2.7 在 $\mathbf{R}^3$ 中取向量 $\boldsymbol{\alpha}_1=(1,\ 0,\ 0)$，$\boldsymbol{\alpha}_2=(1,\ 1,\ 0)$，$\boldsymbol{\alpha}_3=(1,\ 1,\ 1)$，则对任意 $\boldsymbol{\alpha}=(a,\ b,\ c)\in\mathbf{R}^3$，都有

$$\boldsymbol{\alpha}=(a-b)\boldsymbol{\alpha}_1+(b-c)\boldsymbol{\alpha}_2+c\boldsymbol{\alpha}_3.$$

事实上,可以用初等行变换求出

$$\left(\begin{array}{ccc|c}1&1&1&a\\0&1&1&b\\0&0&1&c\end{array}\right)\to\left(\begin{array}{ccc|c}1&0&0&a-b\\0&1&1&b\\0&0&1&c\end{array}\right)\to\left(\begin{array}{ccc|c}1&0&0&a-b\\0&1&0&b-c\\0&0&1&c\end{array}\right).$$

习题 3.2

1. 以下向量 $\boldsymbol{\beta}$ 能否表成 $\boldsymbol{\alpha}_1$, $\boldsymbol{\alpha}_2$, $\boldsymbol{\alpha}_3$ 的线性组合?若能,则写出其所有的线性表出式.

(1) $\boldsymbol{\beta}=(4,0)$; $\boldsymbol{\alpha}_1=(-1,2)$, $\boldsymbol{\alpha}_2=(3,2)$, $\boldsymbol{\alpha}_3=(6,4)$;

(2) $\boldsymbol{\beta}=(-3,3,7)$; $\boldsymbol{\alpha}_1=(1,-1,2)$, $\boldsymbol{\alpha}_2=(2,1,0)$, $\boldsymbol{\alpha}_3=(-1,2,1)$;

(3) $\boldsymbol{\beta}=(1,2,3,4)$; $\boldsymbol{\alpha}_1=(0,-1,2,3)$, $\boldsymbol{\alpha}_2=(2,3,8,10)$, $\boldsymbol{\alpha}_3=(2,3,6,8)$.

2. 当 t 为何值时,$\boldsymbol{\beta}=(7,-2,t)$ 可以由以下向量组线性表出?

$$\boldsymbol{\alpha}_1=(1,3,0),\ \boldsymbol{\alpha}_2=(3,7,8),\ \boldsymbol{\alpha}_3=(1,-6,36).$$

3. 试讨论当 a, b 为何值时,$\boldsymbol{\beta}=(1,1,b+3,5)$ 不能由以下向量线性表出?

$$\boldsymbol{\alpha}_1=(1,0,2,3),\ \boldsymbol{\alpha}_2=(1,1,3,5),$$
$$\boldsymbol{\alpha}_3=(1,-1,a+2,1),\ \boldsymbol{\alpha}_4=(1,2,4,a+8).$$

§3.3 线性相关向量组与线性无关向量组

本节内容是线性代数理论中无法回避的一个难关,它是后续内容的理论基础.读者务必要知难而进,认真对待.理解每一个概念,善用每一个结论,掌握每一个方法.

我们通过以下实例考察线性方程组的求解问题与向量组的线性组合之间有何联系.

例 3.3.1 考虑以下含五个方程、三个变量的线性方程组:

$$(\mathrm{I})\qquad\begin{cases}x+2y+3z=0 & ①\\-x+y+4z=0 & ②\\3x+3y+2z=0 & ③,\\4x+5y+5z=0 & ④\\7x+11y+14z=0 & ⑤\end{cases}$$

它们的系数是五个三维行向量

$$\begin{aligned}\boldsymbol{\alpha}_1 &= (1,\ 2,\ 3),\\ \boldsymbol{\alpha}_2 &= (-1,\ 1,\ 4),\\ \boldsymbol{\alpha}_3 &= (3,\ 3,\ 2),\\ \boldsymbol{\alpha}_4 &= (4,\ 5,\ 5),\\ \boldsymbol{\alpha}_5 &= (7,\ 11,\ 14).\end{aligned}$$

容易验证以下向量等式:

$$\boldsymbol{\alpha}_3 = 2\boldsymbol{\alpha}_1 - \boldsymbol{\alpha}_2,\ \boldsymbol{\alpha}_4 = \boldsymbol{\alpha}_1 + \boldsymbol{\alpha}_3 = 3\boldsymbol{\alpha}_1 - \boldsymbol{\alpha}_2,\ \boldsymbol{\alpha}_5 = \boldsymbol{\alpha}_1 + \boldsymbol{\alpha}_2 + \boldsymbol{\alpha}_3 + \boldsymbol{\alpha}_4 = 6\boldsymbol{\alpha}_1 - \boldsymbol{\alpha}_2.$$

这说明凡是满足方程组(Ⅰ)中前两个方程的解一定满足后三个方程,例如,第一个方程的两倍减去第二个方程就是第三个方程. 这说明方程组(Ⅰ)与以下仅含两个方程的方程组同解:

$$(\text{Ⅱ})\qquad \begin{cases} x + 2y + 3z = 0 & ① \\ -x + y + 4z = 0 & ② \end{cases},$$

因此方程组(Ⅰ)中后面三个方程是多余的,可以把它们去掉.

进一步,容易求出方程组(Ⅰ)的系数矩阵的秩为 2:

$$\boldsymbol{A} = \begin{pmatrix} 1 & 2 & 3 \\ -1 & 1 & 4 \\ 3 & 3 & 2 \\ 4 & 5 & 5 \\ 7 & 11 & 14 \end{pmatrix} \to \begin{pmatrix} 1 & 2 & 3 \\ 0 & 3 & 7 \\ 0 & -3 & -7 \\ 0 & -3 & -7 \\ 0 & -3 & -7 \end{pmatrix} \to \begin{pmatrix} 1 & 2 & 3 \\ 0 & 3 & 7 \\ 0 & 0 & 0 \\ 0 & 0 & 0 \\ 0 & 0 & 0 \end{pmatrix}.$$

它恰好就是同解方程组(Ⅱ)中的方程个数. 这意味着方程组(Ⅱ)中两个方程是独立的,任何一个都不可以去掉.

因此可以总结出以下事实:完全可以通过向量之间的关系讨论线性方程组的求解问题. 系数矩阵的秩就是方程组中独立方程的个数,任意选定两个独立方程,则其余方程都是可以去掉的多余方程.

一、定义

例 3.3.1 中给出的五个向量

$$\boldsymbol{\alpha}_1 = (1,\ 2,\ 3),\ \boldsymbol{\alpha}_2 = (-1,\ 1,\ 4),$$
$$\boldsymbol{\alpha}_3 = (3,\ 3,\ 2),\ \boldsymbol{\alpha}_4 = (4,\ 5,\ 5),\ \boldsymbol{\alpha}_5 = (7,\ 11,\ 14)$$

满足 $$\boldsymbol{\alpha}_1+\boldsymbol{\alpha}_2+\boldsymbol{\alpha}_3+\boldsymbol{\alpha}_4-\boldsymbol{\alpha}_5=\mathbf{0},$$
即零向量可以写成这五个向量的线性组合，而且组合系数不全为零（至少有一个系数不为零）.

实际上，零向量的这种表出系数不全为零的线性表出式有无穷多个. 例如：

$$2\boldsymbol{\alpha}_1-\boldsymbol{\alpha}_2-\boldsymbol{\alpha}_3=\mathbf{0},\ 3\boldsymbol{\alpha}_1-\boldsymbol{\alpha}_2-\boldsymbol{\alpha}_4=\mathbf{0},\ 6\boldsymbol{\alpha}_1-\boldsymbol{\alpha}_2-\boldsymbol{\alpha}_5=\mathbf{0},\text{等等}.$$

当然，一定还有一个**平凡表示式**（表出系数全为零的表出式）

$$0\cdot\boldsymbol{\alpha}_1+0\cdot\boldsymbol{\alpha}_2+0\cdot\boldsymbol{\alpha}_3+0\cdot\boldsymbol{\alpha}_4+0\cdot\boldsymbol{\alpha}_5=\mathbf{0}.$$

但是，对于有些向量组来说，情况就完全不同了！

例 3.3.2 考虑以下三个向量

$$\boldsymbol{\varepsilon}_1=(1,0,0),\ \boldsymbol{\varepsilon}_2=(0,1,0),\ \boldsymbol{\varepsilon}_3=(0,0,1).$$

如果

$$k_1\boldsymbol{\varepsilon}_1+k_2\boldsymbol{\varepsilon}_2+k_k\boldsymbol{\varepsilon}_3=\mathbf{0},$$

则

$$(k_1,k_2,k_3)=(0,0,0),$$

一定有 $k_1=k_2=k_3=0$. 也就是说，当把零向量表成这三个标准单位向量的线性组合时，只有平凡表出式这一种.

综上所述可见，有必要把向量组分成有本质区别的两大类.

定义 3.3.1 如果对于 $\boldsymbol{\alpha}_1,\boldsymbol{\alpha}_2,\cdots,\boldsymbol{\alpha}_m\in\mathbf{R}^n$，存在 m 个**不全为零**的数 k_1, $k_2,\cdots,k_m$，使得

$$k_1\boldsymbol{\alpha}_1+k_2\boldsymbol{\alpha}_2+\cdots+k_m\boldsymbol{\alpha}_m=\mathbf{0},$$

则称 $\boldsymbol{\alpha}_1,\boldsymbol{\alpha}_2,\cdots,\boldsymbol{\alpha}_m$ **线性相关**，$k_1,k_2,\cdots,k_m$ 为**相关系数**. 否则，称 $\boldsymbol{\alpha}_1,\boldsymbol{\alpha}_2,\cdots$, $\boldsymbol{\alpha}_m$ **线性无关**.

因为当 $k_1=k_2=\cdots=k_m=0$ 时，对于任何 $\boldsymbol{\alpha}_1,\boldsymbol{\alpha}_2,\cdots,\boldsymbol{\alpha}_m$，都有

$$0\cdot\boldsymbol{\alpha}_1+0\cdot\boldsymbol{\alpha}_2+\cdots+0\cdot\boldsymbol{\alpha}_m=\mathbf{0},$$

所以，这里“否则”的含义是指：**不存在** m 个不全为零的数 $k_1,k_2,\cdots,k_m$，使得

$$k_1\boldsymbol{\alpha}_1+k_2\boldsymbol{\alpha}_2+\cdots+k_m\boldsymbol{\alpha}_m=\mathbf{0},$$

而不是“存在 m 个全为零的数 $k_1,k_2,\cdots,k_m$，使得上式成立”. 因此，有如下等价定义：

定义 3.3.2 向量组 $\boldsymbol{\alpha}_1, \boldsymbol{\alpha}_2, \cdots, \boldsymbol{\alpha}_m$ **线性无关**,指的是只有当 $k_1 = k_2 = \cdots = k_m = 0$ 时,才有

$$k_1\boldsymbol{\alpha}_1 + k_2\boldsymbol{\alpha}_2 + \cdots + k_m\boldsymbol{\alpha}_m = \mathbf{0}.$$

在例 3.3.1 中给出的五个向量是线性相关的,在例 3.3.2 中所述的 $\boldsymbol{\varepsilon}_1, \boldsymbol{\varepsilon}_2, \boldsymbol{\varepsilon}_3$ 是线性无关的. 易见其区别就在于是否存在零向量的非平凡的线性表出式.

实际上可以这样理解向量之间的线性相关性与线性无关性:记 $\boldsymbol{S} = \{\boldsymbol{\alpha}_1, \boldsymbol{\alpha}_2, \cdots, \boldsymbol{\alpha}_m\}$. 如果零向量 $\mathbf{0}$ 表成 $\boldsymbol{S}$ 中向量的线性组合时,只有平凡表出式这一种,则 $\boldsymbol{S}$ 为线性无关向量组;否则,$\boldsymbol{S}$ 为线性相关向量组. 此时,一定有无穷多种方法把零向量表成 $\boldsymbol{S}$ 中向量的线性组合.

根据定义 3.3.2 可以直接得到如下的常用结论:

(1) 任意一个含零向量的向量组一定为线性相关组. 事实上,有

$$0 \cdot \boldsymbol{\alpha}_1 + 0 \cdot \boldsymbol{\alpha}_2 + \cdots + 0 \cdot \boldsymbol{\alpha}_m + 1 \cdot \mathbf{0} = \mathbf{0},$$

其中零向量的系数是 1,它不是零.

(2) 单个向量 $\boldsymbol{\alpha}$ 线性相关$\Leftrightarrow \boldsymbol{\alpha} = \mathbf{0}$. 单个向量 $\boldsymbol{\alpha}$ 线性无关$\Leftrightarrow \boldsymbol{\alpha} \neq \mathbf{0}$. 事实上,若 $\boldsymbol{\alpha} = \mathbf{0}$, 则由 $1 \times \mathbf{0} = \mathbf{0}$ 可知 $\boldsymbol{\alpha} = \mathbf{0}$ 线性相关. 即零向量一定线性相关,充分性正确.

现在证明必要性. 如果 $\boldsymbol{\alpha} = (a_1, a_2, \cdots, a_n)$ 线性相关,即存在 $k \neq 0$, 使得 $k\boldsymbol{\alpha} = (ka_1, ka_2, \cdots, ka_n) = \mathbf{0}$, 则易见 $\boldsymbol{\alpha}$ 的每个分量一定都是零,$\boldsymbol{\alpha}$ 为零向量.

(3) 两个非零向量 $\boldsymbol{\alpha}, \boldsymbol{\beta} \in \mathbf{R}^n$ 线性相关当且仅当存在不全为零的数 k, l,使得 $k\boldsymbol{\alpha} + l\boldsymbol{\beta} = \mathbf{0}$, 即 $\boldsymbol{\alpha} = -\dfrac{l}{k}\boldsymbol{\beta}$ 或者 $\boldsymbol{\beta} = -\dfrac{k}{l}\boldsymbol{\alpha}$. 这说明 $\boldsymbol{\alpha}$ 与 $\boldsymbol{\beta}$ 共线,即它们的对应分量成比例. 实际上,由 $\boldsymbol{\alpha}$ 和 $\boldsymbol{\beta}$ 都不是零向量可知 k 和 l 一定全不为零(当然,k 和 l 不全为零).

(4) 三个非零向量 $\boldsymbol{\alpha}, \boldsymbol{\beta}, \boldsymbol{\gamma} \in \mathbf{R}^n$ 线性相关,当且仅当存在不全为零的数 k_1, k_2, k_3,使得

$$k_1\boldsymbol{\alpha} + k_2\boldsymbol{\beta} + k_3\boldsymbol{\gamma} = \mathbf{0}.$$

这说明 $\boldsymbol{\alpha}, \boldsymbol{\beta}$ 与 $\boldsymbol{\gamma}$ 共面. 此时,其中至少有一个向量可以表成另外两个向量的线性组合.

例 3.3.3 若 $\boldsymbol{\alpha}_1, \boldsymbol{\alpha}_2, \boldsymbol{\alpha}_3$ 线性无关,证明以下三个向量一定线性无关:

$$\boldsymbol{\beta}_1 = \boldsymbol{\alpha}_2 + \boldsymbol{\alpha}_3, \boldsymbol{\beta}_2 = \boldsymbol{\alpha}_1 + \boldsymbol{\alpha}_3, \boldsymbol{\beta}_3 = \boldsymbol{\alpha}_1 + \boldsymbol{\alpha}_2.$$

证 设 $k_1\boldsymbol{\beta}_1+k_2\boldsymbol{\beta}_2+k_3\boldsymbol{\beta}_3=\mathbf{0}$. 将已知条件代入并整理以后可以得到

$$(k_2+k_3)\boldsymbol{\alpha}_1+(k_1+k_3)\boldsymbol{\alpha}_2+(k_1+k_2)\boldsymbol{\alpha}_3=\mathbf{0}.$$

因为 $\boldsymbol{\alpha}_1$，$\boldsymbol{\alpha}_2$，$\boldsymbol{\alpha}_3$ 线性无关，一定有 $k_2+k_3=0$，$k_1+k_3=0$，$k_1+k_2=0$. 把它们相加得到 $2(k_1+k_2+k_3)=0$. 据此立刻得到 $k_1=k_2=k_3=0$，这就证明了 $\boldsymbol{\beta}_1$，$\boldsymbol{\beta}_2$，$\boldsymbol{\beta}_3$ 线性无关. 证毕

说明 这是向量组的线性无关性证明的一种常用方法，它直接证明零向量的线性表出式只是平凡表出式这一种.

另外一个常用证法是运用在 §3.6 中将要介绍的矩阵的行秩理论，往往显得简洁直观，现介绍如下：不妨假设讨论的是行向量. 可以把

$$\boldsymbol{\beta}_1=\boldsymbol{\alpha}_2+\boldsymbol{\alpha}_3,\ \boldsymbol{\beta}_2=\boldsymbol{\alpha}_1+\boldsymbol{\alpha}_3,\ \boldsymbol{\beta}_3=\boldsymbol{\alpha}_1+\boldsymbol{\alpha}_2$$

改写成矩阵等式

$$\begin{pmatrix}\boldsymbol{\beta}_1\\ \boldsymbol{\beta}_2\\ \boldsymbol{\beta}_3\end{pmatrix}=\begin{pmatrix}0&1&1\\1&0&1\\1&1&0\end{pmatrix}\begin{pmatrix}\boldsymbol{\alpha}_1\\ \boldsymbol{\alpha}_2\\ \boldsymbol{\alpha}_3\end{pmatrix},\ 即\ \boldsymbol{B}=\boldsymbol{PA}.$$

因为表出矩阵 $\boldsymbol{P}$ 是行列式为 2 的可逆阵，而 $\boldsymbol{\alpha}_1$，$\boldsymbol{\alpha}_2$，$\boldsymbol{\alpha}_3$ 线性无关，行秩 $R(\boldsymbol{A})=3$，所以根据矩阵乘可逆阵以后不变其秩之性质，知道 $R(\boldsymbol{B})=R(\boldsymbol{A})=3$，这说明 $\boldsymbol{\beta}_1$，$\boldsymbol{\beta}_2$，$\boldsymbol{\beta}_3$ 线性无关.

例 3.3.4 设 $\boldsymbol{\alpha}_1$，$\boldsymbol{\alpha}_2$，…，$\boldsymbol{\alpha}_m$ 线性无关，$m\geqslant 2$，λ_1，λ_2，…，λ_m 为任意实数，证明

$$\boldsymbol{\beta}_i=\boldsymbol{\alpha}_i+\lambda_i\boldsymbol{\alpha}_m,\ i=1,\ 2,\ \cdots,\ m-1,$$

一定线性无关.

证 设 $\sum\limits_{i=1}^{m-1}k_i\boldsymbol{\beta}_i=\mathbf{0}$，将已知条件代入并整理以后可以得到

$$\sum_{i=1}^{m-1}k_i(\boldsymbol{\alpha}_i+\lambda_i\boldsymbol{\alpha}_m)=k_1\boldsymbol{\alpha}_1+k_2\boldsymbol{\alpha}_2+\cdots+k_{m-1}\boldsymbol{\alpha}_{m-1}+\Big(\sum_{i=1}^{m-1}k_i\lambda_i\Big)\boldsymbol{\alpha}_m=\mathbf{0}.$$

根据 $\boldsymbol{\alpha}_1$，$\boldsymbol{\alpha}_2$，…，$\boldsymbol{\alpha}_m$ 线性无关知道，一定有 $k_1=k_2=\cdots=k_{m-1}=0$. 所以 $\boldsymbol{\beta}_1$，$\boldsymbol{\beta}_2$，…，$\boldsymbol{\beta}_{m-1}$ 线性无关. 证毕

二、判别方法

现在我们要把判别向量组是否线性相关的问题化为求线性方程组的解，从而

又可以用初等变换这个万能工具了！

由定义 3.3.1 知道，m 个 n 维**列向量** $\boldsymbol{\alpha}_1, \boldsymbol{\alpha}_2, \cdots, \boldsymbol{\alpha}_m$ 线性相关当且仅当存在 m 个**不全为零**的数 $k_1, k_2, \cdots, k_m$，使得 $k_1\boldsymbol{\alpha}_1 + k_2\boldsymbol{\alpha}_2 + \cdots + k_m\boldsymbol{\alpha}_m = \mathbf{0}$，它可以写成矩阵形式

$$(\boldsymbol{\alpha}_1, \boldsymbol{\alpha}_2, \cdots, \boldsymbol{\alpha}_m)\begin{pmatrix} k_1 \\ k_2 \\ \vdots \\ k_m \end{pmatrix} = \mathbf{0}.$$

记 $\boldsymbol{A} = (\boldsymbol{\alpha}_1, \boldsymbol{\alpha}_2, \cdots, \boldsymbol{\alpha}_m)$，它是 $n\times m$ 矩阵，于是，

m 个 n 维**列向量** $\boldsymbol{\alpha}_1, \boldsymbol{\alpha}_2, \cdots, \boldsymbol{\alpha}_m$ 线性相关$\Leftrightarrow$线性方程组 $\boldsymbol{Ax} = \mathbf{0}$ 有非零解. 此非零解的 m 个分量 $\{k_1, k_2, \cdots, k_m\}$ 就是所求的相关系数.

类似地，有

m 个 n 维**行向量** $\boldsymbol{\alpha}_1, \boldsymbol{\alpha}_2, \cdots, \boldsymbol{\alpha}_m$ 线性相关$\Leftrightarrow m$ 个 n 维列向量 $\boldsymbol{\alpha}'_1, \boldsymbol{\alpha}'_2, \cdots, \boldsymbol{\alpha}'_m$ 线性相关
$\Leftrightarrow$线性方程组 $\boldsymbol{Ax} = \mathbf{0}$ 有非零解.

这里 $\boldsymbol{A} = (\boldsymbol{\alpha}'_1, \boldsymbol{\alpha}'_2, \cdots, \boldsymbol{\alpha}'_m)$ 为 $n\times m$ 矩阵，它是由所给的行向量转置以后拼成的.

必须说明的是，现在需要求解的线性方程组是 $\boldsymbol{Ax} = \mathbf{0}$，它的右端列向量是零向量. 我们称它为**齐次线性方程组**. 称 $\boldsymbol{Ax} = \boldsymbol{b}$, $\boldsymbol{b} \neq \mathbf{0}$ 为**非齐次线性方程组**. 同样地，只用初等行变换把 $\boldsymbol{Ax} = \mathbf{0}$ 的增广矩阵 $(\boldsymbol{A} \vdots \mathbf{0})$ 化成阶梯阵 $(\boldsymbol{T} \vdots \mathbf{0})$，则 $\boldsymbol{Ax} = \mathbf{0}$ 与 $\boldsymbol{Tx} = \mathbf{0}$ 是同解方程组. 不过，既然右端列向量为零向量，任意一次初等行变换都不会改变它，所以可以直接将系数矩阵 $\boldsymbol{A}$ 施行初等行变换化为阶梯阵，不必把 $\boldsymbol{Ax} = \mathbf{0}$ 的增广矩阵 $(\boldsymbol{A} \vdots \mathbf{0})$ 化为阶梯矩阵了.

例 3.3.5 证明 $\boldsymbol{\alpha}_1 = (2, 1, 5)$, $\boldsymbol{\alpha}_2 = (2, -2, 7)$, $\boldsymbol{\alpha}_3 = (-1, 4, 1)$ 为线性无关组.

证 将这三个行向量转置以后形成线性方程组的系数矩阵，再用初等行变换把它化成阶梯阵求解.

$$\boldsymbol{A} = \begin{pmatrix} 2 & 2 & -1 \\ 1 & -2 & 4 \\ 5 & 7 & 1 \end{pmatrix} \xrightarrow{(1)} \begin{pmatrix} 0 & 6 & -9 \\ 1 & -2 & 4 \\ 0 & 17 & -19 \end{pmatrix} \xrightarrow{(2)} \begin{pmatrix} 0 & 6 & -9 \\ 1 & -2 & 4 \\ 0 & -1 & 8 \end{pmatrix} \xrightarrow{(3)} \begin{pmatrix} 0 & 0 & 39 \\ 1 & 0 & -12 \\ 0 & -1 & 8 \end{pmatrix}$$

$$\xrightarrow{(4)} \begin{pmatrix} 0 & 0 & 1 \\ 1 & 0 & -12 \\ 0 & -1 & 8 \end{pmatrix} \xrightarrow{(5)} \begin{pmatrix} 0 & 0 & 1 \\ 1 & 0 & 0 \\ 0 & -1 & 0 \end{pmatrix} = \boldsymbol{B} \xrightarrow{(6)} \begin{pmatrix} 1 & 0 & 0 \\ 0 & 1 & 0 \\ 0 & 0 & 1 \end{pmatrix} = \boldsymbol{T}.$$

显然 $\boldsymbol{T}\boldsymbol{x}=\boldsymbol{0}$ 只有零解：$x_1=x_2=x_3=0$. 所以 $\boldsymbol{\alpha}_1$，$\boldsymbol{\alpha}_2$，$\boldsymbol{\alpha}_3$ 线性无关. 证毕

说明 化成阶梯阵 $\boldsymbol{T}$ 的途径是：

(1) 利用 $a_{21}=1$ 把第一列中其他元素化为零；

(2) 在第三行中减去第一行的 3 倍. 这一步非常关键，目的是产生 ± 1. 这样就可以避开极易算错的繁琐的分数运算；

(3) 利用 $a_{32}=-1$ 把第二列中其他元素化为零；

(4) 在第一行中除以 39；

(5) 利用 $a_{13}=1$ 把第三列中其他元素化为零；

(6) 把 $\boldsymbol{B}$ 变成阶梯阵 $\boldsymbol{T}$. 这一步可以省去.

两个重要结论

(1) 当 $m>n$ 时，m 个 n 维向量 $\boldsymbol{\alpha}_1$，$\boldsymbol{\alpha}_2$，…，$\boldsymbol{\alpha}_m$ 一定线性相关. 因为当 $m>n$ 时，$\boldsymbol{A}\boldsymbol{x}=\boldsymbol{0}$ 中变量个数 m 大于方程个数 n，它一定有可以任意取值的自由变量，因此，它一定有非零解. 这就是说，凡是向量个数大于向量维数的向量组一定是线性相关向量组.

(2) n 个 n 维列向量 $\boldsymbol{\alpha}_1$，$\boldsymbol{\alpha}_2$，…，$\boldsymbol{\alpha}_n$ 线性相关 $\Leftrightarrow$ n 阶行列式

$$\begin{vmatrix}\boldsymbol{\alpha}_1 & \boldsymbol{\alpha}_2 & \cdots & \boldsymbol{\alpha}_n\end{vmatrix}=0.$$

这里要用到将在第 4 章中证明的结论：

$$\boldsymbol{A}\boldsymbol{x}=\boldsymbol{0}\text{ 有非零解}\Leftrightarrow|\boldsymbol{A}|=0.$$

我们提前运用它.

例 3.3.6 因为

$$\begin{vmatrix}2 & 1 & 5\\ 2 & -2 & 7\\ -1 & 4 & 1\end{vmatrix}=\begin{vmatrix}0 & 9 & 7\\ 0 & 6 & 9\\ -1 & 4 & 1\end{vmatrix}=-(9\times 9-6\times 7)=-39\neq 0,$$

所以

$$\boldsymbol{\alpha}_1=(2,\ 1,\ 5),\ \boldsymbol{\alpha}_2=(2,\ -2,\ 7),\ \boldsymbol{\alpha}_3=(-1,\ 4,\ 1)$$

是线性无关向量组.

$$\boldsymbol{\beta}_1=(2,\ 2,\ -1)',\ \boldsymbol{\beta}_2=(1,\ -2,\ 4)',\ \boldsymbol{\beta}_3=(5,\ 7,\ 1)'$$

也是线性无关向量组.

例 3.3.7 因为 $\begin{vmatrix}-1 & 3 & 1\\ 2 & 1 & 0\\ 1 & 4 & 1\end{vmatrix}=0$，所以，以下两个行向量组都为线性相

关组：

$$\{(-1,3,1),(2,1,0),(1,4,1)\}和\{(-1,2,1),(3,1,4),(1,0,1)\}.$$

因为 $\begin{vmatrix} 2 & 3 & 0 \\ -1 & 4 & 0 \\ 0 & 0 & 2 \end{vmatrix} = 22 \neq 0$，所以，以下两个行向量组都为线性无关组：

$$\{(2,3,0),(-1,4,0),(0,0,2)\}和\{(2,-1,0),(3,4,0),(0,0,2)\}.$$

三、四个基本定理

以下四个基本定理将在以后的讨论中起重要作用. 要求理解证明，记住结论，善于应用.

定理 3.3.1 m 个 n 维向量 $\boldsymbol{\alpha}_1, \boldsymbol{\alpha}_2, \cdots, \boldsymbol{\alpha}_m$ $(m \geqslant 2)$ 线性相关

$\Leftrightarrow$至少存在**某个** $\boldsymbol{\alpha}_i$ 是**其余**向量的线性组合.

即 $\boldsymbol{\alpha}_1, \boldsymbol{\alpha}_2, \cdots, \boldsymbol{\alpha}_m$ $(m \geqslant 2)$ 线性无关$\Leftrightarrow$任意一个 $\boldsymbol{\alpha}_i$ 都不能表为其余向量的线性组合.

证 (1) 设 $\boldsymbol{\alpha}_1, \boldsymbol{\alpha}_2, \cdots, \boldsymbol{\alpha}_m$ 线性相关，则存在不全为零的数 $k_1, k_2, \cdots, k_m$，使得

$$k_1\boldsymbol{\alpha}_1 + k_2\boldsymbol{\alpha}_2 + \cdots + k_m\boldsymbol{\alpha}_m = \mathbf{0}.$$

不妨设 $k_m \neq 0$，则有

$$\boldsymbol{\alpha}_m = -\frac{1}{k_m}(k_1\boldsymbol{\alpha}_1 + \cdots + k_{m-1}\boldsymbol{\alpha}_{m-1}).$$

(2) 如果 $\boldsymbol{\alpha}_m = k_1\boldsymbol{\alpha}_1 + \cdots + k_{m-1}\boldsymbol{\alpha}_{m-1}$，则 $k_1\boldsymbol{\alpha}_1 + \cdots + k_{m-1}\boldsymbol{\alpha}_{m-1} - 1 \cdot \boldsymbol{\alpha}_m = \mathbf{0}$，由 $-1 \neq 0$ 知道 $\boldsymbol{\alpha}_1, \boldsymbol{\alpha}_2, \cdots, \boldsymbol{\alpha}_m$ 线性相关. 证毕

注意 当 $\boldsymbol{\alpha}_1, \boldsymbol{\alpha}_2, \cdots, \boldsymbol{\alpha}_m$ 线性相关时，不能说其中任意一个 $\boldsymbol{\alpha}_i$ 都可以用其余向量线性表出. 例如，因为 $\begin{vmatrix} 1 & 0 \\ 0 & 0 \end{vmatrix} = 0$，所以 $\boldsymbol{\alpha} = (1, 0)$，$\boldsymbol{\beta} = (0, 0)$ 线性相关. 但 $\boldsymbol{\alpha}$ 不能用 $\boldsymbol{\beta}$ 线性表出，仅有 $\boldsymbol{\beta}$ 能用 $\boldsymbol{\alpha}$ 线性表出：$\boldsymbol{\beta} = 0 \cdot \boldsymbol{\alpha}$.

定理 3.3.2 如果 $\boldsymbol{\alpha}_1, \boldsymbol{\alpha}_2, \cdots, \boldsymbol{\alpha}_m$ 为线性无关组，而添加一个同维向量 $\boldsymbol{\beta}$ 以后成为线性相关组，则这个 $\boldsymbol{\beta}$ 一定可以唯一地表为 $\boldsymbol{\alpha}_1, \boldsymbol{\alpha}_2, \cdots, \boldsymbol{\alpha}_m$ 的线性组合.

证 (1) 可表性：因为 $\boldsymbol{\beta}, \boldsymbol{\alpha}_1, \boldsymbol{\alpha}_2, \cdots, \boldsymbol{\alpha}_m$ 为线性相关组，所以一定存在不全为零的数 k 和 $k_1, k_2, \cdots, k_m$，使得

$$k\boldsymbol{\beta} + k_1\boldsymbol{\alpha}_1 + k_2\boldsymbol{\alpha}_2 + \cdots + k_m\boldsymbol{\alpha}_m = \mathbf{0}.$$

如果 $k=0$，则 $k_1, k_2, \cdots, k_m$ 就不全为零，使得

$$k_1\boldsymbol{\alpha}_1+k_2\boldsymbol{\alpha}_2+\cdots+k_m\boldsymbol{\alpha}_m=\mathbf{0},$$

这与 $\boldsymbol{\alpha}_1, \boldsymbol{\alpha}_2, \cdots, \boldsymbol{\alpha}_m$ 为线性无关组的假设矛盾，所以一定有 $k\neq 0$. 于是得到所需的线性表出式

$$\boldsymbol{\beta}=-\frac{1}{k}(k_1\boldsymbol{\alpha}_1+k_2\boldsymbol{\alpha}_2+\cdots+k_m\boldsymbol{\alpha}_m).$$

(2) 唯一性：如果有两个线性表出式

$$\boldsymbol{\beta}=k_1\boldsymbol{\alpha}_1+k_2\boldsymbol{\alpha}_2+\cdots+k_m\boldsymbol{\alpha}_m=l_1\boldsymbol{\alpha}_1+l_2\boldsymbol{\alpha}_2+\cdots+l_m\boldsymbol{\alpha}_m,$$

则有 $$(k_1-l_1)\boldsymbol{\alpha}_1+(k_2-l_2)\boldsymbol{\alpha}_2+\cdots+(k_m-l_m)\boldsymbol{\alpha}_m=\mathbf{0}.$$

因为 $\boldsymbol{\alpha}_1, \boldsymbol{\alpha}_2, \cdots, \boldsymbol{\alpha}_m$ 为线性无关组，一定有 $k_i-l_i=0$, $k_i=l_i$, $i=1, 2, \cdots, m$，所以线性表出式唯一. 证毕

定理 3.3.3 设 $\boldsymbol{\alpha}_1, \boldsymbol{\alpha}_2, \cdots, \boldsymbol{\alpha}_m$ 为线性相关组，则任意**扩充**后的同维向量组

$$\boldsymbol{\alpha}_1, \boldsymbol{\alpha}_2, \cdots, \boldsymbol{\alpha}_m, \boldsymbol{\alpha}_{m+1}, \cdots, \boldsymbol{\alpha}_{m+r}$$

一定为线性相关组.

证 因为 $\boldsymbol{\alpha}_1, \boldsymbol{\alpha}_2, \cdots, \boldsymbol{\alpha}_m$ 为线性相关组，所以，一定存在不全为零的数 $k_1, k_2, \cdots, k_m$，使得 $k_1\boldsymbol{\alpha}_1+k_2\boldsymbol{\alpha}_2+\cdots+k_m\boldsymbol{\alpha}_m=\mathbf{0}$. 此时，当然有

$$k_1\boldsymbol{\alpha}_1+k_2\boldsymbol{\alpha}_2+\cdots+k_m\boldsymbol{\alpha}_m+0\cdot\boldsymbol{\alpha}_{m+1}+0\cdot\boldsymbol{\alpha}_{m+2}+\cdots+0\cdot\boldsymbol{\alpha}_{m+r}=\mathbf{0}.$$

这说明 $\boldsymbol{\alpha}_1, \boldsymbol{\alpha}_2, \cdots, \boldsymbol{\alpha}_m, \boldsymbol{\alpha}_{m+1}, \cdots, \boldsymbol{\alpha}_{m+r}$ 一定为线性相关组. 证毕

说明 我们常把这个定理简述为“**相关组的扩充向量组必为相关组**”，或者“**部分相关，整体必相关**”. 它的等价说法是“**无关组的子向量组必为无关组**”或者“**整体无关，部分必无关**”.

注意 扩充或子组是指向量维数(即向量中分量个数)不变，仅是向量个数增减.

此定理的逆定理不成立. 即：

“相关组的子向量组未必为相关组”，“无关组的扩充向量组未必为无关组”.

例 3.3.8 考虑以下两个向量组：

$$\boldsymbol{A}=\{(1, 0), (0, 1), (0, 0)\}$$

为线性相关组；

$$\boldsymbol{B}=\{(1, 0), (0, 1)\}$$

为线性无关组. 这里,$\boldsymbol{B}$ 是 $\boldsymbol{A}$ 的子组,$\boldsymbol{A}$ 是 $\boldsymbol{B}$ 的扩充.

定义 3.3.3 考虑两个同维向量组

$$\boldsymbol{R}=\{\boldsymbol{\alpha}_1, \boldsymbol{\alpha}_2, \cdots, \boldsymbol{\alpha}_r\} \quad \text{和} \quad \boldsymbol{S}=\{\boldsymbol{\beta}_1, \boldsymbol{\beta}_2, \cdots, \boldsymbol{\beta}_s\}.$$

如果任意一个 $\boldsymbol{\alpha}_i \in \boldsymbol{R}$ 都可以用 $\boldsymbol{S}$ 中的向量线性表出,则称 **$\boldsymbol{R}$ 可用 $\boldsymbol{S}$ 表出**.

如果 $\boldsymbol{R}$ 和 $\boldsymbol{S}$ 可以互相线性表出,则称它们为**等价向量组**,记为 $\boldsymbol{R}\sim\boldsymbol{S}$.

同维向量组之间的等价关系有以下"三性".

设 $\boldsymbol{R}, \boldsymbol{S}, \boldsymbol{T}$ 为三个同维向量组,则有

(1) 反身性:$\boldsymbol{R}\sim\boldsymbol{R}$.

(2) 对称性: $\boldsymbol{R}\sim\boldsymbol{S}\Leftrightarrow\boldsymbol{S}\sim\boldsymbol{R}$.

(3) 传递性:若 $\boldsymbol{R}\sim\boldsymbol{S}, \boldsymbol{S}\sim\boldsymbol{T}$,则 $\boldsymbol{R}\sim\boldsymbol{T}$.

证 (1) 对于任意一个 $\boldsymbol{\alpha}\in\boldsymbol{R}$,一定有 $\boldsymbol{\alpha}=1\times\boldsymbol{\alpha}$,所以 $\boldsymbol{R}\sim\boldsymbol{R}$.

(2) 向量组等价的定义本身就要求 $\boldsymbol{R}$ 与 $\boldsymbol{S}$ 的地位是对称的.

(3) 设行向量组 $\boldsymbol{R}=\{\boldsymbol{\alpha}_1, \boldsymbol{\alpha}_2, \cdots, \boldsymbol{\alpha}_r\}$ 可以用 $\boldsymbol{S}=\{\boldsymbol{\beta}_1, \boldsymbol{\beta}_2, \cdots, \boldsymbol{\beta}_s\}$ 线性表出,则可以建立矩阵等式

$$\begin{pmatrix}\boldsymbol{\alpha}_1\\ \boldsymbol{\alpha}_2\\ \vdots\\ \boldsymbol{\alpha}_r\end{pmatrix}=\begin{pmatrix}k_{11} & k_{12} & \cdots & k_{1s}\\ k_{21} & k_{22} & \cdots & k_{2s}\\ \vdots & \vdots & & \vdots\\ k_{r1} & k_{r2} & \cdots & k_{rs}\end{pmatrix}\begin{pmatrix}\boldsymbol{\beta}_1\\ \boldsymbol{\beta}_2\\ \vdots\\ \boldsymbol{\beta}_s\end{pmatrix}, \text{它可简写成 } \boldsymbol{A}=\boldsymbol{K}\boldsymbol{B},$$

其中 $\boldsymbol{K}=(k_{ij})$ 为表出矩阵. 如果 $\boldsymbol{R}$ 可用 $\boldsymbol{S}$ 线性表出,$\boldsymbol{S}$ 可用 $\boldsymbol{T}$ 线性表出,则可设矩阵等式

$$\begin{pmatrix}\boldsymbol{\alpha}_1\\ \vdots\\ \boldsymbol{\alpha}_r\end{pmatrix}=\boldsymbol{K}\begin{pmatrix}\boldsymbol{\beta}_1\\ \vdots\\ \boldsymbol{\beta}_s\end{pmatrix}, \quad \begin{pmatrix}\boldsymbol{\beta}_1\\ \vdots\\ \boldsymbol{\beta}_s\end{pmatrix}=\boldsymbol{L}\begin{pmatrix}\boldsymbol{\gamma}_1\\ \vdots\\ \boldsymbol{\gamma}_t\end{pmatrix},$$

则

$$\begin{pmatrix}\boldsymbol{\alpha}_1\\ \vdots\\ \boldsymbol{\alpha}_r\end{pmatrix}=\boldsymbol{K}\boldsymbol{L}\begin{pmatrix}\boldsymbol{\gamma}_1\\ \vdots\\ \boldsymbol{\gamma}_t\end{pmatrix}.$$

这就证明了 $\boldsymbol{R}$ 可用 $\boldsymbol{T}$ 线性表出. 这说明向量组之间的线性表出关系有传递性.

于是当 $\boldsymbol{R}\sim\boldsymbol{S}, \boldsymbol{S}\sim\boldsymbol{T}$ 时,必有 $\boldsymbol{R}\sim\boldsymbol{T}$. 证毕

说明 向量组等价与矩阵等价是两个并不相干但很容易混淆的两个概念.

定理 3.3.4 考虑两个 n 维向量组

$$\boldsymbol{R}=\{\boldsymbol{\alpha}_1, \boldsymbol{\alpha}_2, \cdots, \boldsymbol{\alpha}_r\} \quad 和 \quad \boldsymbol{S}=\{\boldsymbol{\beta}_1, \boldsymbol{\beta}_2, \cdots, \boldsymbol{\beta}_s\}.$$

如果 $\boldsymbol{R}$ 可用 $\boldsymbol{S}$ 表出，而 $r>s$，则 $\boldsymbol{R}$ 一定为线性相关组. 也就是说，当 $\boldsymbol{R}$ 为线性无关组时，一定有 $r\leqslant s$. 因而两个等价的线性无关向量组中一定含有相同个数的向量.

****证**　不妨假设考虑的都是行向量. 由 $\boldsymbol{R}$ 可用 $\boldsymbol{S}$ 线性表出知道可以建立矩阵等式

$$\begin{pmatrix}\boldsymbol{\alpha}_1\\ \boldsymbol{\alpha}_2\\ \vdots\\ \boldsymbol{\alpha}_r\end{pmatrix}=\begin{pmatrix}k_{11} & k_{12} & \cdots & k_{1s}\\ k_{21} & k_{22} & \cdots & k_{2s}\\ \vdots & \vdots & & \vdots\\ k_{r1} & k_{r2} & \cdots & k_{rs}\end{pmatrix}\begin{pmatrix}\boldsymbol{\beta}_1\\ \boldsymbol{\beta}_2\\ \vdots\\ \boldsymbol{\beta}_s\end{pmatrix},$$

它可简写成 $\boldsymbol{A}=\boldsymbol{KB}$.

再把由表出系数拼成的表出矩阵 $\boldsymbol{K}=(k_{ij})_{r\times s}$ 写成行向量分块矩阵

$$\boldsymbol{K}=\begin{pmatrix}\boldsymbol{\gamma}_1\\ \boldsymbol{\gamma}_2\\ \vdots\\ \boldsymbol{\gamma}_r\end{pmatrix}，其中\ \boldsymbol{\gamma}_i=(k_{i1}, k_{i2}, \cdots, k_{is}),\ i=1, 2, \cdots, r.$$

因为 $r>s$，所以 r 个 s 维向量 $\boldsymbol{\gamma}_1, \boldsymbol{\gamma}_2, \cdots, \boldsymbol{\gamma}_r$ 一定是线性相关组，一定存在不全为零的数 $k_1, k_2, \cdots, k_r$，使得

$$(k_1, k_2, \cdots, k_r)\begin{pmatrix}\boldsymbol{\gamma}_1\\ \boldsymbol{\gamma}_2\\ \vdots\\ \boldsymbol{\gamma}_r\end{pmatrix}=\mathbf{0}.$$

于是一定有

$$(k_1, k_2, \cdots, k_r)\begin{pmatrix}\boldsymbol{\alpha}_1\\ \boldsymbol{\alpha}_2\\ \vdots\\ \boldsymbol{\alpha}_r\end{pmatrix}=(k_1, k_2, \cdots, k_r)\begin{pmatrix}\boldsymbol{\gamma}_1\\ \boldsymbol{\gamma}_2\\ \vdots\\ \boldsymbol{\gamma}_r\end{pmatrix}\begin{pmatrix}\boldsymbol{\beta}_1\\ \boldsymbol{\beta}_2\\ \vdots\\ \boldsymbol{\beta}_r\end{pmatrix}=\mathbf{0}\begin{pmatrix}\boldsymbol{\beta}_1\\ \boldsymbol{\beta}_2\\ \vdots\\ \boldsymbol{\beta}_r\end{pmatrix}=\mathbf{0},$$

这就证明了 $\boldsymbol{R}$ 为线性相关组.

设 $\boldsymbol{R}$ 和 $\boldsymbol{S}$ 是两个等价的线性无关向量组，其中向量个数分别为 r 和 s，则必有 $r\leqslant s$ 和 $s\leqslant r$，因而 $r=s$. 这就证明了两个等价的无关向量组中一定含有相同个数的向量.

证毕

说明 为了便于记忆,本定理所述事实可以简述为“**如果‘多的’可以用‘少的’线性表出,则‘多的’必为线性相关组**”.

习题 3.3

1. 判定下列向量组是否线性相关?(需要说明理由.)

(1) $\boldsymbol{\alpha}=(1,\ 1,\ 0)$, $\boldsymbol{\beta}=(0,\ 1,\ 1)$, $\boldsymbol{\gamma}=(1,\ 0,\ 1)$;

(2) $\boldsymbol{\alpha}=(1,\ 3,\ 0)$, $\boldsymbol{\beta}=(1,\ 1,\ 2)$, $\boldsymbol{\gamma}=(3,\ -1,\ 10)$;

(3) $\boldsymbol{\alpha}=(5,\ 2,\ 8)$, $\boldsymbol{\beta}=(2,\ 1,\ 2)$, $\boldsymbol{\gamma}=(6,\ 2,\ 12)$;

(4) $\boldsymbol{\alpha}=(1,\ -1,\ 0)$, $\boldsymbol{\beta}=(2,\ 1,\ 1)$, $\boldsymbol{\gamma}=(1,\ 3,\ -1)$;

(5) $\boldsymbol{\alpha}=(1,\ 3,\ 0)$, $\boldsymbol{\beta}=\left(-\dfrac{1}{3},\ -1,\ 0\right)$;

(6) $\boldsymbol{\alpha}=(1,\ 1,\ 3)$, $\boldsymbol{\beta}=(2,\ 4,\ 1)$, $\boldsymbol{\gamma}=(1,\ -1,\ 0)$, $\boldsymbol{\delta}=(2,\ 4,\ 6)$;

(7) $\boldsymbol{\alpha}=(-1,\ 3,\ 1)$, $\boldsymbol{\beta}=(2,\ 1,\ 0)$, $\boldsymbol{\gamma}=(1,\ 4,\ 1)$;

(8) $\boldsymbol{\alpha}=(2,\ 3,\ 0)$, $\boldsymbol{\beta}=(-1,\ 4,\ 0)$, $\boldsymbol{\gamma}=(0,\ 0,\ 2)$.

2. 当 t 为何值时,向量组 $\boldsymbol{\alpha}_1=(1,\ 1,\ 0)$, $\boldsymbol{\alpha}_2=(1,\ 3,\ -1)$, $\boldsymbol{\alpha}_3=(5,\ 3,\ t)$ 线性相关?

3. 求出 $\boldsymbol{\alpha}_1=(2,\ 2,\ 4,\ a)$, $\boldsymbol{\alpha}_2=(-1,\ 0,\ 2,\ b)$, $\boldsymbol{\alpha}_3=(3,\ 2,\ 2,\ c)$, $\boldsymbol{\alpha}_4=(1,\ 6,\ 7,\ d)$ 线性相关的充分必要条件.

4. 证明以下两个向量组等价:

$\boldsymbol{S}=\{\boldsymbol{\alpha}_1=(1,\ 1,\ 0,\ 0),\ \boldsymbol{\alpha}_2=(1,\ 0,\ 1,\ 1)\}$;

$\boldsymbol{T}=\{\boldsymbol{\beta}_1=(2,\ -1,\ 3,\ 3),\ \boldsymbol{\beta}_2=(0,\ 1,\ -1,\ -1)\}$.

§3.4 向量组的秩

向量组的秩是显示向量组特征性质的一个非负整数. 向量组的秩与矩阵的秩密切相关.

一、极大无关组

定义 3.4.1 设 $\boldsymbol{T}$ 是由若干个(有限或无限多个)n 维向量组成的向量组. 任取 $\boldsymbol{T}$ 的有限子组

$$\boldsymbol{S}=\{\boldsymbol{\alpha}_1,\ \boldsymbol{\alpha}_2,\ \cdots,\ \boldsymbol{\alpha}_r\}\subseteq\boldsymbol{T}\subseteq\mathbf{R}^n.$$

如果任意一个$\boldsymbol{\beta}\in \boldsymbol{T}$，都可唯一地表为$\boldsymbol{S}$中向量的线性组合，则称$\boldsymbol{S}$为$\boldsymbol{T}$的一个**极大无关组**.

说明 向量组$\boldsymbol{S}$为向量组$\boldsymbol{T}$的一个极大无关组，包含着两个要求：

(1) $\boldsymbol{S}$必须是线性无关向量组. 因为如果$\boldsymbol{S}=\{\boldsymbol{\alpha}_1,\ \boldsymbol{\alpha}_2,\ \cdots,\ \boldsymbol{\alpha}_r\}$是线性相关组，则存在不全为零的数$l_1,\ l_2,\ \cdots,\ l_r$，有

$$l_1\boldsymbol{\alpha}_1+l_2\boldsymbol{\alpha}_2+\cdots+l_r\boldsymbol{\alpha}_r=\mathbf{0}.$$

因此当

$$\boldsymbol{\beta}=k_1\boldsymbol{\alpha}_1+k_2\boldsymbol{\alpha}_2+\cdots+k_r\boldsymbol{\alpha}_r$$

成立时，对于任意常数a都有线性表出式：

$$\boldsymbol{\beta}=k_1\boldsymbol{\alpha}_1+k_2\boldsymbol{\alpha}_2+\cdots+k_r\boldsymbol{\alpha}_r+a(l_1\boldsymbol{\alpha}_1+l_2\boldsymbol{\alpha}_2+\cdots+l_r\boldsymbol{\alpha}_r).$$

此时，一定可以得到无穷多个$\boldsymbol{\beta}$的线性表出式，这与极大无关组定义中的"唯一性"矛盾.

(2) $\boldsymbol{S}$在$\boldsymbol{T}$中是"极大无关的"，其含义是对于"无关性"来说，$\boldsymbol{S}$在$\boldsymbol{T}$中已经"饱和"了！即$\boldsymbol{S}$本身是线性无关组，在$\boldsymbol{S}$中任意添加$\boldsymbol{T}$中的一个向量，就成为线性相关组了！由定理3.3.2知任意一个$\boldsymbol{\beta}\in\boldsymbol{T}$，都可表为$\boldsymbol{S}$中向量的线性组合.

注意 所谓"极大"是局部概念. 设$\boldsymbol{S}\subset\boldsymbol{T}_1\subset\boldsymbol{T}_2\subset\mathbf{R}^n$，当$\boldsymbol{S}$是$\boldsymbol{T}_1$的极大无关组时，$\boldsymbol{S}$未必是$\boldsymbol{T}_2$的极大无关组. 例如，可以取以下实例予以说明：

$$\boldsymbol{S}=\{(1,\ 0,\ 0),(0,\ 1,\ 0)\}.$$

因为$\boldsymbol{S}$中的两个向量不成比例，所以$\boldsymbol{S}$为线性无关组.

$$\boldsymbol{T}_1=\{(a,\ b,\ 0)\mid a,\ b\in\mathbf{R}\}$$

为$\mathbf{R}^3$中的xOy平面.

$$\boldsymbol{T}_2=\{(a,\ b,\ c)\mid a,\ b,\ c\in\mathbf{R}\}=\mathbf{R}^3.$$

记$\boldsymbol{\varepsilon}_1=(1,\ 0,\ 0)$，$\boldsymbol{\varepsilon}_2=(0,\ 1,\ 0)$. 对于任意一个$\boldsymbol{\alpha}=(a,\ b,\ 0)\in\boldsymbol{T}_1$，一定可以唯一地表成$\boldsymbol{\alpha}=a\boldsymbol{\varepsilon}_1+b\boldsymbol{\varepsilon}_2$. 这说明$\boldsymbol{S}$是$\boldsymbol{T}_1$的极大无关组. 但是对于$\boldsymbol{\varepsilon}_3=(0,\ 0,\ 1)\in\boldsymbol{T}_2$，决不可能表成$\boldsymbol{\varepsilon}_1,\ \boldsymbol{\varepsilon}_2$的线性组合，所以，在$\boldsymbol{T}_2$中$\boldsymbol{S}$不是极大无关组.

例 3.4.1 $\boldsymbol{S}=\{(1,\ 0,\ 0),(0,\ 1,\ 0),(0,\ 0,\ 1)\}$是三维行向量空间$\mathbf{R}^3$中的极大无关向量组.

证 因为$\begin{vmatrix}1&0&0\\0&1&0\\0&0&1\end{vmatrix}=1\neq 0$，所以$\boldsymbol{S}$为线性无关向量组. 对于任意一个三维

行向量 $\boldsymbol{\alpha}=(a_1, a_2, a_3)\in \mathbf{R}^3$，一定可以唯一地表为

$$\boldsymbol{\alpha}=a_1(1, 0, 0)+a_2(0, 1, 0)+a_3(0, 0, 1).$$ 证毕

定理 3.4.1 n 维向量空间 $\mathbf{R}^n$ 中任意 n 个线性无关向量都构成 $\mathbf{R}^n$ 中的极大无关组，因而任意一个 $\boldsymbol{\beta}\in \mathbf{R}^n$ 都可以唯一地表为它们的线性组合.

证 设 $\boldsymbol{\alpha}_1, \boldsymbol{\alpha}_2, \cdots, \boldsymbol{\alpha}_n$ 是 $\mathbf{R}^n$ 中任意 n 个线性无关向量，任取 $\boldsymbol{\beta}\in \mathbf{R}^n$. 因为 $n+1$ 个 n 维向量 $\boldsymbol{\alpha}_1, \boldsymbol{\alpha}_2, \cdots, \boldsymbol{\alpha}_n, \boldsymbol{\beta}$ 一定线性相关，所以根据定理 3.3.2 可知，$\boldsymbol{\beta}$ 一定可以唯一地表为 $\boldsymbol{\alpha}_1, \boldsymbol{\alpha}_2, \cdots, \boldsymbol{\alpha}_n$ 的线性组合. 证毕

例 3.4.2 $\boldsymbol{\eta}_1=(1, 1, 1)$，$\boldsymbol{\eta}_2=(1, 1, 0)$，$\boldsymbol{\eta}_3=(1, 0, 0)$ 是 $\mathbf{R}^3$ 中的极大无关组.

事实上，这三个向量拼成的行列式为 1，它们线性无关，必是 $\mathbf{R}^3$ 中的极大无关组. 对于任取的 $\boldsymbol{\alpha}=(a, b, c)\in \mathbf{R}^3$，因为线性方程组

$$\begin{cases} x+y+z=a \\ x+y\qquad=b \\ x\qquad\qquad=c \end{cases}$$

的解为

$$\begin{cases} x=c \\ y=b-c. \\ z=a-b \end{cases}$$

所以有唯一表示式

$$\boldsymbol{\alpha}=c\boldsymbol{\eta}_1+(b-c)\boldsymbol{\eta}_2+(a-b)\boldsymbol{\eta}_3.$$

二、向量组的秩

向量组 $\boldsymbol{T}$ 中的极大无关组不一定是唯一的. 例如，$\mathbf{R}^3$ 中任意三个线性无关向量都是 $\mathbf{R}^3$ 中的极大无关组.

现在要讨论的问题是：同一个向量组 $\boldsymbol{T}$ 中的不同的极大无关组之间有什么关系？它们所含的向量个数是否相等？

定理 3.4.2 向量组 $\boldsymbol{T}$ 一定与 $\boldsymbol{T}$ 的任意一个极大无关组等价. 因而向量组 $\boldsymbol{T}$ 的任意两个极大无关组一定等价. 向量组 $\boldsymbol{T}$ 中所有的极大无关组中所含的向量个数都是相等的.

证 设 $\boldsymbol{S}$ 为 $\boldsymbol{T}$ 的一个极大无关组. 因为 $\boldsymbol{S}$ 是 $\boldsymbol{T}$ 的一个子集，对于任意一个 $\boldsymbol{\alpha}\in \boldsymbol{S}$，一定有 $\boldsymbol{\alpha}=1\times\boldsymbol{\alpha}$，这说明 $\boldsymbol{S}$ 可以用 $\boldsymbol{T}$ 线性表出. 反之，由极大无关组的定

义知道任意一个 $\boldsymbol{\beta} \in \boldsymbol{T}$，都可唯一地表为 $\boldsymbol{S}$ 中向量的线性组合，这说明 $\boldsymbol{T}$ 可以用 $\boldsymbol{S}$ 线性表出. 因而 $\boldsymbol{S}$ 与 $\boldsymbol{T}$ 等价.

设 $\boldsymbol{S}_1$ 和 $\boldsymbol{S}_2$ 都是 $\boldsymbol{T}$ 的极大无关组，则由 $\boldsymbol{T} \sim \boldsymbol{S}_1$，$\boldsymbol{T} \sim \boldsymbol{S}_2$ 可知 $\boldsymbol{S}_1 \sim \boldsymbol{T} \sim \boldsymbol{S}_2$. 再根据定理 3.3.4，向量组 $\boldsymbol{T}$ 中所有的极大无关组中所含的向量个数都是相等的. 证毕

定义 3.4.2 $\mathbf{R}^n$ 中向量组 $\boldsymbol{T}$ 中的任意一个极大无关组所含的向量个数 r 称为 $\boldsymbol{T}$ 的**秩**. 记为

$$R(\boldsymbol{T}) = r.$$

所谓向量组 $\boldsymbol{T}$ 的秩，实际上就是 $\boldsymbol{T}$ 中线性无关向量的最大个数. 特别地，线性无关向量组的秩就是它所含的向量个数.

零向量组 $\{\mathbf{0}\}$ 的秩为零，因为其中没有线性无关向量. 只要 $\boldsymbol{T}$ 中有非零向量，就一定有 $R(\boldsymbol{T}) \geqslant 1$. 所以任意一个向量组一定有秩. 因为当向量个数大于向量维数时，它一定是线性相关向量组，所以一定有 $R(\boldsymbol{T}) \leqslant n$（$n$ 为向量维数）.

定理 3.4.3 设 $\boldsymbol{S}$ 和 $\boldsymbol{T}$ 是两个 n 维向量组（有限或无限组），$R(\boldsymbol{S}) = s$，$R(\boldsymbol{T}) = t$. 如果 $\boldsymbol{S}$ 可以用 $\boldsymbol{T}$ 线性表出，则 $s \leqslant t$. 因而等价的向量组一定有相同的秩.

证 在 $\boldsymbol{S}$ 和 $\boldsymbol{T}$ 中分别任取极大无关组

$$\boldsymbol{S}_1 = \{\boldsymbol{\alpha}_1, \boldsymbol{\alpha}_2, \cdots, \boldsymbol{\alpha}_s\},\ \boldsymbol{T}_1 = \{\boldsymbol{\beta}_1, \boldsymbol{\beta}_2, \cdots, \boldsymbol{\beta}_t\}.$$

因为 $\boldsymbol{S}$ 可以用 $\boldsymbol{T}$ 线性表出，而 $\boldsymbol{S}_1 \subset \boldsymbol{S}$，所以 $\boldsymbol{S}_1$ 可以用 $\boldsymbol{T}$ 线性表出. 但 $\boldsymbol{T}$ 可以用 $\boldsymbol{T}_1$ 线性表出，所以 $\boldsymbol{S}_1$ 可以用 $\boldsymbol{T}_1$ 线性表出. 因为 $\boldsymbol{S}_1$ 是线性无关组，所以根据定理 3.3.4 可知一定有 $s \leqslant t$.

当 $\boldsymbol{S}$ 与 $\boldsymbol{T}$ 等价时，它们可以互相线性表出. 根据 $s \leqslant t$ 和 $t \leqslant s$ 立刻得到 $s = t$. 这就证明了等价的向量组必有相同的秩. 证毕

说明 等价的向量组一定同秩. 但是，反之不然，即同秩的向量组未必等价，因为它们之间未必有线性表出关系.

三、向量组的秩的求法

我们自然要问：向量组的秩与矩阵的秩（非零子式的最高阶数）之间有何关系？如何求向量组的秩？

任意一个 $m \times n$ 矩阵 $\boldsymbol{A}$ 都有两种分块表示法（行向量表示法和列向量表示法）：

$$\boldsymbol{A} = \begin{pmatrix} \boldsymbol{\alpha}_1 \\ \boldsymbol{\alpha}_2 \\ \vdots \\ \boldsymbol{\alpha}_m \end{pmatrix}，其中\ \boldsymbol{\alpha}_i = (a_{i1}, a_{i2}, \cdots, a_{in}),\ i = 1, 2, \cdots, m,$$

$$\boldsymbol{A}=(\boldsymbol{\beta}_1,\ \boldsymbol{\beta}_2,\ \cdots,\ \boldsymbol{\beta}_n),\text{其中 }\boldsymbol{\beta}_j=\begin{pmatrix}a_{1j}\\ a_{2j}\\ \vdots\\ a_{mj}\end{pmatrix},\ j=1,\ 2,\ \cdots,\ n.$$

于是一个 $m\times n$ 矩阵 $\boldsymbol{A}$ 对应两个向量组(分别为 n 维行向量组和 m 维列向量组)：

$$\boldsymbol{M}=\{\boldsymbol{\alpha}_1,\ \boldsymbol{\alpha}_2,\ \cdots,\ \boldsymbol{\alpha}_m\},\ \boldsymbol{N}=\{\boldsymbol{\beta}_1,\ \boldsymbol{\beta}_2,\ \cdots,\ \boldsymbol{\beta}_n\}.$$

定义 3.4.3　把 $\boldsymbol{A}$ 的行向量组 $\boldsymbol{M}$ 的秩称为 $\boldsymbol{A}$ 的**行秩**. 把 $\boldsymbol{A}$ 的列向量组 $\boldsymbol{N}$ 的秩称为 $\boldsymbol{A}$ 的**列秩**.

所以,$\boldsymbol{A}$ 的行秩就是 $\boldsymbol{A}$ 的行向量组中线性无关向量的最大个数;$\boldsymbol{A}$ 的列秩就是 $\boldsymbol{A}$ 的列向量组中线性无关向量的最大个数.

易见,$\boldsymbol{A}$ 的行秩就是 $\boldsymbol{A}'$ 的列秩,$\boldsymbol{A}$ 的列秩就是 $\boldsymbol{A}'$ 的行秩.

定理 3.4.4　对矩阵施行初等变换后,它的行秩和列秩都保持不变.(证略)

定理 3.4.5　设 $\boldsymbol{A}$ 是 $m\times n$ 矩阵,则

$$R(\boldsymbol{A})=\text{“}\boldsymbol{A}\text{ 的行秩”}=\text{“}\boldsymbol{A}\text{ 的列秩”}.$$

证　根据矩阵的等价标准形定理知道,一定存在 m 阶可逆阵 $\boldsymbol{P}$ 和 n 阶可逆阵 $\boldsymbol{Q}$,使得

$$\boldsymbol{PAQ}=\begin{pmatrix}\boldsymbol{I}_r & \boldsymbol{O}\\ \boldsymbol{O} & \boldsymbol{O}\end{pmatrix}.$$

这种标准形矩阵的秩、行秩和列秩显然同是 r,而可逆阵一定是初等方阵的乘积,用初等方阵去乘矩阵就是对矩阵施行初等变换,所以根据初等变换不变矩阵的行秩和列秩可知一定有

$$R(\boldsymbol{A})=\text{“}\boldsymbol{A}\text{ 的行秩”}=\text{“}\boldsymbol{A}\text{ 的列秩”}.$$ 证毕

这样,就很容易得到求向量组的秩的方法.

设 $\boldsymbol{\alpha}_1,\ \boldsymbol{\alpha}_2,\ \cdots,\ \boldsymbol{\alpha}_m$ 是 m 个 n 维行向量,构造 $m\times n$ 矩阵

$$\boldsymbol{A}=\begin{pmatrix}\boldsymbol{\alpha}_1\\ \boldsymbol{\alpha}_2\\ \vdots\\ \boldsymbol{\alpha}_m\end{pmatrix},$$

则向量组的秩为

$$R\{\boldsymbol{\alpha}_1, \boldsymbol{\alpha}_2, \cdots, \boldsymbol{\alpha}_m\} = R(\boldsymbol{A}).$$

设 $\boldsymbol{\beta}_1, \boldsymbol{\beta}_2, \cdots, \boldsymbol{\beta}_m$ 是 m 个 n 维列向量,构造 $n\times m$ 矩阵

$$\boldsymbol{A} = (\boldsymbol{\beta}_1, \boldsymbol{\beta}_2, \cdots, \boldsymbol{\beta}_m),$$

则向量组的秩为

$$R\{\boldsymbol{\beta}_1, \boldsymbol{\beta}_2, \cdots, \boldsymbol{\beta}_m\} = R(\boldsymbol{A}).$$

例 3.4.3 求以下向量组的秩:

(1) $\boldsymbol{\alpha}_1 = (1, 2, 4)$, $\boldsymbol{\alpha}_2 = (2, -1, 3)$, $\boldsymbol{\alpha}_3 = (-1, 1, -1)$, $\boldsymbol{\alpha}_4 = (5, 1, 11)$;

(2) $\boldsymbol{\alpha}_1 = (1, 2, 4)$, $\boldsymbol{\alpha}_2 = (2, -1, 3)$, $\boldsymbol{\alpha}_3 = (-1, 1, 1)$.

解 (1) 求出由这四个行向量拼成的矩阵的秩.

$$\boldsymbol{A} = \begin{pmatrix} 1 & 2 & 4 \\ 2 & -1 & 3 \\ -1 & 1 & -1 \\ 5 & 1 & 11 \end{pmatrix} \to \begin{pmatrix} 1 & 0 & 0 \\ 2 & -5 & -5 \\ -1 & 3 & 3 \\ 5 & -9 & -9 \end{pmatrix} \to \begin{pmatrix} 1 & 0 & 0 \\ 2 & -5 & 0 \\ -1 & 3 & 0 \\ 5 & -9 & 0 \end{pmatrix} = \boldsymbol{B}.$$

因为 $R(\boldsymbol{A}) = R(\boldsymbol{B}) = 2$,所以向量组的秩为 2.

(2) 因为 $\begin{vmatrix} 1 & 2 & 4 \\ 2 & -1 & 3 \\ -1 & 1 & 1 \end{vmatrix} = \begin{vmatrix} 5 & -2 & 4 \\ 5 & -4 & 3 \\ 0 & 0 & 1 \end{vmatrix} = -10 \neq 0$,

$\boldsymbol{\alpha}_1, \boldsymbol{\alpha}_2, \boldsymbol{\alpha}_3$ 线性无关,所以它的秩为 3.

说明 在求矩阵的秩时,既可以用初等行变换,又可以用初等列变换,而且不一定要化为阶梯阵,只要能直观找到其中最高阶非零子式就可以定出它的秩.

最后,我们来总结一下:在考虑向量组的线性相关性和线性无关性以及求向量组的秩时,可用以下一般结论:

(1) 如果向量个数大于向量维数,则此向量组一定是线性相关组;

(2) 当向量个数等于向量维数时,它们可以拼成一个行列式,此向量组为线性相关组当且仅当此行列式为零;

(3) 当向量个数小于向量维数时,把它们拼成一个矩阵,再用初等行变换(也可用初等列变换)把此矩阵化为阶梯阵 T,于是所求的向量组的秩就是 T 中非零行的行数.

(4) 当向量组的秩等于向量个数时,它必是线性无关组;当向量组的秩小于向量个数时,它就是线性相关组. 向量组的秩既不可能大于向量个数,也不可能大于

向量维数.

四、向量组的极大无关组的求法

1. 原理

取 $m\times n$ 矩阵 $\boldsymbol{A}$ 的列向量表示法

$$\boldsymbol{A}=(\boldsymbol{\alpha}_1,\boldsymbol{\alpha}_2,\cdots,\boldsymbol{\alpha}_n).$$

设

$$\boldsymbol{PA}=\boldsymbol{P}(\boldsymbol{\alpha}_1,\boldsymbol{\alpha}_2,\cdots,\boldsymbol{\alpha}_n)=(\boldsymbol{\beta}_1,\boldsymbol{\beta}_2,\cdots,\boldsymbol{\beta}_n),$$

则必有 $\boldsymbol{P\alpha}_j=\boldsymbol{\beta}_j,\ j=1,2,\cdots,n.$

由于初等方阵 $\boldsymbol{P}$ 是可逆阵,因此对任何 $1\leqslant j_1<j_2<\cdots<j_r\leqslant n$,都有

$$\sum_{s=1}^{r}k_s\boldsymbol{\beta}_{j_s}=\boldsymbol{0}\Leftrightarrow\boldsymbol{P}\left(\sum_{s=1}^{r}k_s\boldsymbol{\alpha}_{j_s}\right)=\boldsymbol{0}\Leftrightarrow\sum_{s=1}^{r}k_s\boldsymbol{\alpha}_{j_s}=\boldsymbol{0},$$

故 $\{\boldsymbol{\alpha}_{j_1},\boldsymbol{\alpha}_{j_2},\cdots,\boldsymbol{\alpha}_{j_r}\}$ 线性相关 $\Leftrightarrow\{\boldsymbol{\beta}_{j_1},\boldsymbol{\beta}_{j_2},\cdots,\boldsymbol{\beta}_{j_r}\}$ 线性相关. 这就是说,

$$\begin{aligned}&\{\boldsymbol{\alpha}_{j_1},\boldsymbol{\alpha}_{j_2},\cdots,\boldsymbol{\alpha}_{j_r}\}\text{ 是 }\{\boldsymbol{\alpha}_1,\boldsymbol{\alpha}_2,\cdots,\boldsymbol{\alpha}_n\}\text{ 的极大无关组}\\ \Leftrightarrow&\{\boldsymbol{\beta}_{j_1},\boldsymbol{\beta}_{j_2},\cdots,\boldsymbol{\beta}_{j_r}\}\text{ 是 }\{\boldsymbol{\beta}_1,\boldsymbol{\beta}_2,\cdots,\boldsymbol{\beta}_n\}\text{ 的极大无关组.}\end{aligned}$$

2. 方法

给定 n 个 m 维列向量 $\{\boldsymbol{\alpha}_1,\boldsymbol{\alpha}_2,\cdots,\boldsymbol{\alpha}_n\}$. 只用初等行变换把 $m\times n$ 矩阵

$$\boldsymbol{A}=(\boldsymbol{\alpha}_1,\boldsymbol{\alpha}_2,\cdots,\boldsymbol{\alpha}_n)\to(\boldsymbol{\beta}_1,\boldsymbol{\beta}_2,\cdots,\boldsymbol{\beta}_n)=\boldsymbol{T},$$

其中 $\boldsymbol{T}$ 是最简阶梯阵,则对于 $\{\boldsymbol{\beta}_1,\boldsymbol{\beta}_2,\cdots,\boldsymbol{\beta}_n\}$ 的任意一个极大无关组 $\{\boldsymbol{\beta}_{j_1},\boldsymbol{\beta}_{j_2},\cdots,\boldsymbol{\beta}_{j_r}\}$,对应的 $\{\boldsymbol{\alpha}_{j_1},\boldsymbol{\alpha}_{j_2},\cdots,\boldsymbol{\alpha}_{j_r}\}$ 必是 $\{\boldsymbol{\alpha}_1,\boldsymbol{\alpha}_2,\cdots,\boldsymbol{\alpha}_n\}$ 的极大无关组.

例 3.4.4 求出向量组 $\boldsymbol{\alpha}_1=\begin{pmatrix}1\\-1\\2\\3\end{pmatrix}$, $\boldsymbol{\alpha}_2=\begin{pmatrix}0\\2\\5\\8\end{pmatrix}$, $\boldsymbol{\alpha}_3=\begin{pmatrix}2\\2\\0\\-1\end{pmatrix}$, $\boldsymbol{\alpha}_4=\begin{pmatrix}-1\\7\\-1\\-2\end{pmatrix}$ 的所有极大无关组.

解 只用初等行变换化简

$$\boldsymbol{A}=(\boldsymbol{\alpha}_1,\boldsymbol{\alpha}_2,\boldsymbol{\alpha}_3,\boldsymbol{\alpha}_4)=\begin{pmatrix}1&0&2&-1\\-1&2&2&7\\2&5&0&-1\\3&8&-1&-2\end{pmatrix}\to\begin{pmatrix}1&0&2&-1\\0&2&4&6\\0&5&-4&1\\0&8&-7&1\end{pmatrix}$$

$$\rightarrow\begin{pmatrix}1 & 0 & 2 & -1\\0 & 1 & 2 & 3\\0 & 5 & -4 & 1\\0 & 8 & -7 & 1\end{pmatrix}\rightarrow\begin{pmatrix}1 & 0 & 2 & -1\\0 & 1 & 2 & 3\\0 & 0 & -14 & -14\\0 & 0 & -23 & -23\end{pmatrix}\rightarrow\begin{pmatrix}1 & 0 & 2 & -1\\0 & 1 & 2 & 3\\0 & 0 & 1 & 1\\0 & 0 & 0 & 0\end{pmatrix}$$

$$\rightarrow\begin{pmatrix}1 & 0 & 0 & -3\\0 & 1 & 0 & 1\\0 & 0 & 1 & 1\\0 & 0 & 0 & 0\end{pmatrix}=(\boldsymbol{\beta}_1,\boldsymbol{\beta}_2,\boldsymbol{\beta}_3,\boldsymbol{\beta}_4)=\boldsymbol{T}.$$

用直观方法找出 $\boldsymbol{T}$ 中所有的三阶非零子式,确定$\{\boldsymbol{\beta}_1,\boldsymbol{\beta}_2,\boldsymbol{\beta}_3,\boldsymbol{\beta}_4\}$中极大无关组为

$$\{\boldsymbol{\beta}_1,\boldsymbol{\beta}_2,\boldsymbol{\beta}_3\},\{\boldsymbol{\beta}_1,\boldsymbol{\beta}_2,\boldsymbol{\beta}_4\},\{\boldsymbol{\beta}_1,\boldsymbol{\beta}_3,\boldsymbol{\beta}_4\},\{\boldsymbol{\beta}_2,\boldsymbol{\beta}_3,\boldsymbol{\beta}_4\},$$

所以$\{\boldsymbol{\alpha}_1,\boldsymbol{\alpha}_2,\boldsymbol{\alpha}_3,\boldsymbol{\alpha}_4\}$中极大无关组为

$$\{\boldsymbol{\alpha}_1,\boldsymbol{\alpha}_2,\boldsymbol{\alpha}_3\},\{\boldsymbol{\alpha}_1,\boldsymbol{\alpha}_2,\boldsymbol{\alpha}_4\},\{\boldsymbol{\alpha}_1,\boldsymbol{\alpha}_3,\boldsymbol{\alpha}_4\},\{\boldsymbol{\alpha}_2,\boldsymbol{\alpha}_3,\boldsymbol{\alpha}_4\}.$$

习题 3.4

1. 求出以下向量组的秩:

(1) (1, 2), (3, 4);

(2) (1, 2, 1), (2, 4, 2), (1, 2, 3);

(3) (1, 0, 0), (1, 1, 0), (1, 1, 1);

(4) (2, 1, 3), (4, 2, 6), (−2, −1, −3);

(5) (1, 2, 3, 4), (0, −1, 2, 3), (2, 3, 8, 11), (2, 3, 6, 8);

(6) (2, 1, 3, 0, 4), (−1, 2, 3, 1, 0), (3, −1, 0, −1, 4);

(7) (−1, 2, 0, 1, 3), (1, 2, 0, 5, 4), (3, 2, 2, 0, −1).

2. 设 $\boldsymbol{T}=\{\boldsymbol{\alpha}_1,\boldsymbol{\alpha}_2,\boldsymbol{\alpha}_3,\boldsymbol{\alpha}_4,\boldsymbol{\alpha}_5,\boldsymbol{\alpha}_6,\boldsymbol{\alpha}_7,\boldsymbol{\alpha}_8\}$ 是 6 维向量组,证明 $\boldsymbol{T}$ 中至少有两个向量可由其余向量线性表出.

3. 判断 $\boldsymbol{\alpha}_1=(1,0,1,2)$, $\boldsymbol{\alpha}_2=(1,0,2,2)$, $\boldsymbol{\alpha}_3=(0,0,2,0)$ 是否线性相关.

4. 设向量组 $\boldsymbol{\alpha}_1,\boldsymbol{\alpha}_2,\boldsymbol{\alpha}_3$ 线性无关,问以下向量组是否线性无关?

(1) $\boldsymbol{\beta}_1=\boldsymbol{\alpha}_1+2\boldsymbol{\alpha}_2+3\boldsymbol{\alpha}_3$, $\boldsymbol{\beta}_2=3\boldsymbol{\alpha}_1-\boldsymbol{\alpha}_2+4\boldsymbol{\alpha}_3$, $\boldsymbol{\beta}_3=\boldsymbol{\alpha}_2+\boldsymbol{\alpha}_3$;

(2) $\boldsymbol{\beta}_1=\boldsymbol{\alpha}_1+\boldsymbol{\alpha}_2$, $\boldsymbol{\beta}_2=\boldsymbol{\alpha}_2+\boldsymbol{\alpha}_3$, $\boldsymbol{\beta}_3=\boldsymbol{\alpha}_3-\boldsymbol{\alpha}_1$;

(3) $\boldsymbol{\beta}_1=\boldsymbol{\alpha}_1+2\boldsymbol{\alpha}_2$, $\boldsymbol{\beta}_2=2\boldsymbol{\alpha}_2+3\boldsymbol{\alpha}_3$, $\boldsymbol{\beta}_3=\boldsymbol{\alpha}_1+3\boldsymbol{\alpha}_3$;

(4) $\boldsymbol{\beta}_1=\boldsymbol{\alpha}_1+\boldsymbol{\alpha}_2+\boldsymbol{\alpha}_3$, $\boldsymbol{\beta}_2=2\boldsymbol{\alpha}_1-3\boldsymbol{\alpha}_2+22\boldsymbol{\alpha}_3$, $\boldsymbol{\beta}_3=3\boldsymbol{\alpha}_1+5\boldsymbol{\alpha}_2-5\boldsymbol{\alpha}_3$.

5. 求 $\boldsymbol{\alpha}_1=(1,0,0)$, $\boldsymbol{\alpha}_2=(2,1,0)$, $\boldsymbol{\alpha}_3=(0,3,0)$, $\boldsymbol{\alpha}_4=(2,2,2)$ 所有的极大无关组.

第 4 章

线 性 方 程 组

在其他的数学分支和科学技术领域内，乃至在生产实际中，大量的问题都归结于求解线性方程组. 即便有些变量之间的关系不是线性的，有时也可作线性化近似处理. 因此，线性方程组的解的理论和求解方法，是线性代数学的核心内容.

在前三章中，我们已经做好了一切准备工作，现在可以建立线性方程组的理论(解的存在性和解的结构)，并且给出它的求解方法.

§4.1 齐次线性方程组

一、定义

齐次线性方程组的一般形式为

$$\begin{cases} a_{11}x_1+a_{12}x_2+\cdots+a_{1n}x_n=0 \\ a_{21}x_1+a_{22}x_2+\cdots+a_{2n}x_n=0 \\ \cdots\cdots\cdots\cdots \\ a_{m1}x_1+a_{m2}x_2+\cdots+a_{mn}x_n=0 \end{cases}.$$

记

$$\boldsymbol{A}=\begin{pmatrix} a_{11} & a_{12} & \cdots & a_{1n} \\ a_{21} & a_{22} & \cdots & a_{2n} \\ \vdots & \vdots & & \vdots \\ a_{m1} & a_{m2} & \cdots & a_{mn} \end{pmatrix},\ \boldsymbol{x}=\begin{pmatrix} x_1 \\ x_2 \\ \vdots \\ x_n \end{pmatrix},\ \boldsymbol{0}=\begin{pmatrix} 0 \\ 0 \\ \vdots \\ 0 \end{pmatrix}.$$

我们把它简写成 $\boldsymbol{Ax}=\boldsymbol{0}$，其中的 $\boldsymbol{A}$ 称为**系数矩阵**，$\boldsymbol{x}$ 称为 n **维未知列向量**，$\boldsymbol{0}$ 称为 m **维零列向量**.

满足 $\boldsymbol{A\xi}=\boldsymbol{0}$ 的 n 维**列向量** $\boldsymbol{\xi}$ 称为 $\boldsymbol{Ax}=\boldsymbol{0}$ 的**解向量**(简称为**解**). $\boldsymbol{\xi}$ 是有 n 个分量的列向量.

定理 4.1.1　$\boldsymbol{Ax}=\boldsymbol{0}$ 的任意多个解的任意线性组合仍然是它的解.

证　设 $\boldsymbol{\xi}_1, \boldsymbol{\xi}_2, \cdots, \boldsymbol{\xi}_m$ 都是同一个齐次线性方程组 $\boldsymbol{Ax}=\boldsymbol{0}$ 的解，$k_1, k_2, \cdots, k_m$ 为任意实数，则一定有

$$\boldsymbol{A}(k_1\boldsymbol{\xi}_1+k_2\boldsymbol{\xi}_2+\cdots+k_m\boldsymbol{\xi}_m)=k_1\boldsymbol{A\xi}_1+k_2\boldsymbol{A\xi}_2+\cdots+k_m\boldsymbol{A\xi}_m=\boldsymbol{0}.$$ 证毕

定义 4.1.1　$\boldsymbol{Ax}=\boldsymbol{0}$ 的解的全体 $V=\{\boldsymbol{\xi}\mid \boldsymbol{A\xi}=\boldsymbol{0}\}$ 称为 $\boldsymbol{Ax}=\boldsymbol{0}$ 的**解空间**.

零向量一定是 $\boldsymbol{Ax}=\boldsymbol{0}$ 的解，称为**零解**. 分量不全为零的解称为**非零解**. 只要 $\boldsymbol{Ax}=\boldsymbol{0}$ 有非零解，那么根据定理 4.1.1 可知，$\boldsymbol{Ax}=\boldsymbol{0}$ 的解空间 V 中一定有无限多个向量，V 中一定有无穷多个极大无关组. 因为 V 中的向量都是 n 维向量，V 中的任意一个极大无关组中所含的向量个数是同一个有限数 $r=R(V)\leqslant n$. 我们定义解空间 V 的维数 $\dim V=r$.

定义 4.1.2　$\boldsymbol{Ax}=\boldsymbol{0}$ 的解空间 V 中的任意一个极大无关组 $\{\boldsymbol{\xi}_1, \boldsymbol{\xi}_2, \cdots, \boldsymbol{\xi}_s\}$ 都称为 $\boldsymbol{Ax}=\boldsymbol{0}$ 的**基础解系**.

当然，只有零解的 $\boldsymbol{Ax}=\boldsymbol{0}$ 没有基础解系. 有非零解的 $\boldsymbol{Ax}=\boldsymbol{0}$ 必有无穷多个基础解系，但是它们都是等价的线性无关组，因而一定有相同个数的向量. 那么，组成 $\boldsymbol{Ax}=\boldsymbol{0}$ 的基础解系中的解向量个数 s（也就是 $\boldsymbol{Ax}=\boldsymbol{0}$ 的解空间中线性无关向量最大个数，即 $\dim V=s$）如何确定呢？我们先看一个实例.

例 4.1.1　求出以下齐次线性方程组的基础解系：$\begin{cases}x_1+2x_2+3x_3=0\\2x_1+3x_2+5x_3=0\end{cases}$.

解　首先，它的系数矩阵 $\boldsymbol{A}=\begin{pmatrix}1&2&3\\2&3&5\end{pmatrix}$ 的秩为 $r=2$，而变量个数 $n=3$.

用消元法消去变量 x_1，容易求出 $x_2=-x_3$，再代入第一式可以求出 $x_1=-x_3$，这就是说，在三个变量中只有一个变量（例如可取 x_3）是可以任意取值的**自由变量**. 我们发现此齐次线性方程组的自由变量的个数恰好是 $n-r=3-2=1$. 齐次线性方程组的一般解为

$$\boldsymbol{\xi}=\begin{pmatrix}-x_3\\-x_3\\x_3\end{pmatrix}=x_3\begin{pmatrix}-1\\-1\\1\end{pmatrix}=k\boldsymbol{\xi}_1,\text{其中取 } x_3=k,$$

而这个特殊的解向量 $\boldsymbol{\xi}_1=\begin{pmatrix}-1\\-1\\1\end{pmatrix}$ 就构成它的基础解系. 因此，基础解系中向量个数为 $n-R(\boldsymbol{A})=1$.

说明　也可以用初等行变换求解：

$$A = \begin{pmatrix} 1 & 2 & 3 \\ 2 & 3 & 5 \end{pmatrix} \to \begin{pmatrix} 1 & 2 & 3 \\ 0 & -1 & -1 \end{pmatrix} \to \begin{pmatrix} 1 & 0 & 1 \\ 0 & 1 & 1 \end{pmatrix},$$

得出 $x_1 = x_2 = -x_3$.

一般地,我们不加证明地给出以下定理.

定理 4.1.2 设 $\boldsymbol{A}$ 是 $m \times n$ 矩阵, $R(\boldsymbol{A}) = r$, 则

(1) $\boldsymbol{Ax} = \boldsymbol{0}$ 的基础解系中的解向量个数为 $n-r$.

(2) $\boldsymbol{Ax} = \boldsymbol{0}$ 的任意 $n-r$ 个线性无关的解向量都是它的基础解系.

(3) 设$\{\boldsymbol{\xi}_1, \boldsymbol{\xi}_2, \cdots, \boldsymbol{\xi}_{n-r}\}$是 $\boldsymbol{Ax} = \boldsymbol{0}$ 的任意一个基础解系,则 $\boldsymbol{Ax} = \boldsymbol{0}$ 的**通解(一般解)**为

$$\boldsymbol{\xi} = k_1\boldsymbol{\xi}_1 + k_2\boldsymbol{\xi}_2 + \cdots + k_{n-r}\boldsymbol{\xi}_{n-r},$$

这里 $k_1, k_2, \cdots, k_{n-r}$为任意实数.

说明 (1) $\boldsymbol{Ax} = \boldsymbol{0}$ 的基础解系中向量个数为 $n - R(\boldsymbol{A})$,它就是 $\boldsymbol{Ax} = \boldsymbol{0}$ 的自由变量个数.

(2) 基础解系有三个“必须”:向量个数必须是 $n-r$,它们必须是 $\boldsymbol{Ax} = \boldsymbol{0}$ 的解而且必须是线性无关的. 这三个“要素”缺一不可!

(3) 既然 $\boldsymbol{Ax} = \boldsymbol{0}$ 的任意一个基础解系都是它的解空间 V 中的极大无关组,那么 $\boldsymbol{Ax} = \boldsymbol{0}$ 的任意一个解一定都可以表成构成基础解系的那些解向量的线性组合. 反之,构成基础解系的解向量的任意线性组合显然都是 $\boldsymbol{Ax} = \boldsymbol{0}$ 的解. 这就是通解的含义.

推论 (1)设 $\boldsymbol{A}$ 是 $m \times n$ 矩阵,则

$$\boldsymbol{Ax} = \boldsymbol{0} \text{ 只有零解} \Leftrightarrow R(\boldsymbol{A}) = n,$$

此时, $\boldsymbol{Ax} = \boldsymbol{0}$ 没有自由变量,因而也没有基础解系.

$$\boldsymbol{Ax} = \boldsymbol{0} \text{ 有非零解} \Leftrightarrow R(\boldsymbol{A}) < n,$$

此时, $\boldsymbol{Ax} = \boldsymbol{0}$ 有 $n-r$ 个自由变量,有无穷多个基础解系.

当 $m < n$ 时, $\boldsymbol{Ax} = \boldsymbol{0}$ 一定有非零解,因而一定有无穷多个基础解系.

(2) 当 $\boldsymbol{A}$ 是 n 阶方阵时,

$$\boldsymbol{Ax} = \boldsymbol{0} \text{ 有非零解} \Leftrightarrow |\boldsymbol{A}| = 0.$$
$$\boldsymbol{Ax} = \boldsymbol{0} \text{ 只有零解} \Leftrightarrow |\boldsymbol{A}| \neq 0.$$

证 (1) $\boldsymbol{Ax} = \boldsymbol{0}$ 只有零解当且仅当 $n - R(\boldsymbol{A}) = 0 \Leftrightarrow n = R(\boldsymbol{A})$;

$\boldsymbol{Ax} = \boldsymbol{0}$ 有非零解当且仅当 $n - R(\boldsymbol{A}) > 0 \Leftrightarrow R(\boldsymbol{A}) < n$.

当 $m < n$ 时,一定有 $R(\boldsymbol{A}) \leqslant \min\{m, n\} \leqslant m < n$, 此时 $\boldsymbol{Ax} = \boldsymbol{0}$ 一定有非零

解,因而一定有无穷多个基础解系.

(2) 因为 $\boldsymbol{A}$ 是 n 阶方阵,所以,$R(\boldsymbol{A})<n \Leftrightarrow |\boldsymbol{A}|=0$, $\boldsymbol{A}$ 是不可逆阵. 证毕

例 4.1.2 设 $\boldsymbol{\alpha}_1, \boldsymbol{\alpha}_2, \boldsymbol{\alpha}_3$ 是齐次线性方程组 $\boldsymbol{Ax}=\boldsymbol{0}$ 的基础解系,证明

$$\boldsymbol{\beta}_1=\boldsymbol{\alpha}_2+\boldsymbol{\alpha}_3, \boldsymbol{\beta}_2=\boldsymbol{\alpha}_1+\boldsymbol{\alpha}_3, \boldsymbol{\beta}_3=\boldsymbol{\alpha}_1+\boldsymbol{\alpha}_2$$

一定是 $\boldsymbol{Ax}=\boldsymbol{0}$ 的基础解系.

证 直接验证它们构成基础解系的三个"要素".

首先,既然 $\boldsymbol{\alpha}_1, \boldsymbol{\alpha}_2, \boldsymbol{\alpha}_3$ 是 $\boldsymbol{Ax}=\boldsymbol{0}$ 的基础解系,说明 $n-R(\boldsymbol{A})=3$, 而 $\boldsymbol{\beta}_1, \boldsymbol{\beta}_2, \boldsymbol{\beta}_3$ 的个数也为 3.

其次,显然有 $\boldsymbol{A\beta}_j=\boldsymbol{0}, j=1, 2, 3$. $\boldsymbol{\beta}_1, \boldsymbol{\beta}_2, \boldsymbol{\beta}_3$ 都是 $\boldsymbol{Ax}=\boldsymbol{0}$ 的解.

最后,根据已知条件建立矩阵等式

$$(\boldsymbol{\beta}_1, \boldsymbol{\beta}_2, \boldsymbol{\beta}_3)=(\boldsymbol{\alpha}_1, \boldsymbol{\alpha}_2, \boldsymbol{\alpha}_3)\begin{pmatrix}0&1&1\\1&0&1\\1&1&0\end{pmatrix},$$

记为 $\boldsymbol{B}=\boldsymbol{CP}$. 因为表出方阵 $\boldsymbol{P}$ 的行列式为 $2\neq 0$, $\boldsymbol{P}$ 是可逆阵,矩阵乘上可逆阵以后保持它的秩不变,所以,$R(\boldsymbol{B})=R(\boldsymbol{C})=3$, $\boldsymbol{\beta}_1, \boldsymbol{\beta}_2, \boldsymbol{\beta}_3$ 一定线性无关.

于是,$\boldsymbol{\beta}_1, \boldsymbol{\beta}_2, \boldsymbol{\beta}_3$ 是 $\boldsymbol{Ax}=\boldsymbol{0}$ 的基础解系. 证毕

说明 在一般情况下,通过矩阵等式,并用矩阵的秩的理论证明向量的线性无关性,显得直观简洁. 对于本题来说,也不难直接证明 $\boldsymbol{\beta}_1, \boldsymbol{\beta}_2, \boldsymbol{\beta}_3$ 的线性无关性. 设

$$k_1\boldsymbol{\beta}_1+k_2\boldsymbol{\beta}_2+k_3\boldsymbol{\beta}_3=\boldsymbol{0},$$

即

$$k_1(\boldsymbol{\alpha}_2+\boldsymbol{\alpha}_3)+k_2(\boldsymbol{\alpha}_1+\boldsymbol{\alpha}_3)+k_3(\boldsymbol{\alpha}_1+\boldsymbol{\alpha}_2)=\boldsymbol{0},$$

$$(k_2+k_3)\boldsymbol{\alpha}_1+(k_1+k_3)\boldsymbol{\alpha}_2+(k_1+k_2)\boldsymbol{\alpha}_3=\boldsymbol{0}.$$

因为 $\boldsymbol{\alpha}_1, \boldsymbol{\alpha}_2, \boldsymbol{\alpha}_3$ 线性无关,一定有

$$k_2+k_3=0, k_1+k_3=0, k_1+k_2=0,$$

再把它们相加得 $k_1+k_2+k_3=0$, 于是一定有 $k_1=k_2=k_3=0$, $\boldsymbol{\beta}_1, \boldsymbol{\beta}_2, \boldsymbol{\beta}_3$ 线性无关.

例 4.1.3 设 $\boldsymbol{\alpha}_1, \boldsymbol{\alpha}_2, \boldsymbol{\alpha}_3$ 是齐次线性方程组 $\boldsymbol{Ax}=\boldsymbol{0}$ 的基础解系,证明

$$\boldsymbol{\beta}_1=\boldsymbol{\alpha}_1+\boldsymbol{\alpha}_2, \boldsymbol{\beta}_2=\boldsymbol{\alpha}_1+3\boldsymbol{\alpha}_2+2\boldsymbol{\alpha}_3, \boldsymbol{\beta}_3=2\boldsymbol{\alpha}_1+\boldsymbol{\alpha}_2$$

一定是 $\boldsymbol{Ax}=\boldsymbol{0}$ 的基础解系.

证 根据已知条件可以写出矩阵等式：

$$(\boldsymbol{\beta}_1, \boldsymbol{\beta}_2, \boldsymbol{\beta}_3) = (\boldsymbol{\alpha}_1, \boldsymbol{\alpha}_2, \boldsymbol{\alpha}_3)\begin{pmatrix}1 & 1 & 2\\ 1 & 3 & 1\\ 0 & 2 & 0\end{pmatrix},$$

记为 $\boldsymbol{B}=\boldsymbol{CP}$. 因为表出方阵 $\boldsymbol{P}$ 是可逆阵，所以，$R(\boldsymbol{B})=R(\boldsymbol{C})=3$，$\boldsymbol{\beta}_1$，$\boldsymbol{\beta}_2$，$\boldsymbol{\beta}_3$ 一定线性无关. 显然有 $\boldsymbol{A\beta}_j=\boldsymbol{0}$，$j=1, 2, 3$. 所以，$\boldsymbol{Ax}=\boldsymbol{0}$ 的三个线性无关的解 $\boldsymbol{\beta}_1$，$\boldsymbol{\beta}_2$，$\boldsymbol{\beta}_3$ 一定是 $\boldsymbol{Ax}=\boldsymbol{0}$ 的基础解系. 证毕

二、齐次线性方程组 $\boldsymbol{Ax}=\boldsymbol{0}$ 的求通解方法

先把系数矩阵 $\boldsymbol{A}$ 只用初等行变换化成最简阶梯阵 $\boldsymbol{T}$. 因为 $\boldsymbol{T}=\boldsymbol{PA}$，$\boldsymbol{P}$ 为可逆阵，$\boldsymbol{Ax}=\boldsymbol{0}$ 与 $\boldsymbol{Tx}=\boldsymbol{0}$ 是同解的，所以只需要求出 $\boldsymbol{Tx}=\boldsymbol{0}$ 的通解.

在求齐次线性方程组的基础解系时，必须用到一个重要定理.

定理 4.1.3 考虑如下两个有相同向量个数的向量组，它们的前 n 个分量对应相同：

$$\boldsymbol{\alpha}_i=(a_{i1}, a_{i2}, \cdots, a_{in}),\ i=1, 2, \cdots, m,$$

$$\boldsymbol{\beta}_i=(a_{i1}, a_{i2}, \cdots, a_{in}\quad a_{i,n+1}),\ i=1, 2, \cdots, m.$$

如果 $\boldsymbol{\beta}_1$，$\boldsymbol{\beta}_2$，$\cdots$，$\boldsymbol{\beta}_m$ 为线性相关组，那么 $\boldsymbol{\alpha}_1$，$\boldsymbol{\alpha}_2$，$\cdots$，$\boldsymbol{\alpha}_m$ 一定为线性相关组.

证 因为 $\boldsymbol{\beta}_1$，$\boldsymbol{\beta}_2$，$\cdots$，$\boldsymbol{\beta}_m$ 为线性相关组，所以一定存在不全为零的数 k_1，k_2，$\cdots$，k_m，使得

$$k_1\boldsymbol{\beta}_1+k_2\boldsymbol{\beta}_2+\cdots+k_m\boldsymbol{\beta}_m=\boldsymbol{0}.$$

写出所有的分量就是

$$\begin{array}{l} \ \ k_1(a_{11}, a_{12}, \cdots, a_{1n}, a_{1,n+1}) \\ +k_2(a_{21}, a_{22}, \cdots, a_{2n}, a_{2,n+1}) \\ +\qquad\qquad \cdots\cdots\cdots\cdots \\ +k_m(a_{m1}, a_{m2}, \cdots, a_{mn}, a_{m,n+1}) \\ \hline =\quad (0,\ \ 0,\ \ \cdots,\ \ 0,\ \ 0) \end{array}$$

只要截取前 n 个分量（即截去最后一个分量）就可以得到

$$k_1\boldsymbol{\alpha}_1+k_2\boldsymbol{\alpha}_2+\cdots+k_m\boldsymbol{\alpha}_m=\boldsymbol{0}.$$

这就证明了 $\boldsymbol{\alpha}_1$，$\boldsymbol{\alpha}_2$，$\cdots$，$\boldsymbol{\alpha}_m$ 为线性相关组. 证毕

说明 (1) 我们称向量组 $\boldsymbol{\beta}_1, \boldsymbol{\beta}_2, \cdots, \boldsymbol{\beta}_m$ 是向量组 $\boldsymbol{\alpha}_1, \boldsymbol{\alpha}_2, \cdots, \boldsymbol{\alpha}_m$ 的"**接长**"向量组,向量组 $\boldsymbol{\alpha}_1, \boldsymbol{\alpha}_2, \cdots, \boldsymbol{\alpha}_m$ 是向量组 $\boldsymbol{\beta}_1, \boldsymbol{\beta}_2, \cdots, \boldsymbol{\beta}_m$ 的"**截短**"向量组. 我们常把这个定理简述为"**相关组的截短向量组必为相关组**",它的等价说法是"**无关组的接长向量组必为无关组**". 这是一个特别有用的结论.

(2) 接长或截短必须在相应分量上进行,但未必限于首、尾分量,可以在任意相应分量上进行接长或截短,而且增减分量个数也可多于一个.

*(3) 在定理 3.3.3 是说"**相关组的扩充向量组必为相关组**",它的等价说法是"**无关组的子向量组必为无关组**".

这两个定理所说的是毫无关系的两回事:

向量组的扩充或子组是指向量维数(即向量中分量个数)不变,仅是向量个数增减;

向量组的接长或截短是指向量个数不变,仅是向量维数增减.

*(4) 定理3.3.3和上述定理4.1.3,它们的逆定理都不成立,即无关组的扩充或截短未必为无关组,相关组的接长或子组未必为相关组. 例如

$\boldsymbol{A}=\{(1, 0), (0, 1), (0, 0)\}$ 是线性相关组;

$\boldsymbol{B}=\{(1, 0), (0, 1)\}$ 是线性无关组;

$\boldsymbol{C}=\{(1, 0, 0), (0, 1, 0), (0, 0, 1)\}$ 是线性无关组.

这里, $\boldsymbol{B}$ 是 $\boldsymbol{A}$ 的子组, $\boldsymbol{A}$ 是 $\boldsymbol{B}$ 的扩充. $\boldsymbol{C}$ 是 $\boldsymbol{A}$ 的接长, $\boldsymbol{A}$ 是 $\boldsymbol{C}$ 的截短.

例 4.1.4 证明 $\boldsymbol{\xi}_1=\begin{pmatrix}3\\1\\0\\0\end{pmatrix}, \boldsymbol{\xi}_2=\begin{pmatrix}4\\0\\1\\0\end{pmatrix}, \boldsymbol{\xi}_3=\begin{pmatrix}5\\0\\0\\1\end{pmatrix}$ 一定是线性无关组.

证 因为 $\boldsymbol{\varepsilon}_1=\begin{pmatrix}1\\0\\0\end{pmatrix}, \boldsymbol{\varepsilon}_2=\begin{pmatrix}0\\1\\0\end{pmatrix}, \boldsymbol{\varepsilon}_3=\begin{pmatrix}0\\0\\1\end{pmatrix}$ 是线性无关组,所以它的接长向量组 $\boldsymbol{\xi}_1, \boldsymbol{\xi}_2, \boldsymbol{\xi}_3$ 一定是线性无关组. 证毕

注 同理, $\boldsymbol{\xi}_1=\begin{pmatrix}1\\3\\0\\0\end{pmatrix}, \boldsymbol{\xi}_2=\begin{pmatrix}0\\4\\1\\0\end{pmatrix}, \boldsymbol{\xi}_3=\begin{pmatrix}0\\5\\0\\1\end{pmatrix}$ 也是线性无关组.

例 4.1.5 求 $\begin{cases}2x_1+x_2-2x_3+3x_4=0\\3x_1+2x_2-x_3+2x_4=0\\x_1+x_2+x_3-x_4=0\end{cases}$ 的通解.

解 在习惯上可以先调整方程次序使得系数矩阵左上角的元素为 1，然后再只用初等行变换化成最简阶梯阵.

$$A=\begin{pmatrix}1&1&1&-1\\2&1&-2&3\\3&2&-1&2\end{pmatrix}\to\begin{pmatrix}1&1&1&-1\\0&-1&-4&5\\0&-1&-4&5\end{pmatrix}\to\begin{pmatrix}1&0&-3&4\\0&-1&-4&5\\0&0&0&0\end{pmatrix}=T.$$

取 x_3 和 x_4 为两个自由变量，把含 x_3 和 x_4 的项移到等号右边时需改号.

根据阶梯阵 T，可以写出原方程组的同解方程组

$$\begin{cases}x_1=3x_3-4x_4\\x_2=-4x_3+5x_4\end{cases}.$$

依次取自由变量的值

$$x_3=1,\ x_4=0 \quad 和 \quad x_3=0,\ x_4=1,$$

代入同解方程组就可以求出两个线性无关的解：

$$\xi_1=\begin{pmatrix}3\\-4\\1\\0\end{pmatrix},\ \xi_2=\begin{pmatrix}-4\\5\\0\\1\end{pmatrix},$$

它们就是方程组的基础解系. 因此，所求通解为

$$\xi=k_1\xi_1+k_2\xi_2,$$

这里 k_1 和 k_2 是任意实数.

说明 (1) 因为 $\begin{pmatrix}1\\0\end{pmatrix}$, $\begin{pmatrix}0\\1\end{pmatrix}$ 是线性无关组，所以它们的接长向量组 ξ_1 和 ξ_2 一定是线性无关组，于是这 $n-r=4-2=2$ 个线性无关的解一定是方程组的基础解系.

(2) 当用初等行变换把系数矩阵 A 化成阶梯阵 T 时，T 中非零行的行数 $2=R(A)$ 就是方程组中独立方程的个数，被化成零行的行数就是方程中多余方程的个数.

为了不改变变量的下标，在化成阶梯阵的过程中，不宜而且也不必作初等列变换.

例 4.1.6 求 $\begin{cases}x_1+x_2-x_3+2x_4+x_5=0\\x_3+3x_4-x_5=0\\2x_3+x_4-2x_5=0\end{cases}$ 的通解.

解 $$A=\begin{pmatrix}1&1&-1&2&1\\0&0&1&3&-1\\0&0&2&1&-2\end{pmatrix}\to\begin{pmatrix}1&1&0&5&0\\0&0&1&3&-1\\0&0&0&-5&0\end{pmatrix}$$

$$\to\begin{pmatrix}1&1&0&5&0\\0&0&1&3&-1\\0&0&0&1&0\end{pmatrix}\to\begin{pmatrix}1&1&0&0&0\\0&0&1&0&-1\\0&0&0&1&0\end{pmatrix}=\boldsymbol{T}.$$

求出同解方程组为

$$\begin{cases}x_1+x_2=0\\x_3-x_5=0\\x_4=0\end{cases}\text{即}\begin{cases}x_1=-x_2\\x_3=x_5\\x_4=0\end{cases}.$$

分别取 $x_2=1$，$x_5=0$ 和 $x_2=0$，$x_5=1$ 代入同解方程组，可以求出基础解系

$$\boldsymbol{\xi}_1=\begin{pmatrix}-1\\1\\0\\0\\0\end{pmatrix},\ \boldsymbol{\xi}_2=\begin{pmatrix}0\\0\\1\\0\\1\end{pmatrix},$$

所求通解为 $\boldsymbol{\xi}=k_1\boldsymbol{\xi}_1+k_2\boldsymbol{\xi}_2$，这里 k_1 和 k_2 是任意实数.

定理 4.1.4 同解的齐次线性方程组的系数矩阵一定有相同的秩.

证 设 $\boldsymbol{Ax}=\mathbf{0}$ 与 $\boldsymbol{Bx}=\mathbf{0}$ 是两个同解的齐次线性方程组，则一定有相同的基础解系，其中所含的解向量个数一定相同，即得

$$n-R(\boldsymbol{A})=n-R(\boldsymbol{B}),\ R(\boldsymbol{A})=R(\boldsymbol{B}).$$

证毕

注 当 $R(\boldsymbol{A})=R(\boldsymbol{B})$ 时，$\boldsymbol{Ax}=\mathbf{0}$ 与 $\boldsymbol{Bx}=\mathbf{0}$ 未必是两个同解的齐次线性方程组.

习题 4.1

1. 设 $\boldsymbol{\alpha}_1$，$\boldsymbol{\alpha}_2$ 是 $\boldsymbol{Ax}=\mathbf{0}$ 的基础解系，问 $\boldsymbol{\alpha}_1+\boldsymbol{\alpha}_2$，$2\boldsymbol{\alpha}_1-\boldsymbol{\alpha}_2$ 是不是它的基础解系？

2. 设 $\boldsymbol{\alpha}_1$，$\boldsymbol{\alpha}_2$，$\boldsymbol{\alpha}_3$ 是 $\boldsymbol{Ax}=\mathbf{0}$ 的基础解系，问以下向量组是不是它的基础解系？

(1) $\boldsymbol{\alpha}_1$，$\boldsymbol{\alpha}_1-\boldsymbol{\alpha}_2$，$\boldsymbol{\alpha}_1-\boldsymbol{\alpha}_2-\boldsymbol{\alpha}_3$； (2) $\boldsymbol{\alpha}_1-\boldsymbol{\alpha}_2$，$\boldsymbol{\alpha}_2-\boldsymbol{\alpha}_3$，$\boldsymbol{\alpha}_3-\boldsymbol{\alpha}_1$.

3. 求出以下齐次线性方程组的通解：

(1) $\begin{cases} x_1 + 2x_2 + 3x_3 = 0 \\ 2x_1 + 5x_2 + 3x_3 = 0 \\ x_1 + 8x_3 = 0 \end{cases}$； (2) $\begin{cases} x + 2y - z - w = 0 \\ x + 2y + w = 0 \\ -x - 2y + 2z + 4w = 0 \end{cases}$；

(3) $\begin{cases} x + y + z + w = 0 \\ 2x + 3y + z + w = 0 \\ 2x + y - z = 0 \\ x + y - z + 2w = 0 \end{cases}$； (4) $\begin{cases} x_1 + 6x_2 - x_3 - 4x_4 = 0 \\ -2x_1 - 12x_2 + 5x_3 + 17x_4 = 0 \\ 3x_1 + 18x_2 - x_3 - 6x_4 = 0 \end{cases}$；

(5) $\begin{cases} x_1 + 2x_2 + 3x_3 - x_4 = 0 \\ 2x_1 + 4x_2 + 5x_3 - 3x_4 - x_5 = 0 \\ -x_1 - 2x_2 - 3x_3 + 3x_4 + 4x_5 = 0 \end{cases}$.

4. 当参数 a 为何值时，以下齐次线性方程组有非零解？若有非零解，则求出其通解.

(1) $\begin{cases} 2x_1 - x_2 + 3x_3 = 0 \\ x_1 - 3x_2 + 4x_3 = 0 \\ -x_1 + 2x_2 + ax_3 = 0 \end{cases}$； (2) $\begin{cases} x_1 + 2x_2 + 3x_3 = 0 \\ 2x_1 + ax_2 + 3x_3 = 0 \\ x_1 + 9x_3 = 0 \end{cases}$.

§4.2 非齐次线性方程组

一、定义

非齐次线性方程组的一般形式为

$$\begin{cases} a_{11}x_1 + a_{12}x_2 + \cdots + a_{1n}x_n = b_1 \\ a_{21}x_1 + a_{22}x_2 + \cdots + a_{2n}x_n = b_2 \\ \cdots\cdots\cdots\cdots \\ a_{m1}x_1 + a_{m2}x_2 + \cdots + a_{mn}x_n = b_m \end{cases}.$$

记
$$A = \begin{pmatrix} a_{11} & a_{12} & \cdots & a_{1n} \\ a_{21} & a_{22} & \cdots & a_{2n} \\ \vdots & \vdots & & \vdots \\ a_{m1} & a_{m2} & \cdots & a_{mn} \end{pmatrix}, x = \begin{pmatrix} x_1 \\ x_2 \\ \vdots \\ x_n \end{pmatrix}, b = \begin{pmatrix} b_1 \\ b_2 \\ \vdots \\ b_m \end{pmatrix}.$$

我们把它简写成 $\boldsymbol{Ax} = \boldsymbol{b}$. 称 $\boldsymbol{A}$ 为系数矩阵，$\boldsymbol{x}$ 为 n 维未知列向量，$\boldsymbol{b}$ 为 m 维右端常

列向量. 把分块矩阵$(\boldsymbol{A} \vdots \boldsymbol{b})$称为**增广矩阵**,它是$m\times(n+1)$矩阵. 有时,就用$(\boldsymbol{A} \vdots \boldsymbol{b})$代表非齐次线性方程组$\boldsymbol{Ax}=\boldsymbol{b}$,因为它们是互相唯一确定的.

因为齐次线性方程组一定有零解,所以讨论的是它满足什么条件时有非零解? 而非齐次线性方程组不一定有解,所以首先要讨论的是它满足什么条件时有解? 在确定它有解以后,再讨论它满足什么条件时有唯一解? 满足什么条件时有无穷多个解?

为了应用在第 3 章中所述的向量理论,我们把$\boldsymbol{A}$写成列向量表示法:

$$\boldsymbol{A}=(\boldsymbol{\beta}_1, \boldsymbol{\beta}_2, \cdots, \boldsymbol{\beta}_n),$$

则$\boldsymbol{Ax}=\boldsymbol{b}$可以写成列向量的线性组合形式:

$$x_1\boldsymbol{\beta}_1+x_2\boldsymbol{\beta}_2+\cdots+x_n\boldsymbol{\beta}_n=\boldsymbol{b}.$$

据此可以得到非齐次线性方程组有解的充分必要条件.

定理 4.2.1 $\boldsymbol{Ax}=\boldsymbol{b}$有解

$\Leftrightarrow\boldsymbol{b}$是$\boldsymbol{A}$的列向量组$\boldsymbol{\beta}_1, \boldsymbol{\beta}_2, \cdots, \boldsymbol{\beta}_n$的线性组合

$\Leftrightarrow$列向量组$\boldsymbol{S}_1=\{\boldsymbol{\beta}_1, \boldsymbol{\beta}_2, \cdots, \boldsymbol{\beta}_n, \boldsymbol{b}\}$与$\boldsymbol{S}_2=\{\boldsymbol{\beta}_1, \boldsymbol{\beta}_2, \cdots, \boldsymbol{\beta}_n\}$等价

$\Leftrightarrow R(\boldsymbol{A} \vdots \boldsymbol{b})=R(\boldsymbol{A})$.

***证** (1) $\boldsymbol{Ax}=\boldsymbol{b}$有解是说可以求出常数$k_1, k_2, \cdots, k_n$满足

$$\boldsymbol{b}=k_1\boldsymbol{\beta}_1+k_2\boldsymbol{\beta}_2+\cdots+k_n\boldsymbol{\beta}_n,$$

这也就是说$\boldsymbol{b}$是$\boldsymbol{A}$的列向量组$\boldsymbol{\beta}_1, \boldsymbol{\beta}_2, \cdots, \boldsymbol{\beta}_n$的线性组合.

(2) 当$\boldsymbol{b}$是$\boldsymbol{A}$的列向量组$\boldsymbol{\beta}_1, \boldsymbol{\beta}_2, \cdots, \boldsymbol{\beta}_n$的线性组合时,$\boldsymbol{S}_1$可以用$\boldsymbol{S}_2$线性表出. 再根据$\boldsymbol{S}_2\subset\boldsymbol{S}_1$可知$\boldsymbol{S}_2$可以用$\boldsymbol{S}_1$线性表出,所以$\boldsymbol{S}_1\sim\boldsymbol{S}_2$. 反之,当$\boldsymbol{S}_1\sim\boldsymbol{S}_2$时,$\boldsymbol{b}$当然是$\boldsymbol{A}$的列向量组$\boldsymbol{\beta}_1, \boldsymbol{\beta}_2, \cdots, \boldsymbol{\beta}_n$的线性组合.

(3) 因为等价的向量组$\boldsymbol{S}_1$与$\boldsymbol{S}_2$一定同秩,所以一定有$R(\boldsymbol{A} \vdots \boldsymbol{b})=R(\boldsymbol{A})$. 反之,当$R(\boldsymbol{A} \vdots \boldsymbol{b})=R(\boldsymbol{A})$时,$\boldsymbol{S}_1$与$\boldsymbol{S}_2$中极大无关组内所含的向量个数是相等的,这说明$\boldsymbol{S}_2$的极大无关组$\boldsymbol{S}_0$一定也是$\boldsymbol{S}_1$的极大无关组,所以$\boldsymbol{b}$一定可以用$\boldsymbol{S}_0$线性表出,因而$\boldsymbol{S}_1$可以用$\boldsymbol{S}_2$线性表出. 由$\boldsymbol{S}_2\subset\boldsymbol{S}_1$可知$\boldsymbol{S}_2$可用$\boldsymbol{S}_1$线性表出. 于是$\boldsymbol{S}_1$与$\boldsymbol{S}_2$等价. 证毕

因为增广矩阵$(\boldsymbol{A} \vdots \boldsymbol{b})$只是在$\boldsymbol{A}$的右边添加一个列向量$\boldsymbol{b}$,所以,只有以下两种可能性:

当$R(\boldsymbol{A} \vdots \boldsymbol{b})=R(\boldsymbol{A})$时,$\boldsymbol{Ax}=\boldsymbol{b}$一定有解;

当$R(\boldsymbol{A} \vdots \boldsymbol{b})=R(\boldsymbol{A})+1$时,$\boldsymbol{Ax}=\boldsymbol{b}$一定无解.

二、非齐次线性方程组 $\boldsymbol{A}\boldsymbol{x}=\boldsymbol{b}$ 的解的结构

要特别提请注意的是，当 $\boldsymbol{b}\neq\boldsymbol{0}$ 时，$\boldsymbol{A}\boldsymbol{x}=\boldsymbol{b}$ 的解的线性组合不再是它的解了.

当 $\boldsymbol{A}\boldsymbol{\eta}_1=\boldsymbol{b}$，$\boldsymbol{A}\boldsymbol{\eta}_2=\boldsymbol{b}$ 时，

$$\boldsymbol{A}(k\boldsymbol{\eta}_1+l\boldsymbol{\eta}_2)=(k+l)\boldsymbol{b}=\boldsymbol{b}\Leftrightarrow k+l=1,$$

所以，非齐次线性方程组 $\boldsymbol{A}\boldsymbol{x}=\boldsymbol{b}$ 根本不存在解空间和基础解系.

再注意到以下事实：对于任意一个非齐次线性方程组 $\boldsymbol{A}\boldsymbol{x}=\boldsymbol{b}$，一定对应有一个齐次线性方程组 $\boldsymbol{A}\boldsymbol{x}=\boldsymbol{0}$，它们有相同的系数矩阵. 称 $\boldsymbol{A}\boldsymbol{x}=\boldsymbol{0}$ 为 $\boldsymbol{A}\boldsymbol{x}=\boldsymbol{b}$ 的**相伴方程组**（又称为**导出方程组**）. 于是在 $\boldsymbol{A}\boldsymbol{x}=\boldsymbol{0}$ 与 $\boldsymbol{A}\boldsymbol{x}=\boldsymbol{b}$ 之间架设了一座桥梁，据此，就可借助于 $\boldsymbol{A}\boldsymbol{x}=\boldsymbol{0}$ 的基础解系求出 $\boldsymbol{A}\boldsymbol{x}=\boldsymbol{b}$ 的通解.

任取 $\boldsymbol{A}\boldsymbol{x}=\boldsymbol{b}$ 的两个解 $\boldsymbol{\eta}$ 和 $\boldsymbol{\eta}^*$. 令 $\boldsymbol{\xi}=\boldsymbol{\eta}-\boldsymbol{\eta}^*$，则由 $\boldsymbol{A}\boldsymbol{\eta}=\boldsymbol{b}$ 和 $\boldsymbol{A}\boldsymbol{\eta}^*=\boldsymbol{b}$ 可知一定有

$$\boldsymbol{A}\boldsymbol{\xi}=\boldsymbol{A}(\boldsymbol{\eta}-\boldsymbol{\eta}^*)=\boldsymbol{b}-\boldsymbol{b}=\boldsymbol{0},$$

这说明 $\boldsymbol{A}\boldsymbol{x}=\boldsymbol{b}$ 的任意两个解的差一定是 $\boldsymbol{A}\boldsymbol{x}=\boldsymbol{0}$ 的解. 于是由 $\boldsymbol{\eta}=\boldsymbol{\eta}^*+\boldsymbol{\xi}$ 可知 $\boldsymbol{A}\boldsymbol{x}=\boldsymbol{b}$ 的任意一个解 $\boldsymbol{\eta}$ 一定可以表为 $\boldsymbol{A}\boldsymbol{x}=\boldsymbol{b}$ 的任意一个特解 $\boldsymbol{\eta}^*$ 和其相伴方程组 $\boldsymbol{A}\boldsymbol{x}=\boldsymbol{0}$ 的某个解 $\boldsymbol{\xi}$ 之和，而这个 $\boldsymbol{\xi}$ 一定可以表成 $\boldsymbol{A}\boldsymbol{x}=\boldsymbol{0}$ 的任意一个基础解系的线性组合.

据此可以得到 $\boldsymbol{A}\boldsymbol{x}=\boldsymbol{b}$ 的**解的结构定理**.

定理 4.2.2 设 $\boldsymbol{A}$ 是 $m\times n$ 矩阵，且 $R(\boldsymbol{A}\,\vdots\,\boldsymbol{b})=R(\boldsymbol{A})=r$，则 $\boldsymbol{A}\boldsymbol{x}=\boldsymbol{b}$ 的**通解（一般解）**为

$$\boldsymbol{\eta}=\boldsymbol{\eta}^*+k_1\boldsymbol{\xi}_1+k_2\boldsymbol{\xi}_2+\cdots+k_{n-r}\boldsymbol{\xi}_{n-r},\ k_1,\ k_2,\ \cdots,\ k_{n-r}\ \text{为任意实数},$$

其中，$\boldsymbol{\eta}^*$ 为 $\boldsymbol{A}\boldsymbol{x}=\boldsymbol{b}$ 的任意一个**特解**，$\{\boldsymbol{\xi}_1,\ \boldsymbol{\xi}_2,\ \cdots,\ \boldsymbol{\xi}_{n-r}\}$ 为 $\boldsymbol{A}\boldsymbol{x}=\boldsymbol{0}$ 的任意一个基础解系.

定理 4.2.3 (1) 设 $\boldsymbol{A}$ 是 $m\times n$ 矩阵，而且 $R(\boldsymbol{A}\,\vdots\,\boldsymbol{b})=R(\boldsymbol{A})=r$，则

当 $r=n$ 时，$\boldsymbol{A}\boldsymbol{x}=\boldsymbol{b}$ 有唯一解；

当 $r<n$ 时，$\boldsymbol{A}\boldsymbol{x}=\boldsymbol{b}$ 有无穷多解.

因此，当 $R(\boldsymbol{A}\,\vdots\,\boldsymbol{b})=R(\boldsymbol{A})$ 时，

$$\boldsymbol{A}\boldsymbol{x}=\boldsymbol{b}\ \text{的解是唯一的}\Leftrightarrow R(\boldsymbol{A})=n.$$

(2) 设 $\boldsymbol{A}$ 是 n 阶方阵，则

当 $|\boldsymbol{A}|\neq 0$ 时，$\boldsymbol{A}$ 为可逆阵，故 $\boldsymbol{A}\boldsymbol{x}=\boldsymbol{b}$ 一定有唯一解 $\boldsymbol{x}=\boldsymbol{A}^{-1}\boldsymbol{b}$.

当 $|\boldsymbol{A}|=0$ 时，即 $R(\boldsymbol{A})<n$ 时，如果 $R(\boldsymbol{A}\,\vdots\,\boldsymbol{b})=R(\boldsymbol{A})$，则 $\boldsymbol{A}\boldsymbol{x}=\boldsymbol{b}$ 有无穷多个解；如果 $R(\boldsymbol{A}\,\vdots\,\boldsymbol{b})=R(\boldsymbol{A})+1$，则 $\boldsymbol{A}\boldsymbol{x}=\boldsymbol{b}$ 无解.

因此，当 $\mathbf{A}$ 是 n 阶方阵时，

$$\mathbf{A}\boldsymbol{x}=\boldsymbol{b}\text{ 有解且其解是唯一的} \Leftrightarrow |\mathbf{A}|\neq 0.$$

证 (1) 因为 $R(\mathbf{A}\vdots\boldsymbol{b})=R(\mathbf{A})$，所以，$\mathbf{A}\boldsymbol{x}=\boldsymbol{b}$ 一定有解. 如果 $\mathbf{A}\boldsymbol{\eta}_1=\mathbf{A}\boldsymbol{\eta}_2=\boldsymbol{b}$，则 $\mathbf{A}(\boldsymbol{\eta}_1-\boldsymbol{\eta}_2)=\mathbf{0}$，这说明 $\boldsymbol{\xi}=\boldsymbol{\eta}_1-\boldsymbol{\eta}_2$ 为 $\mathbf{A}\boldsymbol{x}=\mathbf{0}$ 的解. 当 $r=n$ 时，由 $R(\mathbf{A})=r=n$ 可知 $\mathbf{A}\boldsymbol{x}=\mathbf{0}$ 没有自由变量，它只有零解，所以，一定有 $\boldsymbol{\eta}_1=\boldsymbol{\eta}_2$. 这就证明了当 $r=n$ 时，$\mathbf{A}\boldsymbol{x}=\boldsymbol{b}$ 有唯一解.

当 $r<n$ 时，$\mathbf{A}\boldsymbol{x}=\mathbf{0}$ 有基础解系，当然 $\mathbf{A}\boldsymbol{x}=\boldsymbol{b}$ 有无穷多解.

(2) 结论显然正确. 证毕

说明 要注意 $\mathbf{A}\boldsymbol{x}=\boldsymbol{b}$ 不一定有解. 正确的结论如下：

当 $R(\mathbf{A})=n$ 时，$\mathbf{A}\boldsymbol{x}=\boldsymbol{b}$ 或者无解，或者有唯一解；

当 $R(\mathbf{A})<n$ 时，$\mathbf{A}\boldsymbol{x}=\boldsymbol{b}$ 或者无解，或者有无穷多个解.

三、非齐次线性方程组 $\mathbf{A}\boldsymbol{x}=\boldsymbol{b}$ 的求通解方法

设 $\mathbf{A}$ 是 $m\times n$ 矩阵，把增广矩阵 $(\mathbf{A}\vdots\boldsymbol{b})$ 只用初等行变换化成阶梯阵 $(\boldsymbol{T}\vdots\boldsymbol{d})$，则 $\mathbf{A}\boldsymbol{x}=\boldsymbol{b}$ 与 $\boldsymbol{T}\boldsymbol{x}=\boldsymbol{d}$ 是同解的方程组.

例 4.2.1 求 $\begin{cases} x_1+2x_2-x_3+3x_4+x_5=2 \\ 2x_1+4x_2-2x_3+6x_4+3x_5=6 \\ -x_1-2x_2+x_3-x_4+3x_5=4 \end{cases}$ 的通解.

解

$$(\mathbf{A}\vdots\boldsymbol{b})=\left(\begin{array}{ccccc|c} 1 & 2 & -1 & 3 & 1 & 2 \\ -1 & -2 & 1 & -1 & 3 & 4 \\ 2 & 4 & -2 & 6 & 3 & 6 \end{array}\right)\rightarrow\left(\begin{array}{ccccc|c} 1 & 2 & -1 & 3 & 1 & 2 \\ 0 & 0 & 0 & 2 & 4 & 6 \\ 0 & 0 & 0 & 0 & 1 & 2 \end{array}\right)$$

$$\rightarrow\left(\begin{array}{ccccc|c} 1 & 2 & -1 & 0 & -5 & -7 \\ 0 & 0 & 0 & 1 & 2 & 3 \\ 0 & 0 & 0 & 0 & 1 & 2 \end{array}\right)\rightarrow\left(\begin{array}{ccccc|c} 1 & 2 & -1 & 0 & 0 & 3 \\ 0 & 0 & 0 & 1 & 0 & -1 \\ 0 & 0 & 0 & 0 & 1 & 2 \end{array}\right)=(\boldsymbol{T}\quad\boldsymbol{d}).$$

同解方程组为 $\begin{cases} x_1=3-2x_2+x_3 \\ x_4=-1 \\ x_5=2 \end{cases}$.

常可取自由变量 $x_2=x_3=0$，可以得到一个特解

$$\boldsymbol{\eta}^*=\begin{pmatrix} 3 \\ 0 \\ 0 \\ -1 \\ 2 \end{pmatrix}.$$

相伴方程组为 $\begin{cases} x_1 = -2x_2 + x_3, \\ x_4 = 0, \\ x_5 = 0, \end{cases}$ 可以取基础解系

$$\boldsymbol{\xi}_1 = \begin{pmatrix} -2 \\ 1 \\ 0 \\ 0 \\ 0 \end{pmatrix}, \boldsymbol{\xi}_2 = \begin{pmatrix} 1 \\ 0 \\ 1 \\ 0 \\ 0 \end{pmatrix}.$$

于是求得原方程组的通解 $\boldsymbol{\eta} = \boldsymbol{\eta}^* + k_1\boldsymbol{\xi}_1 + k_2\boldsymbol{\xi}_2$，其中 k_1，k_2 为任意实数.

说明 根据阶梯阵$(\boldsymbol{T} \vdots \boldsymbol{d})$列出相伴方程组时，一定要把右端列向量取成零向量以后才可以求基础解系，也就是说不可以从同解方程组 $\boldsymbol{Tx}=\boldsymbol{d}$ 中求基础解系.

例 4.2.2 证明线性方程组 $\begin{cases} x_1 - x_2 = a_1 \\ x_2 - x_3 = a_2 \\ x_3 - x_4 = a_3 \\ x_4 - x_5 = a_4 \\ -x_1 + x_5 = a_5 \end{cases}$ 有解$\Leftrightarrow \sum\limits_{i=1}^{5} a_i = 0$.

证 把增广矩阵的前四行都加到第五行上去即得

$$\left(\begin{array}{ccccc:c} 1 & -1 & & & & a_1 \\ & 1 & -1 & & & a_2 \\ & & 1 & -1 & & a_3 \\ & & & 1 & -1 & a_4 \\ -1 & & & & 1 & a_5 \end{array}\right) \to \left(\begin{array}{ccccc:c} 1 & -1 & & & & a_1 \\ & 1 & -1 & & & a_2 \\ & & 1 & -1 & & a_3 \\ & & & 1 & -1 & a_4 \\ 0 & 0 & 0 & 0 & 0 & \sum\limits_{i=1}^{5} a_i \end{array}\right).$$

于是证得线性方程组有解$\Leftrightarrow \sum\limits_{i=1}^{5} a_i = 0$. 证毕

说明 当 $\sum\limits_{i=1}^{5} a_i \neq 0$ 时，最后一个方程是矛盾方程，它也说明增广矩阵的秩大于系数矩阵的秩，所以线性方程组无解.

例 4.2.3 下列向量 $\boldsymbol{\beta}$ 能否表成 $\boldsymbol{\alpha}_1$，$\boldsymbol{\alpha}_2$，$\boldsymbol{\alpha}_3$ 的线性组合？

(1) $\boldsymbol{\beta} = (2, 7, 13)$，$\boldsymbol{\alpha}_1 = (1, 2, 3)$，$\boldsymbol{\alpha}_2 = (-1, 2, 4)$，$\boldsymbol{\alpha}_3 = (1, 6, 10)$；

(2) $\boldsymbol{\beta} = (0, 10, 8)$，$\boldsymbol{\alpha}_1 = (-1, 2, 3)$，$\boldsymbol{\alpha}_2 = (1, 3, 1)$，$\boldsymbol{\alpha}_3 = (1, 8, 5)$.

解 求解非齐次线性方程组 $x_1\boldsymbol{\alpha}_1' + x_2\boldsymbol{\alpha}_2' + x_3\boldsymbol{\alpha}_3' = \boldsymbol{\beta}'$.

(1) 用初等行变换把增广矩阵化简：

$$\left(\begin{array}{ccc|c}1&-1&1&2\\2&2&6&7\\3&4&10&13\end{array}\right)\to\left(\begin{array}{ccc|c}1&-1&1&2\\0&4&4&3\\0&7&7&7\end{array}\right)\to\left(\begin{array}{ccc|c}1&-1&1&2\\0&4&4&3\\0&1&1&1\end{array}\right)\to\left(\begin{array}{ccc|c}1&-1&1&2\\0&0&0&-1\\0&1&1&1\end{array}\right).$$

由于第二个是矛盾方程(即 $R(\boldsymbol{A}\,\vdots\,\boldsymbol{b})=3>R(\boldsymbol{A})=2$)，因此 $\boldsymbol{\beta}$ 不能表成 $\boldsymbol{\alpha}_1$，$\boldsymbol{\alpha}_2$，$\boldsymbol{\alpha}_3$ 的线性组合.

(2) $$\left(\begin{array}{ccc|c}-1&1&1&0\\2&3&8&10\\3&1&5&8\end{array}\right)\to\left(\begin{array}{ccc|c}-1&1&1&0\\0&5&10&10\\0&4&8&8\end{array}\right)\to\left(\begin{array}{ccc|c}-1&1&1&0\\0&1&2&2\\0&1&2&2\end{array}\right)$$

$$\to\left(\begin{array}{ccc|c}-1&0&-1&-2\\0&1&2&2\\0&0&0&0\end{array}\right).$$

同解方程组为

$$\begin{cases}x_1=2-x_3\\x_2=2-2x_3\end{cases}.$$

它有一个自由变量. 这说明 $\boldsymbol{\beta}$ 表成 $\boldsymbol{\alpha}_1$，$\boldsymbol{\alpha}_2$，$\boldsymbol{\alpha}_3$ 的线性组合的表出式有无穷多个：

$$\boldsymbol{\beta}=(2-k)\boldsymbol{\alpha}_1+(2-2k)\boldsymbol{\alpha}_2+k\boldsymbol{\alpha}_3,\ k \text{ 为任意实数}.$$

习题 4.2

1. 以下非齐次线性方程组是否有解？若有解，求出其通解.

(1) $\begin{cases}x_1+2x_2-3x_3+4x_4=0\\ \quad 2x_1-3x_2+x_3=0\\ x_1+9x_2-10x_3+12x_4=11\end{cases}$；

(2) $\begin{cases}x_1+2x_2-x_3-x_4=0\\ x_1+2x_2+x_4=4\\ -x_1-2x_2+2x_3+4x_4=5\end{cases}$；

(3) $\begin{cases}x_2+2x_3=7\\ x_1-2x_2-6x_3=-18\\ x_1-x_2-2x_3=-5\\ 2x_1-5x_2-15x_3=-46\end{cases}$；

(4) $\begin{cases}x_1+x_2+x_3+x_4+x_5=7\\ 3x_1+2x_2+x_3+x_4-3x_5=-2\\ x_2+2x_3+2x_4+6x_5=23\\ 5x_1+4x_2-3x_3+3x_4-x_5=12\end{cases}$.

2. 当参数 a 为何值时，线性方程组 $\begin{cases}x_1+x_2+x_3=0\\ -2x_1+x_3=-1\\ x_1+3x_2+4x_3=a\end{cases}$ 有解？并求出它的

通解.

3. 当参数 a, b, c 满足什么条件时,下述线性方程组有解?

(1) $\begin{cases} x_1 + x_2 + 2x_3 = a \\ x_1 + x_3 = b; \\ 2x_1 + x_2 + 3x_3 = c \end{cases}$　(2) $\begin{cases} x_1 - x_2 + 3x_3 = a \\ 3x_1 - 3x_2 + 9x_3 = b; \\ -2x_1 + 2x_2 - 6x_3 = c \end{cases}$

(3) $\begin{cases} 3x_1 + 5x_2 - x_3 = a \\ 4x_1 - 2x_2 + x_3 = b. \\ x_1 - x_2 + 5x_3 = c \end{cases}$

4. 当 a, b 为何值时,线性方程组 $\begin{cases} x_1 + x_2 + x_3 + x_4 = 0 \\ x_2 + 2x_3 + 2x_4 = 1 \\ -x_2 + (a-3)x_3 - 2x_4 = b \\ 3x_1 + 2x_2 + x_3 + ax_4 = -1 \end{cases}$ 有唯一解?有无穷多个解?无解?

* §4.3 克拉默法则

克拉默(Cramer)法则是线性代数学的一个经典结果,可以说是线性方程组求解理论的理论基石. 不过在本课程中,我们仅运用方阵的逆阵把克拉默法则作简单介绍. 对于线性方程组的求解方法,我们还是统一用初等行变换方法求解.

定理 4.3.1 当 n 元线性方程组(即方程个数与变量个数同为 n 的线性方程组)

$$\begin{cases} a_{11}x_1 + \cdots + a_{1j}x_j + \cdots + a_{1n}x_n = b_1 \\ \cdots\cdots\cdots\cdots \\ a_{i1}x_1 + \cdots + a_{ij}x_j + \cdots + a_{in}x_n = b_i \\ \cdots\cdots\cdots\cdots \\ a_{n1}x_1 + \cdots + a_{nj}x_j + \cdots + a_{nn}x_n = b_n \end{cases}$$

的系数行列式 $D = |a_{ij}| \neq 0$ 时,一定有唯一解 $x_j = \dfrac{D_j}{D}$, $j = 1, 2, \cdots, n$,其中

$$D_j = \begin{vmatrix} a_{11} & \cdots & a_{1,j-1} & b_1 & a_{1,j+1} & \cdots & a_{1n} \\ \vdots & & \vdots & \vdots & \vdots & & \vdots \\ a_{i1} & \cdots & a_{i,j-1} & b_i & a_{i,j+1} & \cdots & a_{in} \\ \vdots & & \vdots & \vdots & \vdots & & \vdots \\ a_{n1} & \cdots & a_{n,j-1} & b_n & a_{n,j+1} & \cdots & a_{nn} \end{vmatrix}, j = 1, 2, \cdots, n.$$

*证 把行列式 D_j 按其第 j 列展开得到

$$D_j = \sum_{i=1}^{n} b_i A_{ij}, \ j = 1, 2, \cdots, n,$$

这里 A_{ij} 是 $D = |a_{ij}|_n$ 中元素 a_{ij} 的代数余子式. 记

$$\boldsymbol{A} = \begin{pmatrix} a_{11} & a_{12} & \cdots & a_{1n} \\ a_{21} & a_{22} & \cdots & a_{2n} \\ \vdots & \vdots & & \vdots \\ a_{n1} & a_{n2} & \cdots & a_{nn} \end{pmatrix}, \boldsymbol{x} = \begin{pmatrix} x_1 \\ x_2 \\ \vdots \\ x_n \end{pmatrix}, \boldsymbol{b} = \begin{pmatrix} b_1 \\ b_2 \\ \vdots \\ b_n \end{pmatrix},$$

则当 $D = |\boldsymbol{A}| \neq 0$ 时, $\boldsymbol{A}$ 为可逆阵, $\boldsymbol{Ax} = \boldsymbol{b}$ 有唯一解 $\boldsymbol{x} = \boldsymbol{A}^{-1}\boldsymbol{b}$. 因为 $\boldsymbol{A}^{-1} = \frac{1}{|\boldsymbol{A}|}\boldsymbol{A}^*$, 所以

$$\begin{pmatrix} x_1 \\ x_2 \\ \vdots \\ x_n \end{pmatrix} = \frac{1}{D}\begin{pmatrix} A_{11} & A_{21} & \cdots & A_{n1} \\ A_{12} & A_{22} & \cdots & A_{n2} \\ \vdots & \vdots & & \vdots \\ A_{1n} & A_{2n} & \cdots & A_{nn} \end{pmatrix}\begin{pmatrix} b_1 \\ b_2 \\ \vdots \\ b_n \end{pmatrix} = \frac{1}{D}\begin{pmatrix} \sum_{i=1}^{n} b_i A_{i1} \\ \sum_{i=1}^{n} b_i A_{i2} \\ \vdots \\ \sum_{i=1}^{n} b_i A_{in} \end{pmatrix} = \frac{1}{D}\begin{pmatrix} D_1 \\ D_2 \\ \vdots \\ D_n \end{pmatrix}.$$ 证毕

特别,当 $b_1 = b_2 = \cdots = b_n = 0$ 时,一定有 $D_j = 0, j = 1, 2, \cdots, n$, 于是,可以得到下面的推论:

推论 当齐次线性方程组

$$\begin{cases} a_{11}x_1 + \cdots + a_{1j}x_j + \cdots + a_{1n}x_n = 0 \\ \cdots\cdots\cdots\cdots \\ a_{i1}x_1 + \cdots + a_{ij}x_j + \cdots + a_{in}x_n = 0 \\ \cdots\cdots\cdots\cdots \\ a_{n1}x_1 + \cdots + a_{nj}x_j + \cdots + a_{nn}x_n = 0 \end{cases}$$

的系数行列式不等于零时,它只有零解: $x_1 = x_2 = \cdots = x_n = 0$.

说明 实际上在 §4.1 中已经证明齐次线性方程组 $\boldsymbol{Ax} = \boldsymbol{0}$ 只有零解 $\Leftrightarrow |\boldsymbol{A}| \neq 0$.

例 4.3.1 求出$\begin{cases} x+y-2z=-3 \\ 5x-2y+7z=22 \\ 2x-5y+4z=4 \end{cases}$的解.

解 为了不做重复计算，而直接抄录已有结果，我们建议采用列变换求有关行列式的值.

$$D=\begin{vmatrix} 1 & 1 & -2 \\ 5 & -2 & 7 \\ 2 & -5 & 4 \end{vmatrix}=\begin{vmatrix} 1 & 0 & 0 \\ 5 & -7 & 17 \\ 2 & -7 & 8 \end{vmatrix}=(-7)(8-17)=63;$$

$$D_1=\begin{vmatrix} -3 & 1 & -2 \\ 22 & -2 & 7 \\ 4 & -5 & 4 \end{vmatrix}=\begin{vmatrix} 0 & 1 & 0 \\ 16 & -2 & 3 \\ -11 & -5 & -6 \end{vmatrix}=-\begin{vmatrix} 16 & 3 \\ -11 & -6 \end{vmatrix}=63;$$

$$D_2=\begin{vmatrix} 1 & -3 & -2 \\ 5 & 22 & 7 \\ 2 & 4 & 4 \end{vmatrix}=\begin{vmatrix} 1 & 0 & 0 \\ 5 & 37 & 17 \\ 2 & 10 & 8 \end{vmatrix}=296-170=126;$$

$$D_3=\begin{vmatrix} 1 & 1 & -3 \\ 5 & -2 & 22 \\ 2 & -5 & 4 \end{vmatrix}=\begin{vmatrix} 1 & 0 & 0 \\ 5 & -7 & 37 \\ 2 & -7 & 10 \end{vmatrix}=(-7)(10-37)=189.$$

于是解得 $x=1$, $y=2$, $z=3$. 并经代入可验证它的确是解.

说明 在求 D_2 中的第三列时，可抄录 D 中的第三列；在求 D_3 中的第二列时，可抄录 D 中的第二列；在求 D_3 中的第三列时，可抄录 D_2 中的第二列.

当然也可以用初等行变换把增广矩阵化为阶梯阵求解.

$$\left(\begin{array}{ccc:c} 1 & 1 & -2 & -3 \\ 5 & -2 & 7 & 22 \\ 2 & -5 & 4 & 4 \end{array}\right)\to\left(\begin{array}{ccc:c} 1 & 1 & -2 & -3 \\ 0 & -7 & 17 & 37 \\ 0 & -7 & 8 & 10 \end{array}\right)\to\left(\begin{array}{ccc:c} 1 & 1 & -2 & -3 \\ 0 & -7 & 17 & 37 \\ 0 & 0 & -9 & -27 \end{array}\right)$$

$$\to\left(\begin{array}{ccc:c} 1 & 1 & -2 & -3 \\ 0 & -7 & 17 & 37 \\ 0 & 0 & 1 & 3 \end{array}\right)\to\left(\begin{array}{ccc:c} 1 & 1 & 0 & 3 \\ 0 & -7 & 0 & -14 \\ 0 & 0 & 1 & 3 \end{array}\right)\to\left(\begin{array}{ccc:c} 1 & 1 & 0 & 3 \\ 0 & 1 & 0 & 2 \\ 0 & 0 & 1 & 3 \end{array}\right)$$

$$\to\left(\begin{array}{ccc:c} 1 & 0 & 0 & 1 \\ 0 & 1 & 0 & 2 \\ 0 & 0 & 1 & 3 \end{array}\right).$$

解得 $x=1$, $y=2$, $z=3$.

例 4.3.2 当 k 为何值时，$\begin{cases} kx_1+x_4=0 \\ x_1+2x_2-x_4=0 \\ (k+2)x_1-x_2+4x_4=0 \\ 2x_1+x_2+3x_3+kx_4=0 \end{cases}$ 只有零解？

解 $$D=\begin{vmatrix} k & 0 & 0 & 1 \\ 1 & 2 & 0 & -1 \\ k+2 & -1 & 0 & 4 \\ 2 & 1 & 3 & k \end{vmatrix}=-3\begin{vmatrix} k & 0 & 1 \\ 1 & 2 & -1 \\ k+2 & -1 & 4 \end{vmatrix}=-3\begin{vmatrix} k & 0 & 1 \\ 2k+5 & 0 & 7 \\ k+2 & -1 & 4 \end{vmatrix}$$

$$=-3(5k-5)\neq 0\Leftrightarrow k\neq 1.$$

当 $k\neq 1$ 时，此齐次线性方程组只有零解.

习题 4.3

1. 求出以下线性方程组的解：

(1) $\begin{cases} x+y+z=0 \\ 2x-5y-3z=10 \\ 4x+8y+2z=4 \end{cases}$；　(2) $\begin{cases} x+y-z=a \\ -x+y+z=b \\ x-y+z=c \end{cases}$；

(3) $\begin{cases} x-y+z=2 \\ x+2y=1 \\ x-z=4 \end{cases}$；　(4) $\begin{cases} x_1+x_2-x_3-x_4=0 \\ x_1-2x_2-x_3+x_4=1 \\ x_1+2x_2-2x_4=1 \\ 7x_1-3x_2+5x_3-2x_4=38 \end{cases}$.

2. 求一个二次多项式 $f(x)=ax^2+bx+c$，使之满足 $f(-1)=-6$，$f(1)=-2$，$f(2)=-3$.

3. 问当 λ 取何值时，齐次线性方程组 $\begin{cases} (1-\lambda)x_1-2x_2+4x_3=0 \\ 2x_1+(3-\lambda)x_2+x_3=0 \\ x_1+x_2+(1-\lambda)x_3=0 \end{cases}$ 有非零解？

第5章

特征值与特征向量

方阵的特征值理论有极其广泛的应用. 在本章中,我们将应用在第4章中建立的线性方程组的求解理论和方法,给出方阵的特征值和特征向量的具体求法,并研讨方阵化成对角阵的问题.

§5.1 特征值与特征向量

一、定义

设 $\boldsymbol{A}$ 为 n 阶方阵,$\boldsymbol{p}$ 是某个 n 维非零列向量. 一般来说,n 维列向量 $\boldsymbol{Ap}$ 未必与 $\boldsymbol{p}$ 线性相关(即 $\boldsymbol{Ap}$ 与 $\boldsymbol{p}$ 未必共线),也就是说 $\boldsymbol{Ap}$ 未必正好是 $\boldsymbol{p}$ 的倍数. 如果对于取定的 n 阶方阵 $\boldsymbol{A}$,存在某个 n 维非零列向量 $\boldsymbol{p}$,使得 $\boldsymbol{Ap}$ 正好是 $\boldsymbol{p}$ 的倍数,即存在某个数 λ,使得 $\boldsymbol{Ap}=\lambda\boldsymbol{p}$,那么,我们对于具有这种特征性质的 n 维非零列向量 $\boldsymbol{p}$ 和对应的数 λ 特别感兴趣.

定义 5.1.1 设 $\boldsymbol{A}=(a_{ij})$ 为 n 阶方阵,如果存在某个数 λ 和某个 n 维非零列向量 $\boldsymbol{p}$ 满足 $\boldsymbol{Ap}=\lambda\boldsymbol{p}$,则称 λ 是 $\boldsymbol{A}$ 的一个**特征值**,称 $\boldsymbol{p}$ 是 $\boldsymbol{A}$ 的**属于这个特征值 λ 的一个特征向量**.

为了给出具体求特征值和特征向量的方法,我们把 $\boldsymbol{Ap}=\lambda\boldsymbol{p}$ 改写成 $(\lambda\boldsymbol{I}_n-\boldsymbol{A})\boldsymbol{p}=\boldsymbol{0}$. 再把 λ 看成待定参数,则特征向量 $\boldsymbol{p}$ 就是齐次线性方程组 $(\lambda\boldsymbol{I}_n-\boldsymbol{A})\boldsymbol{x}=\boldsymbol{0}$ 的任意一个非零解. 显然,它有非零解当且仅当它的系数行列式为零: $|\lambda\boldsymbol{I}_n-\boldsymbol{A}|=0$,它就是特征值 λ 必须满足的方程.

我们把带参数 λ 的 n 阶方阵 $\lambda\boldsymbol{I}_n-\boldsymbol{A}$ 称为 $\boldsymbol{A}=(a_{ij})$ 的**特征方阵**,它的行列式

$$|\lambda\boldsymbol{I}_n-\boldsymbol{A}|=\begin{vmatrix}\lambda-a_{11} & -a_{12} & \cdots & -a_{1n}\\ -a_{21} & \lambda-a_{22} & \cdots & -a_{2n}\\ \vdots & \vdots & \ddots & \vdots\\ -a_{n1} & -a_{n2} & \cdots & \lambda-a_{nn}\end{vmatrix}$$

称为 $\boldsymbol{A}$ 的**特征多项式**. 根据行列式的定义可知

$$|\lambda \boldsymbol{I}_n - \boldsymbol{A}| = (\lambda - a_{11})(\lambda - a_{22})\cdots(\lambda - a_{nn}) + \cdots,$$

所以它一定是 λ 的 n 次多项式. 称 $|\lambda \boldsymbol{I}_n - \boldsymbol{A}| = 0$ 为 $\boldsymbol{A}$ 的**特征方程**,它的 n 个根(复根,包括实根或虚根) 就是 $\boldsymbol{A}$ 的 n 个特征值(重根重复计算,r 重根按 r 个计算).

$\boldsymbol{A}$ 的属于取定特征值 λ_0 的特征向量就是齐次线性方程组 $(\lambda_0 \boldsymbol{I}_n - \boldsymbol{A})\boldsymbol{x} = \boldsymbol{0}$ 任意一个非零解. 因为 $|\lambda_0 \boldsymbol{I}_n - \boldsymbol{A}| = 0$,所以,$(\lambda_0 \boldsymbol{I}_n - \boldsymbol{A})\boldsymbol{x} = \boldsymbol{0}$ 一定有非零解空间

$$V_{\lambda_0} = \{\boldsymbol{p} \mid \boldsymbol{A}\boldsymbol{p} = \lambda_0 \boldsymbol{p}\}.$$

显然,$\boldsymbol{0} \in V_{\lambda_0}$,但 $\boldsymbol{0}$ 并不是 $\boldsymbol{A}$ 的特征向量.

任意取定 $\boldsymbol{A}$ 的特征值 λ_0. 齐次线性方程组 $(\lambda_0 \boldsymbol{I}_n - \boldsymbol{A})\boldsymbol{x} = \boldsymbol{0}$ 的基础解系就是解空间 V_{λ_0} 中的极大无关组:$\{\boldsymbol{\xi}_1, \boldsymbol{\xi}_2, \cdots, \boldsymbol{\xi}_s\}$,其中向量个数为 $s = n - R(\lambda_0 \boldsymbol{I}_n - \boldsymbol{A})$,就是齐次线性方程组$(\lambda_0 \boldsymbol{I}_n - \boldsymbol{A})\boldsymbol{x} = \boldsymbol{0}$ 的自由变量个数. $\boldsymbol{A}$ 的属于取定特征值 λ_0 的特征向量全体是

$$\sum_{i=1}^{s} k_i \boldsymbol{\xi}_i,$$

这里 $k_1, k_2, \cdots, k_s$ 为不全为零的任意实数.

例 5.1.1 $\boldsymbol{A} = \begin{pmatrix} 1 & 2 \\ 2 & 4 \end{pmatrix}$.

特征方阵为 $\lambda \boldsymbol{I}_2 - \boldsymbol{A} = \begin{pmatrix} \lambda - 1 & -2 \\ -2 & \lambda - 4 \end{pmatrix}$,属于特征值 λ 的特征向量是

$$(\lambda \boldsymbol{I}_2 - \boldsymbol{A})\boldsymbol{x} = \boldsymbol{0},$$

即 $\begin{pmatrix} \lambda - 1 & -2 \\ -2 & \lambda - 4 \end{pmatrix}\begin{pmatrix} x_1 \\ x_2 \end{pmatrix} = \begin{pmatrix} 0 \\ 0 \end{pmatrix}$ 的任意非零解.

用来求特征值的特征方程为

$$|\lambda \boldsymbol{I}_2 - \boldsymbol{A}| = \begin{vmatrix} \lambda - 1 & -2 \\ -2 & \lambda - 4 \end{vmatrix} = \lambda^2 - 5\lambda + 4 - 4 = \lambda(\lambda - 5) = 0.$$

据此求出 $\boldsymbol{A}$ 的两个特征值:$\lambda_1 = 0$, $\lambda_2 = 5$. 将它们代入$(\lambda \boldsymbol{I}_2 - \boldsymbol{A})\boldsymbol{x} = \boldsymbol{0}$ 可以依次求出对应的特征向量如下:

属于 $\lambda_1 = 0$ 的特征向量满足的线性方程组

$$\begin{cases} -x_1 - 2x_2 = 0 \\ -2x_1 - 4x_2 = 0 \end{cases}.$$

可任取非零解 $\boldsymbol{p}_1=\begin{pmatrix}-2\\1\end{pmatrix}$.

属于 $\lambda_2=5$ 的特征向量满足的线性方程组

$$\begin{cases}4x_1-2x_2=0\\-2x_1+x_2\ \ =0\end{cases}.$$

可任取非零解 $\boldsymbol{p}_2=\begin{pmatrix}1\\2\end{pmatrix}$.

可以验证确实有向量等式：

$$\boldsymbol{A}\boldsymbol{p}_1=\begin{pmatrix}1&2\\2&4\end{pmatrix}\begin{pmatrix}-2\\1\end{pmatrix}=\begin{pmatrix}0\\0\end{pmatrix}=0\times\boldsymbol{p}_1=\lambda_1\boldsymbol{p}_1;$$

$$\boldsymbol{A}\boldsymbol{p}_2=\begin{pmatrix}1&2\\2&4\end{pmatrix}\begin{pmatrix}1\\2\end{pmatrix}=5\begin{pmatrix}1\\2\end{pmatrix}=\lambda_2\boldsymbol{p}_2.$$

注　(1) 发现有以下有趣现象:所求出的两个特征值之和就是 $\boldsymbol{A}$ 的两个对角元之和 5;两个特征值之积就是 $\boldsymbol{A}$ 的行列式 0. 以后我们将证明对于任意方阵来说,这都是正确的. 因而它们可以用作检验所求出的特征值是否错误.

(2) 介绍例 5.1.1 所示的计算结果有以下两个目的,这也是本章所要讨论的主要内容.

首先,令 $\boldsymbol{P}=(\boldsymbol{p}_1,\ \boldsymbol{p}_2)=\begin{pmatrix}-2&1\\1&2\end{pmatrix}$,它显然是可逆阵. 计算分块矩阵乘积

$$\boldsymbol{AP}=\boldsymbol{A}(\boldsymbol{p}_1,\ \boldsymbol{p}_2)=(\boldsymbol{A}\boldsymbol{p}_1,\ \boldsymbol{A}\boldsymbol{p}_2)=(\lambda_1\boldsymbol{p}_1,\ \lambda_2\boldsymbol{p}_2)=(\boldsymbol{p}_1,\ \boldsymbol{p}_2)\begin{pmatrix}\lambda_1&\\&\lambda_2\end{pmatrix}=\boldsymbol{P\Lambda}.$$

于是得到重要方阵等式

$$\boldsymbol{P}^{-1}\boldsymbol{AP}=\boldsymbol{\Lambda}=\begin{pmatrix}\lambda_1&\\&\lambda_2\end{pmatrix}=\begin{pmatrix}0&\\&5\end{pmatrix},$$

其中对角阵 $\boldsymbol{\Lambda}$ 中的两个对角元就是所求出的两个特征值.

其次,用方阵等式 $\boldsymbol{A}=\boldsymbol{P\Lambda P}^{-1}$ 可以求出 $\boldsymbol{A}^m=(\boldsymbol{P\Lambda P}^{-1})^m=\boldsymbol{P\Lambda}^m\boldsymbol{P}^{-1}$,这里 m 是任意正整数. 于是可以很容易地求出 $\boldsymbol{A}$ 的高次幂

$$\boldsymbol{A}^m=\boldsymbol{P}\begin{pmatrix}0&\\&5\end{pmatrix}^m\boldsymbol{P}^{-1}=\begin{pmatrix}-2&1\\1&2\end{pmatrix}\begin{pmatrix}0^m&\\&5^m\end{pmatrix}\begin{pmatrix}-2&1\\1&2\end{pmatrix}^{-1}$$

$$= \begin{pmatrix} 0 & 5^m \\ 0 & 2\times 5^m \end{pmatrix} \begin{pmatrix} 2 & -1 \\ -1 & -2 \end{pmatrix} \left(-\frac{1}{5}\right)$$

$$= -\frac{1}{5}\begin{pmatrix} -5^m & -2\times 5^m \\ -2\times 5^m & -4\times 5^m \end{pmatrix} = 5^{m-1}\begin{pmatrix} 1 & 2 \\ 2 & 4 \end{pmatrix} = 5^{m-1}\boldsymbol{A}.$$

例 5.1.2 由特征值的定义可知,当 $|2\boldsymbol{I}_n - \boldsymbol{A}| = 0$ 时,2 就是 $\boldsymbol{A}$ 的特征值. 当 $|\boldsymbol{I}_n + \boldsymbol{A}| = 0$ 时,因为根据行列式的性质有

$$|-\boldsymbol{I}_n - \boldsymbol{A}| = (-1)^n |\boldsymbol{I}_n + \boldsymbol{A}| = 0,$$

所以,-1 就是 $\boldsymbol{A}$ 的特征值.

例 5.1.3 设 $\boldsymbol{A}$ 为 n 阶方阵,但不是单位阵. 如果 $R(\boldsymbol{A}+\boldsymbol{I}_n)+R(\boldsymbol{A}-\boldsymbol{I}_n)=n$,问 -1 是不是 $\boldsymbol{A}$ 的特征值?

解 因为 $\boldsymbol{A} \neq \boldsymbol{I}_n$, $\boldsymbol{A}-\boldsymbol{I}_n \neq \boldsymbol{0}$,所以 $R(\boldsymbol{A}-\boldsymbol{I}_n) \geqslant 1$,由条件知道 $R(\boldsymbol{A}+\boldsymbol{I}_n) < n$,一定有 $|\boldsymbol{A}+\boldsymbol{I}_n| = 0$,所以,$-1$ 是 $\boldsymbol{A}$ 的特征值.

例 5.1.4 设 n 阶方阵 $\boldsymbol{A} = (a_{ij})$ 的每一行中元素之和同为 a,证明 a 一定是 $\boldsymbol{A}$ 的特征值,并求出 $\boldsymbol{A}$ 的属于这个 a 的特征向量 $\boldsymbol{p}$.

证 取 $\boldsymbol{p} = \begin{pmatrix} 1 \\ 1 \\ \vdots \\ 1 \end{pmatrix}$,显然有 $\boldsymbol{Ap} = \begin{pmatrix} a_{11} & a_{12} & \cdots & a_{1n} \\ \vdots & \vdots & & \vdots \\ a_{i1} & a_{i2} & \cdots & a_{in} \\ \vdots & \vdots & & \vdots \\ a_{n1} & a_{n2} & \cdots & a_{nn} \end{pmatrix} \begin{pmatrix} 1 \\ 1 \\ \vdots \\ 1 \end{pmatrix} = a\boldsymbol{p}$.

所以 a 一定是 $\boldsymbol{A}$ 的特征值,$\boldsymbol{p}$ 就是 $\boldsymbol{A}$ 的属于这个 a 的特征向量. 证毕

二、六个重要结论

(1) 实方阵的特征值未必是实数,特征向量也未必是实向量.

例 5.1.5 求 $\boldsymbol{A} = \begin{pmatrix} 0 & 1 \\ -1 & 0 \end{pmatrix}$ 的特征值和特征向量.

解 容易求出特征方程

$$|\lambda \boldsymbol{I}_2 - \boldsymbol{A}| = \begin{vmatrix} \lambda & -1 \\ 1 & \lambda \end{vmatrix} = \lambda^2 + 1 = 0$$

的两个根: $\lambda_1 = \mathrm{i}$, $\lambda_2 = -\mathrm{i}$,这里,$\mathrm{i} = \sqrt{-1}$ 是纯虚数. 用来求特征向量的线性方程组为

$$\begin{pmatrix} \lambda & -1 \\ 1 & \lambda \end{pmatrix}\begin{pmatrix} x_1 \\ x_2 \end{pmatrix} = \begin{pmatrix} 0 \\ 0 \end{pmatrix}.$$

属于特征值 $\lambda_1 = \mathrm{i}$ 的特征向量满足

$$\begin{cases} \mathrm{i}x_1 - x_2 = 0 \\ x_1 + \mathrm{i}x_2 = 0 \end{cases}.$$

可取特征向量 $\boldsymbol{p}_1 = \begin{pmatrix} 1 \\ \mathrm{i} \end{pmatrix}$.

属于特征值 $\lambda_2 = -\mathrm{i}$ 的特征向量满足

$$\begin{cases} -\mathrm{i}x_1 - x_2 = 0 \\ \quad x_1 - \mathrm{i}x_2 = 0 \end{cases}.$$

可取特征向量 $\boldsymbol{p}_2 = \begin{pmatrix} 1 \\ -\mathrm{i} \end{pmatrix}$.

此例说明,虽然 $\boldsymbol{A}$ 是实方阵,但是它的特征值和特征向量都不是实的.

(2) 三角阵的特征值就是它的全体对角元.

事实上,n 阶上三角阵 $\boldsymbol{A} = (a_{ij})$ 的特征方程为

$$|\lambda \boldsymbol{I}_n - \boldsymbol{A}| = \begin{vmatrix} \lambda - a_{11} & * & \cdots & * \\ 0 & \lambda - a_{22} & \cdots & * \\ \vdots & \vdots & \ddots & \vdots \\ 0 & 0 & \cdots & \lambda - a_{nn} \end{vmatrix} = \prod_{i=1}^{n} (\lambda - a_{ii}) = 0,$$

所以它的全体对角元就是它的特征值组.

(3) 一个非零向量 $\boldsymbol{p}$ 不可能是属于同一个方阵 $\boldsymbol{A}$ 的不同特征值的特征向量.

事实上,如果 $\boldsymbol{Ap} = \lambda \boldsymbol{p}$, $\boldsymbol{Ap} = \mu \boldsymbol{p}$,则$(\lambda - \mu)\boldsymbol{p} = \boldsymbol{0}$. 由 $\boldsymbol{p} \neq \boldsymbol{0}$ 知道有 $\lambda = \mu$.

(4) $\boldsymbol{A}$ 和 $\boldsymbol{A}'$ 一定有相同的特征值,但未必有相同的特征向量.

事实上,由行列式性质 1.3.1 和 $(\lambda \boldsymbol{I}_n - \boldsymbol{A})' = \lambda \boldsymbol{I}_n - \boldsymbol{A}'$ 可知

$$|\lambda \boldsymbol{I}_n - \boldsymbol{A}| = |(\lambda \boldsymbol{I}_n - \boldsymbol{A})'| = |\lambda \boldsymbol{I}_n - \boldsymbol{A}'|.$$

这说明 $\boldsymbol{A}$ 和 $\boldsymbol{A}'$ 一定有相同的特征值. 但是当 $\boldsymbol{Ap} = \lambda \boldsymbol{p}$ 时未必有 $\boldsymbol{A}'\boldsymbol{p} = \lambda \boldsymbol{p}$. 例如,取

$$\boldsymbol{A} = \begin{pmatrix} 1 & 1 \\ 0 & 1 \end{pmatrix},\ \boldsymbol{p} = \begin{pmatrix} 1 \\ 0 \end{pmatrix},$$

有

$$\begin{pmatrix}1&1\\0&1\end{pmatrix}\begin{pmatrix}1\\0\end{pmatrix}=\begin{pmatrix}1\\0\end{pmatrix},\ \begin{pmatrix}1&0\\1&1\end{pmatrix}\begin{pmatrix}1\\0\end{pmatrix}=\begin{pmatrix}1\\1\end{pmatrix}\neq\begin{pmatrix}1\\0\end{pmatrix}.$$

即 $\boldsymbol{A}\boldsymbol{p}=\lambda\boldsymbol{p}$，$\boldsymbol{A}'\boldsymbol{p}\neq\lambda\boldsymbol{p}$.

(5) 求方阵多项式的特征值有非常简便的计算方法.

设 $\boldsymbol{A}$ 为 n 阶方阵，已知 $\boldsymbol{A}\boldsymbol{p}=\lambda\boldsymbol{p}$，则对于任意 m 次多项式

$$f(x)=a_mx^m+a_{m-1}x^{m-1}+\cdots+a_1x+a_0,$$

一定有

$$f(\boldsymbol{A})\boldsymbol{p}=f(\lambda)\boldsymbol{p}.$$

这里，$f(\boldsymbol{A})=a_m\boldsymbol{A}^m+a_{m-1}\boldsymbol{A}^{m-1}+\cdots+a_1\boldsymbol{A}+a_0\boldsymbol{I}_n$ 为 $\boldsymbol{A}$ 的方阵多项式.

特别地，当 $f(\boldsymbol{A})=\boldsymbol{O}$ 时，一定有 $f(\lambda)=0$，即 $\boldsymbol{A}$ 的特征值一定是 $f(x)=0$ 的根.

证 对自然数 k 用归纳法容易证明

$$\boldsymbol{A}^k\boldsymbol{p}=\boldsymbol{A}(\boldsymbol{A}^{k-1}\boldsymbol{p})=\boldsymbol{A}(\lambda^{k-1}\boldsymbol{p})=\lambda^{k-1}\boldsymbol{A}\boldsymbol{p}=\lambda^k\boldsymbol{p},$$

因此

$$\begin{aligned}f(\boldsymbol{A})\boldsymbol{p}&=(a_m\boldsymbol{A}^m+a_{m-1}\boldsymbol{A}^{m-1}+\cdots+a_1\boldsymbol{A}+a_0\boldsymbol{I}_n)\boldsymbol{p}\\&=a_m\boldsymbol{A}^m\boldsymbol{p}+a_{m-1}\boldsymbol{A}^{m-1}\boldsymbol{p}+\cdots+a_1\boldsymbol{A}\boldsymbol{p}+a_0\boldsymbol{I}_n\boldsymbol{p}\\&=(a_m\lambda^m+a_{m-1}\lambda^{m-1}+\cdots+a_1\lambda+a_0)\boldsymbol{p}=f(\lambda)\boldsymbol{p}.\end{aligned}$$

当 $f(\boldsymbol{A})=\boldsymbol{O}$ 时，一定有 $f(\lambda)\boldsymbol{p}=f(\boldsymbol{A})\boldsymbol{p}=\boldsymbol{0}$. 因为 $\boldsymbol{p}\neq\boldsymbol{0}$，所以有 $f(\lambda)=0$.

证毕

注 $f(x)=0$ 的根未必一定是 $\boldsymbol{A}$ 的特征值. 例如，$\boldsymbol{A}=\begin{pmatrix}1&0\\0&1\end{pmatrix}$ 满足 $\boldsymbol{A}^2=\boldsymbol{I}_2$，$\boldsymbol{A}^2-\boldsymbol{I}_2=\boldsymbol{O}$，$f(x)=x^2-1=0$ 的根 $x=-1$ 不是 $\boldsymbol{A}$ 的特征值.

例 5.1.6 设 $\boldsymbol{A}=\begin{pmatrix}1&2\\0&3\end{pmatrix}$，求 $\boldsymbol{B}=\boldsymbol{A}^2-2\boldsymbol{A}+3\boldsymbol{I}_2$ 的特征值.

解 因为上三角阵 $\boldsymbol{A}$ 的特征值就是它的对角元 1 和 3，而根据 $\boldsymbol{B}=\boldsymbol{A}^2-2\boldsymbol{A}+3\boldsymbol{I}_2$ 可知对应的多项式为 $f(x)=x^2-2x+3$，所以 $\boldsymbol{B}$ 的特征值就是 $f(1)=2$，$f(3)=6$.

注 对于本题来说，也可以直接求出 $\boldsymbol{B}=\begin{pmatrix}2&4\\0&6\end{pmatrix}$. 但是一般来说，求 $f(\boldsymbol{A})$ 并非易事!

例 5.1.7 求出以下特殊的 n 阶方阵 $\boldsymbol{A}$ 的所有可能的特征值(m 是某个正整数):

(1) $\boldsymbol{A}^m=\boldsymbol{O}$; (2) $\boldsymbol{A}^2=\boldsymbol{I}_n$; (3) $\boldsymbol{A}^m=\boldsymbol{I}_n$; (4) $\boldsymbol{A}^m=\boldsymbol{A}$.

解 设 $\boldsymbol{A}\boldsymbol{p}=\lambda\boldsymbol{p}$,则 $\boldsymbol{A}^m\boldsymbol{p}=\lambda^m\boldsymbol{p}$, $\boldsymbol{p}\neq\boldsymbol{0}$.

(1) 由 $\lambda^m\boldsymbol{p}=\boldsymbol{A}^m\boldsymbol{p}=\boldsymbol{O}\boldsymbol{p}=\boldsymbol{0}$ 和 $\boldsymbol{p}\neq\boldsymbol{0}$ 可知 $\lambda=0$.

(2) 由 $\lambda^2\boldsymbol{p}=\boldsymbol{A}^2\boldsymbol{p}=\boldsymbol{I}_n\boldsymbol{p}=\boldsymbol{p}$ 和 $\boldsymbol{p}\neq\boldsymbol{0}$ 可知 $\lambda^2=1$, $\lambda=\pm1$.

(3) 由 $\lambda^m\boldsymbol{p}=\boldsymbol{A}^m\boldsymbol{p}=\boldsymbol{I}_n\boldsymbol{p}=\boldsymbol{p}$ 和 $\boldsymbol{p}\neq\boldsymbol{0}$ 可知 $\lambda^m=1$,所以,λ 是 m 次单位根:

$$\lambda_k=\cos\left(k\frac{2\pi}{m}\right)+\mathrm{i}\sin\left(k\frac{2\pi}{m}\right),\ k=0,\ 1,\ \cdots,\ m-1,$$

这里,$\mathrm{i}=\sqrt{-1}$. 它们是单位圆 $x^2+y^2=1$ 上的 m 个等分点,而 $\lambda_0=1$.

(4) 由 $\lambda^m\boldsymbol{p}=\boldsymbol{A}^m\boldsymbol{p}=\boldsymbol{A}\boldsymbol{p}=\lambda\boldsymbol{p}$ 和 $\boldsymbol{p}\neq\boldsymbol{0}$ 可知 $\lambda(\lambda^{m-1}-1)=0$,所以,$\lambda=0$ 或者 λ 是 $m-1$ 次单位根:

$$\lambda_k=\cos\left(k\frac{2\pi}{m-1}\right)+\mathrm{i}\sin\left(k\frac{2\pi}{m-1}\right),\ k=0,\ 1,\ \cdots,\ m-2.$$

(6) 设 $\lambda_1,\ \lambda_2,\ \cdots,\ \lambda_n$ 是 n 阶方阵 $\boldsymbol{A}=(a_{ij})$ 的全体特征值,则一定有

$$\sum_{i=1}^{n}\lambda_i=\sum_{i=1}^{n}a_{ii}=\mathrm{tr}(\boldsymbol{A}),\ \prod_{i=1}^{n}\lambda_i=|\boldsymbol{A}|.$$

这里,$\mathrm{tr}(\boldsymbol{A})$ 为 $\boldsymbol{A}=(a_{ij})$ 中 n 个对角元之和,称为 $\boldsymbol{A}$ 的**迹**(trace),$|\boldsymbol{A}|$ 为 $\boldsymbol{A}$ 的行列式.

***证** 在关于变量 λ 的恒等式

$$|\lambda\boldsymbol{I}_n-\boldsymbol{A}|=(\lambda-\lambda_1)(\lambda-\lambda_2)\cdots(\lambda-\lambda_n)=\lambda^n-\Big(\sum_{i=1}^{n}\lambda_i\Big)\lambda^{n-1}+\cdots+(-1)^n\prod_{i=1}^{n}\lambda_i$$

中,取 $\lambda=0$ 即可得到

$$|-\boldsymbol{A}|=(-1)^n|\boldsymbol{A}|=(-1)^n\prod_{i=1}^{n}\lambda_i,$$

一定有 $|\boldsymbol{A}|=\prod_{i=1}^{n}\lambda_i$.

再据行列式定义得到

$$\begin{aligned}|\lambda\boldsymbol{I}_n-\boldsymbol{A}|&=(\lambda-a_{11})(\lambda-a_{22})\cdots(\lambda-a_{nn})+\{(n!-1)\text{ 个不含 }\lambda^n\text{ 和 }\lambda^{n-1}\text{ 的项}\}\\&=\lambda^n-\Big(\sum_{i=1}^{n}a_{ii}\Big)\lambda^{n-1}+\cdots+\{(n!-1)\text{ 个不含 }\lambda^n\text{ 和 }\lambda^{n-1}\text{ 的项}\}.\end{aligned}$$

比较上述两个关于 $|\lambda \boldsymbol{I}_n - \boldsymbol{A}|$ 的等式两边 λ^{n-1} 项的系数，即可得到 $\sum_{i=1}^{n}\lambda_i = \sum_{i=1}^{n}a_{ii}$.

证毕

注 以 $n=2$ 为例. $\boldsymbol{A} = \begin{pmatrix} a & b \\ c & d \end{pmatrix}$ 的特征多项式为

$$|\lambda \boldsymbol{I}_2 - \boldsymbol{A}| = \begin{vmatrix} \lambda - a & -b \\ -c & \lambda - d \end{vmatrix} = \lambda^2 - (a+d)\lambda + ad - bc,$$

把它与

$$|\lambda \boldsymbol{I}_2 - \boldsymbol{A}| = (\lambda - \lambda_1)(\lambda - \lambda_2) = \lambda^2 - (\lambda_1 + \lambda_2)\lambda + \lambda_1\lambda_2$$

比较，就得到

$$\lambda_1 + \lambda_2 = a + d = \mathrm{tr}(\boldsymbol{A}),\ \lambda_1\lambda_2 = ad - bc = |\boldsymbol{A}|.$$

习题 5.1

1. 证明方阵 $\boldsymbol{A}$ 有零特征值当且仅当 $\boldsymbol{A}$ 为不可逆阵.

2. 已知三阶矩阵 $\boldsymbol{A}$ 的特征值为 1，1 和 -2，求出以下行列式的值：

$$|\boldsymbol{A} - \boldsymbol{I}_3|,\ |\boldsymbol{A} + 2\boldsymbol{I}_3|,\ |\boldsymbol{A}^2 + 3\boldsymbol{A} - 4\boldsymbol{I}_3|.$$

3. 设 $\boldsymbol{A}$ 是三阶方阵. 如果已知 $|\boldsymbol{I}_3 + \boldsymbol{A}| = 0$，$|2\boldsymbol{I}_3 + \boldsymbol{A}| = 0$，$|\boldsymbol{I}_3 - \boldsymbol{A}| = 0$，求出行列式 $|\boldsymbol{I}_3 + \boldsymbol{A} + \boldsymbol{A}^2|$ 的值.

4. 求出以下方阵的特征值和极大线性无关特征向量组：

(1) $\boldsymbol{A} = \begin{pmatrix} 1 & -3 & 3 \\ 3 & -5 & 3 \\ 6 & -6 & 1 \end{pmatrix}$；　　(2) $\boldsymbol{A} = \begin{pmatrix} 1 & 1 & 1 & 1 \\ 1 & 1 & -1 & -1 \\ 1 & -1 & 1 & -1 \\ 1 & -1 & -1 & 1 \end{pmatrix}$.

5. 设 n 阶矩阵 $\boldsymbol{A}$ 满足 $\boldsymbol{A}^2 + 4\boldsymbol{A} + 4\boldsymbol{I}_n = \boldsymbol{O}$，求出 $\boldsymbol{A}$ 的所有的特征值.

§5.2 方阵的相似变换

下面，我们先考察两个典型例子，说明它们虽然同为三阶方阵，但却有本质的不同.

例 5.2.1 $A=\begin{pmatrix}-1 & 1 & 0\\ -4 & 3 & 0\\ 1 & 0 & 2\end{pmatrix}$.

解 首先,计算特征方程

$$|\lambda I_3-A|=\begin{vmatrix}\lambda+1 & -1 & 0\\ 4 & \lambda-3 & 0\\ -1 & 0 & \lambda-2\end{vmatrix}$$
$$=(\lambda-2)[(\lambda+1)(\lambda-3)+4]=(\lambda-2)(\lambda-1)^2=0.$$

它有三个根:$\lambda_1=2$, $\lambda_2=\lambda_3=1$.

属于特征值 $\lambda_1=2$ 的特征向量满足

$$\begin{cases}3x_1-x_2=0\\ 4x_1-x_2=0.\\ -x_1=0\end{cases}$$

可取解 $p_1=\begin{pmatrix}0\\0\\1\end{pmatrix}$.

属于特征值 $\lambda_2=\lambda_3=1$ 的特征向量满足

$$\begin{cases}2x_1-x_2=0\\ 4x_1-2x_2=0.\\ -x_1-x_3=0\end{cases}$$

可取解 $p_2=\begin{pmatrix}1\\2\\-1\end{pmatrix}$.

这里出现了一个值得注意的情况:$\lambda_2=1$ 是二重特征值,但是用来求特征向量的齐次线性方程组中却只有一个自由变量,因此,只能求出一个对应的极大无关特征向量.追究其原因,是由于这个特征值对应的特征方阵

$$\lambda_2 I_3-A=\begin{pmatrix}2 & -1 & 0\\ 4 & -2 & 0\\ -1 & 0 & -1\end{pmatrix}$$

的秩为 2,使得齐次线性方程组的自由变量个数 $n-R(\lambda_2 I_3-A)=3-2=1$.因

此，这个三阶方阵 $\boldsymbol{A}$ 的线性无关特征向量的最大个数为 2，它小于方阵 $\boldsymbol{A}$ 的阶数 3. 我们说它**缺损**了一个线性无关特征向量.

说明 (1) 计算出 $\mathrm{tr}(\boldsymbol{A})=4$，$|\boldsymbol{A}|=2$. 经检验它们的确满足

$$\lambda_1+\lambda_2+\lambda_3=4=\mathrm{tr}(\boldsymbol{A}),\ \lambda_1\lambda_2\lambda_3=2=|\boldsymbol{A}|.$$

验证求出的特征值是否正确的这两个计算步骤可以不列入解题过程，可另行验算.

(2) 用来求特征向量的线性方程组为

$$\begin{pmatrix}\lambda+1 & -1 & 0\\ 4 & \lambda-3 & 0\\ -1 & 0 & \lambda-2\end{pmatrix}\begin{pmatrix}x_1\\ x_2\\ x_3\end{pmatrix}=\begin{pmatrix}0\\ 0\\ 0\end{pmatrix}.$$

因为它的系数矩阵中的元素排列与特征多项式 $|\lambda\boldsymbol{I}_3-\boldsymbol{A}|$ 中的元素排列完全相同：

$$\lambda\boldsymbol{I}_3-\boldsymbol{A}=\begin{pmatrix}\lambda+1 & -1 & 0\\ 4 & \lambda-3 & 0\\ -1 & 0 & \lambda-2\end{pmatrix}，|\lambda\boldsymbol{I}_3-\boldsymbol{A}|=\begin{vmatrix}\lambda+1 & -1 & 0\\ 4 & \lambda-3 & 0\\ -1 & 0 & \lambda-2\end{vmatrix},$$

所以，在实际解题时，没有必要写出这个以特征方阵为系数矩阵的线性方程组，可以借用特征多项式，直接把特征值代入特征多项式中的 λ，写出属于这个特征值的特征向量所满足的线性方程组.

例 5.2.2 $\boldsymbol{A}=\begin{pmatrix}1 & -1 & 1\\ 1 & 3 & -1\\ 1 & 1 & 1\end{pmatrix}.$

解 首先，计算特征方程

$$|\lambda\boldsymbol{I}_3-\boldsymbol{A}|=\begin{vmatrix}\lambda-1 & 1 & -1\\ -1 & \lambda-3 & 1\\ -1 & -1 & \lambda-1\end{vmatrix}\overset{(1)}{=}\begin{vmatrix}\lambda-1 & 1 & -1\\ \lambda-2 & \lambda-2 & 0\\ \lambda-2 & 0 & \lambda-2\end{vmatrix}$$

$$\overset{(2)}{=}(\lambda-2)^2\begin{vmatrix}\lambda-1 & 1 & -1\\ 1 & 1 & 0\\ 1 & 0 & 1\end{vmatrix}\overset{(3)}{=}(\lambda-2)^2\begin{vmatrix}\lambda & 1\\ 1 & 1\end{vmatrix}$$

$$=(\lambda-2)^2(\lambda-1)=0.$$

此三阶方阵的特征值为 $\lambda_1=1$ 和 $\lambda_2=\lambda_3=2$，其和确为 $\mathrm{tr}(\boldsymbol{A})=5$，其积确为 $|\boldsymbol{A}|=4$.

属于特征值 $\lambda_1 = 1$ 的特征向量满足

$$\begin{cases} x_2 - x_3 = 0 \\ -x_1 - 2x_2 + x_3 = 0. \\ -x_1 - x_2 = 0 \end{cases}$$

即 $\begin{cases} x_3 = x_2 \\ x_1 = -x_2 \end{cases}$. 可取解 $\boldsymbol{p}_1 = \begin{pmatrix} -1 \\ 1 \\ 1 \end{pmatrix}$.

属于特征值 $\lambda_2 = \lambda_3 = 2$ 的特征向量满足

$$\begin{cases} x_1 + x_2 - x_3 = 0 \\ -x_1 - x_2 + x_3 = 0. \\ -x_1 - x_2 + x_3 = 0 \end{cases}$$

可取两个线性无关解

$$\boldsymbol{p}_2 = \begin{pmatrix} 1 \\ 0 \\ 1 \end{pmatrix},\ \boldsymbol{p}_3 = \begin{pmatrix} 0 \\ 1 \\ 1 \end{pmatrix}.$$

说明　在计算特征方程时，为了避开高次多项式的因式分解，我们建议尽量用行列式性质从行列式中提出公因式，实际上这就是在实施因式分解.

上述计算步骤为：

(1) 把第一行加到后两行上去；

(2) 在第二行和第三行提出相同的公因式$(\lambda-2)$；

(3) 把第三行加到第一行上去，再按第三列展开.

说明　因为 $\lambda_2 \boldsymbol{I}_3 - \boldsymbol{A} = \begin{pmatrix} 1 & 1 & -1 \\ -1 & -1 & 1 \\ -1 & -1 & 1 \end{pmatrix}$ 的秩为 1，以它为系数矩阵的齐次线性方程组中一定有两个可以任意取值的自由变量，它与这个特征值的重数相等，此时一定可以取到两个线性无关的特征向量. 所以这个三阶方阵不缺损线性无关特征向量，它的线性无关特征向量最大个数就是方阵的阶数 3.

可以进一步讨论这种不缺损线性无关特征向量的方阵，它有哪些重要性质?

所求出的三个解都是 $\boldsymbol{A}$ 的特征向量，它们满足

$$\boldsymbol{A}\boldsymbol{p}_1 = \boldsymbol{p}_1,\ \boldsymbol{A}\boldsymbol{p}_2 = 2\boldsymbol{p}_2,\ \boldsymbol{A}\boldsymbol{p}_3 = 2\boldsymbol{p}_3.$$

令 $\boldsymbol{P} = (\boldsymbol{p}_1, \boldsymbol{p}_2, \boldsymbol{p}_3)$，有

$$|\boldsymbol{P}|=\begin{vmatrix}-1&1&0\\1&0&1\\1&1&1\end{vmatrix}=\begin{vmatrix}-1&0&0\\1&1&1\\1&2&1\end{vmatrix}=1,$$

故 $\boldsymbol{P}$ 为可逆阵. 所以,这个三阶方阵有三个线性无关的特征向量,此时可建立重要关系式:

$$\begin{aligned}\boldsymbol{AP}&=\boldsymbol{A}(\boldsymbol{p}_1,\ \boldsymbol{p}_2,\ \boldsymbol{p}_3)=(\boldsymbol{Ap}_1,\ \boldsymbol{Ap}_2,\ \boldsymbol{Ap}_3)=(\boldsymbol{p}_1,\ 2\boldsymbol{p}_2,\ 2\boldsymbol{p}_3)\\&=(\boldsymbol{p}_1,\ \boldsymbol{p}_2,\ \boldsymbol{p}_3)\begin{pmatrix}1&&\\&2&\\&&2\end{pmatrix}=\boldsymbol{P}\begin{pmatrix}1&&\\&2&\\&&2\end{pmatrix},\end{aligned}$$

即

$$\boldsymbol{P}^{-1}\boldsymbol{AP}=\begin{pmatrix}1&&\\&2&\\&&2\end{pmatrix}.$$

此时,用 $\boldsymbol{A}=\boldsymbol{P}\begin{pmatrix}1&&\\&2&\\&&2\end{pmatrix}\boldsymbol{P}^{-1}$, 对于任何正整数 k,可以求出高次幂

$$\boldsymbol{A}^k=\left[\boldsymbol{P}\begin{pmatrix}1&&\\&2&\\&&2\end{pmatrix}\boldsymbol{P}^{-1}\right]^k=\boldsymbol{P}\begin{pmatrix}1&&\\&2&\\&&2\end{pmatrix}^k\boldsymbol{P}^{-1}=\boldsymbol{P}\begin{pmatrix}1&&\\&2^k&\\&&2^k\end{pmatrix}\boldsymbol{P}^{-1}.$$

例 5.2.3 设 $\boldsymbol{A}=\begin{pmatrix}1&0\\-1&2\end{pmatrix}$,求 $\boldsymbol{A}^k$, k 为任意正整数.

解 先求出 $\boldsymbol{A}$ 的特征值和特征向量.

$$|\lambda\boldsymbol{I}_2-\boldsymbol{A}|=\begin{vmatrix}\lambda-1&0\\1&\lambda-2\end{vmatrix}=(\lambda-1)(\lambda-2)=0.$$

属于特征值 $\lambda_1=1$ 的特征向量满足 $x_1-x_2=0$,可取特征向量 $\boldsymbol{p}_1=\begin{pmatrix}1\\1\end{pmatrix}$.

属于特征值 $\lambda_2=2$ 的特征向量满足 $x_1=0$,可取特征向量 $\boldsymbol{p}_2=\begin{pmatrix}0\\1\end{pmatrix}$.

这两个线性无关的特征向量可以拼成可逆阵 $\boldsymbol{P}=\begin{pmatrix}1&0\\1&1\end{pmatrix}$, 一定有矩阵等式

$$P^{-1}AP=\begin{pmatrix}1&0\\0&2\end{pmatrix},\ A=P\begin{pmatrix}1&0\\0&2\end{pmatrix}P^{-1}.$$

据此可以求出

$$\begin{aligned}A^k&=\left[P\begin{pmatrix}1&0\\0&2\end{pmatrix}P^{-1}\right]^k=P\begin{pmatrix}1&0\\0&2\end{pmatrix}^kP^{-1}=\begin{pmatrix}1&0\\1&1\end{pmatrix}\begin{pmatrix}1&0\\0&2^k\end{pmatrix}\begin{pmatrix}1&0\\-1&1\end{pmatrix}\\&=\begin{pmatrix}1&0\\1-2^k&2^k\end{pmatrix}.\end{aligned}$$

根据以上的讨论,我们有必要引进同阶方阵之间的又一种重要关系.

定义 5.2.1 称 n 阶方阵 A 和 B 是**相似**的,如果存在 n 阶可逆阵 P,使得 $B=P^{-1}AP$,记为 $A\sim B$.

同阶方阵之间的相似关系有以下三条性质:

(1) 反身性:$A\sim A$. 事实上,有 $A=I_n^{-1}AI_n$.

(2) 对称性:若 $A\sim B$,则 $B\sim A$. 因为

$$B=P^{-1}AP\Leftrightarrow A=PBP^{-1}=(P^{-1})^{-1}BP^{-1}.$$

(3) 传递性:若 $A\sim B$, $B\sim C$,则 $A\sim C$. 事实上,由

$$B=P^{-1}AP,\ C=Q^{-1}BQ$$

可以推出

$$C=Q^{-1}P^{-1}APQ=(PQ)^{-1}A(PQ).$$

定理 5.2.1 相似方阵有相同的特征多项式,因而有相同的特征值,有相同的迹和行列式值.

证 设 $B=P^{-1}AP$, 则

$$\begin{aligned}|\lambda I_n-B|&=|\lambda I_n-P^{-1}AP|=|P^{-1}(\lambda I_n-A)P|=|P^{-1}|\cdot|\lambda I_n-A|\cdot|P|\\&=|P^{-1}|\cdot|P|\cdot|\lambda I_n-A|=|P^{-1}P|\cdot|\lambda I_n-A|=|\lambda I_n-A|.\end{aligned}$$

证毕

说明 此定理的逆定理不成立,两个具有相同特征多项式的方阵未必相似. 例如,

$$\begin{pmatrix}1&0\\0&1\end{pmatrix}\text{与}\begin{pmatrix}1&0\\1&1\end{pmatrix}$$

特征多项式同为 $(\lambda-1)^2$,但它们决不相似.

事实上，与单位阵相似的方阵只有单位阵本身：

$$\boldsymbol{B}=\boldsymbol{P}^{-1}\boldsymbol{I}_n\boldsymbol{P}=\boldsymbol{I}_n.$$

推论 若 n 阶方阵 $\boldsymbol{A}$ 相似于三角阵

$$\boldsymbol{T}=\begin{pmatrix}\lambda_1 & * & \cdots & * \\ & \lambda_2 & \cdots & * \\ & & \ddots & \vdots \\ & & & \lambda_n\end{pmatrix} \quad 或 \quad \boldsymbol{T}=\begin{pmatrix}\lambda_1 & & & \\ * & \lambda_2 & & \\ \vdots & \vdots & \ddots & \\ * & * & \cdots & \lambda_n\end{pmatrix},$$

则其中 n 个对角元就是 $\boldsymbol{A}$ 的 n 个特征值.

例 5.2.4 设 $\boldsymbol{A}=\begin{pmatrix}1 & 0 & 0\\ 0 & 0 & 1\\ 0 & 1 & x\end{pmatrix}$ 与 $\boldsymbol{B}=\begin{pmatrix}1 & 0 & 0\\ 0 & y & 0\\ 0 & 0 & -1\end{pmatrix}$ 相似.

(1) 求出参数 x 与 y 的值；

(2) 求出可逆阵 $\boldsymbol{P}$，使得 $\boldsymbol{B}=\boldsymbol{P}^{-1}\boldsymbol{A}\boldsymbol{P}$.

解 (1) 因为 $|\boldsymbol{A}|=-1$，$|\boldsymbol{B}|=-y$，所以，根据 $|\boldsymbol{A}|=|\boldsymbol{B}|$ 立刻得到 $y=1$. 再根据 $\operatorname{tr}(\boldsymbol{A})=\operatorname{tr}(\boldsymbol{B})$，即 $1+x=y$ 得到 $x=0$.

(2) 根据 $\boldsymbol{A}$ 与 $\boldsymbol{B}$ 相似而 $\boldsymbol{B}$ 为对角阵可知，$\boldsymbol{A}$ 的特征值就是 $\boldsymbol{B}$ 的对角元素 1，1，-1.

用来求特征向量的齐次线性方程组为 $\begin{pmatrix}\lambda-1 & 0 & 0\\ 0 & \lambda & -1\\ 0 & -1 & \lambda\end{pmatrix}\begin{pmatrix}x_1\\ x_2\\ x_3\end{pmatrix}=\begin{pmatrix}0\\ 0\\ 0\end{pmatrix}$.

属于特征值 $\lambda_1=\lambda_2=1$ 的特征向量满足 $x_2-x_3=0$，而 x_1 可任意取值，所以有两个自由变量. 可取两个线性无关的特征向量

$$\boldsymbol{p}_1=\begin{pmatrix}1\\ 0\\ 0\end{pmatrix},\ \boldsymbol{p}_2=\begin{pmatrix}0\\ 1\\ 1\end{pmatrix}.$$

属于特征值 $\lambda_3=-1$ 的特征向量满足 $\begin{cases}-2x_1=0\\ -x_2-x_3=0\end{cases}$. 可取特征向量

$$\boldsymbol{p}_3=\begin{pmatrix}0\\ 1\\ -1\end{pmatrix}.$$

此三个线性无关的特征向量可拼成可逆阵

$$\boldsymbol{P}=\begin{pmatrix}1&0&0\\0&1&1\\0&1&-1\end{pmatrix},$$

使得

$$\boldsymbol{P}^{-1}\boldsymbol{AP}=\begin{pmatrix}1&&\\&1&\\&&-1\end{pmatrix}=\boldsymbol{B}.$$

说明 我们还需要验证此矩阵等式是否正确. 为了避开繁琐的矩阵求逆,可改为检验矩阵等式 $\boldsymbol{AP}=\boldsymbol{PB}$. 由于 $\boldsymbol{B}$ 是对角阵,这将使 $\boldsymbol{PB}$ 的求法非常方便.

$$\boldsymbol{AP}=\begin{pmatrix}1&0&0\\0&0&1\\0&1&0\end{pmatrix}\begin{pmatrix}1&0&0\\0&1&1\\0&1&-1\end{pmatrix}=\begin{pmatrix}1&0&0\\0&1&-1\\0&1&1\end{pmatrix}=\begin{pmatrix}1&0&0\\0&1&1\\0&1&-1\end{pmatrix}\begin{pmatrix}1&&\\&1&\\&&-1\end{pmatrix}=\boldsymbol{PB}.$$

例 5.2.5 设 n 阶方阵 $\boldsymbol{A}$ 与 $\boldsymbol{B}$ 相似,证明方阵多项式 $f(\boldsymbol{A})$ 与 $f(\boldsymbol{B})$ 一定相似.

证 设对应的多项式为 $f(x)=\sum_{k=1}^{m}a_kx^k$. 根据方阵多项式的定义可知

$$f(\boldsymbol{A})=\sum_{k=1}^{m}a_k\boldsymbol{A}^k,\ f(\boldsymbol{B})=\sum_{k=1}^{m}a_k\boldsymbol{B}^k.$$

由 $\boldsymbol{B}=\boldsymbol{P}^{-1}\boldsymbol{AP}$ 用数学归纳法可证 $\boldsymbol{B}^k=\boldsymbol{P}^{-1}\boldsymbol{A}^k\boldsymbol{P}$, 于是有

$$\boldsymbol{P}^{-1}f(\boldsymbol{A})\boldsymbol{P}=\boldsymbol{P}^{-1}\left(\sum_{k=1}^{m}a_k\boldsymbol{A}^k\right)\boldsymbol{P}=\sum_{k=1}^{m}a_k(\boldsymbol{P}^{-1}\boldsymbol{A}^k\boldsymbol{P})=\sum_{k=1}^{m}a_k\boldsymbol{B}^k=f(\boldsymbol{B}).$$ 证毕

现在,我们要证明如下非常重要的基本定理.

定理 5.2.2 n 阶方阵 $\boldsymbol{A}$ 相似于对角阵 $\Leftrightarrow \boldsymbol{A}$ 有 n 个线性无关的特征向量.

证 (1) 必要性:设 $\boldsymbol{P}^{-1}\boldsymbol{AP}=\begin{pmatrix}\lambda_1&&&\\&\lambda_2&&\\&&\ddots&\\&&&\lambda_n\end{pmatrix}=\boldsymbol{\Lambda}$,则有 $\boldsymbol{AP}=\boldsymbol{P\Lambda}$.

令 $\boldsymbol{P}=(\boldsymbol{p}_1,\boldsymbol{p}_2,\cdots,\boldsymbol{p}_n)$ 是 $\boldsymbol{P}$ 的列向量表示法,则由 $\boldsymbol{P}$ 可逆可知 $\{\boldsymbol{p}_1,\boldsymbol{p}_2,\cdots,\boldsymbol{p}_n\}$ 是线性无关向量组. 由

$$\boldsymbol{AP}=\boldsymbol{A}(\boldsymbol{p}_1,\boldsymbol{p}_2,\cdots,\boldsymbol{p}_n)=(\boldsymbol{Ap}_1,\boldsymbol{Ap}_2,\cdots,\boldsymbol{Ap}_n)$$

$$\text{和}\quad \boldsymbol{P\Lambda}=(\boldsymbol{p}_1,\ \boldsymbol{p}_2,\ \cdots,\ \boldsymbol{p}_n)\begin{pmatrix}\lambda_1 & & & \\ & \lambda_2 & & \\ & & \ddots & \\ & & & \lambda_n\end{pmatrix}=(\lambda_1\boldsymbol{p}_1,\ \lambda_2\boldsymbol{p}_2,\ \cdots,\ \lambda_n\boldsymbol{p}_n)$$

相等可知,一定有

$$\boldsymbol{Ap}_j=\lambda_j\boldsymbol{p}_j,\ j=1,\ 2,\ \cdots,\ n.$$

这就证明了 $\boldsymbol{P}$ 的 n 个列向量就是 $\boldsymbol{A}$ 的 n 个线性无关的特征向量.

(2) 充分性:设 $\boldsymbol{A}$ 有 n 个线性无关的特征向量 $\{\boldsymbol{p}_1,\ \boldsymbol{p}_2,\ \cdots,\ \boldsymbol{p}_n\}$,

$$\boldsymbol{Ap}_j=\lambda_j\boldsymbol{p}_j,\ j=1,\ 2,\ \cdots,\ n,$$

则 $\boldsymbol{P}=(\boldsymbol{p}_1,\ \boldsymbol{p}_2,\ \cdots,\ \boldsymbol{p}_n)$ 是 n 阶可逆阵,而且满足

$$\begin{aligned}\boldsymbol{AP}&=\boldsymbol{A}(\boldsymbol{p}_1,\ \boldsymbol{p}_2,\ \cdots,\ \boldsymbol{p}_n)=(\lambda_1\boldsymbol{p}_1,\ \lambda_2\boldsymbol{p}_2,\ \cdots,\ \lambda_n\boldsymbol{p}_n)\\&=(\boldsymbol{p}_1,\ \boldsymbol{p}_2,\ \cdots,\ \boldsymbol{p}_n)\begin{pmatrix}\lambda_1 & & & \\ & \lambda_2 & & \\ & & \ddots & \\ & & & \lambda_n\end{pmatrix}=\boldsymbol{P\Lambda},\end{aligned}$$

即 $\boldsymbol{P}^{-1}\boldsymbol{AP}=\boldsymbol{\Lambda}$ 为对角阵. 证毕

说明 具体地说,只要对于每一个 r_i 重特征值 λ_i,用来求对应特征向量的齐次线性方程组有 r_i 个自由变量,那么这个 n 阶方阵一定相似于对角阵. 因为所有不同的特征值的重数之和就是 n,此时一定可以求出 n 个线性无关的特征向量.

定理 5.2.3 属于 n 阶方阵 $\boldsymbol{A}$ 的两两不同特征值的特征向量组一定为线性无关组.

* **证** 设 $\lambda_1,\ \lambda_2,\ \cdots,\ \lambda_s$ 是 $\boldsymbol{A}$ 的 s 个两两不同的特征值,

$$\boldsymbol{Ap}_j=\lambda_j\boldsymbol{p}_j,\ j=1,\ 2,\ \cdots,\ s.$$

要证明特征向量组 $\boldsymbol{p}_1,\ \boldsymbol{p}_2,\ \cdots,\ \boldsymbol{p}_s$ 为线性无关组,对 s 用数学归纳法.

当 $s=1$ 时,由 $\boldsymbol{p}_1\neq\boldsymbol{0}$ 可知 $\boldsymbol{p}_1$ 线性无关.

假设属于 k 个两两不同的特征值的特征向量线性无关,要证明属于 $k+1$ 个两两不同的特征值的特征向量也线性无关. 设

$$l_1\boldsymbol{p}_1+l_2\boldsymbol{p}_2+\cdots+l_k\boldsymbol{p}_k+l_{k+1}\boldsymbol{p}_{k+1}=\boldsymbol{0}.$$

为了消去 $l_{k+1}\boldsymbol{p}_{k+1}$ 这一项,我们分别对上式作如下两种运算:

（1）用 $\boldsymbol{A}$ 左乘它，并利用 $\boldsymbol{A}\boldsymbol{p}_j=\lambda_j\boldsymbol{p}_j$ 可以得到

$$\lambda_1 l_1 \boldsymbol{p}_1+\lambda_2 l_2 \boldsymbol{p}_2+\cdots+\lambda_k l_k \boldsymbol{p}_k+\lambda_{k+1} l_{k+1} \boldsymbol{p}_{k+1}=\boldsymbol{0}.$$

（2）用 λ_{k+1} 乘它，又可以得到

$$\lambda_{k+1} l_1 \boldsymbol{p}_1+\lambda_{k+1} l_2 \boldsymbol{p}_2+\cdots+\lambda_{k+1} l_k \boldsymbol{p}_k+\lambda_{k+1} l_{k+1} \boldsymbol{p}_{k+1}=\boldsymbol{0}.$$

再把所得到的两式相减，可以得到

$$(\lambda_1-\lambda_{k+1}) l_1 \boldsymbol{p}_1+(\lambda_2-\lambda_{k+1}) l_2 \boldsymbol{p}_2+\cdots+(\lambda_k-\lambda_{k+1}) l_k \boldsymbol{p}_k=\boldsymbol{0}.$$

由归纳假设知道 $\boldsymbol{p}_1$，$\boldsymbol{p}_2$，…，$\boldsymbol{p}_k$ 线性无关，所以有

$$(\lambda_j-\lambda_{k+1}) l_j=0,\ j=1,\ 2,\ \cdots,\ k.$$

但是 $\lambda_j \neq \lambda_{k+1}$，$j=1,\ 2,\ \cdots,\ k$，所以有

$$l_1=l_2=\cdots=l_k=0.$$

再代入原式得到 $l_{k+1}\boldsymbol{p}_{k+1}=\boldsymbol{0}$. 再由 $\boldsymbol{p}_{k+1}\neq\boldsymbol{0}$ 可知 $l_{k+1}=0$，这就证明了 $\boldsymbol{p}_1$，$\boldsymbol{p}_2$，…，$\boldsymbol{p}_{k+1}$ 线性无关.

因此，对于任何 s，$\boldsymbol{p}_1$，$\boldsymbol{p}_2$，…，$\boldsymbol{p}_s$ 一定线性无关.　　证毕

注　逆定理不成立. 实际上，属于同一个特征值的特征向量可以是线性无关的.

推论　（1）任意一个没有重特征值的方阵一定相似于对角阵；

（2）对角元两两不同的三角阵一定相似于对角阵.

注　反之都不正确，相似于对角阵的矩阵可以有重特征值. 例如，单位阵就是一例.

例 5.2.6　证明属于方阵 $\boldsymbol{A}$ 的同一个特征值的特征向量组的任意非零线性组合一定是 $\boldsymbol{A}$ 的特征向量.

证　设 $\boldsymbol{p}_1$，$\boldsymbol{p}_2$，…，$\boldsymbol{p}_m$ 是 $\boldsymbol{A}$ 的属于同一个特征值 λ_0 的特征向量组，则对任意不全为零的实数 k_1，k_2，…，k_m，当 $\sum\limits_{i=1}^{m} k_i\boldsymbol{p}_i\neq\boldsymbol{0}$ 时，必有

$$\boldsymbol{A}\left(\sum_{i=1}^{m} k_i\boldsymbol{p}_i\right)=\sum_{i=1}^{m} k_i(\boldsymbol{A}\boldsymbol{p}_i)=\lambda_0\left(\sum_{i=1}^{m} k_i\boldsymbol{p}_i\right),$$

所以 $\sum\limits_{i=1}^{m} k_i\boldsymbol{p}_i$ 是 $\boldsymbol{A}$ 的特征值 λ_0 的特征向量.　　证毕

例 5.2.7　属于方阵 $\boldsymbol{A}$ 的两个不同特征值的特征向量之和一定不是 $\boldsymbol{A}$ 的特征向量.

证 设 $\boldsymbol{A}\boldsymbol{p}_1=\lambda_1\boldsymbol{p}_1$，$\boldsymbol{A}\boldsymbol{p}_2=\lambda_2\boldsymbol{p}_2$，$\lambda_1\neq\lambda_2$. 如果

$$\boldsymbol{A}(\boldsymbol{p}_1+\boldsymbol{p}_2)=\mu(\boldsymbol{p}_1+\boldsymbol{p}_2),$$

则

$$\lambda_1\boldsymbol{p}_1+\lambda_2\boldsymbol{p}_2=\mu\boldsymbol{p}_1+\mu\boldsymbol{p}_2,$$

即

$$(\lambda_1-\mu)\boldsymbol{p}_1+(\lambda_2-\mu)\boldsymbol{p}_2=\boldsymbol{0}.$$

因为 $\lambda_1\neq\lambda_2$，$\boldsymbol{p}_1$ 与 $\boldsymbol{p}_2$ 线性无关，所以必有 $\lambda_1=\mu=\lambda_2$. 这与条件矛盾. 证毕

习题 5.2

1. 求出以下方阵的特征值，并问能否相似于对角阵？若能，则求出其相似标准形.

(1) $\boldsymbol{A}=\begin{pmatrix}5&4&2\\4&5&2\\2&2&2\end{pmatrix}$；　(2) $\boldsymbol{A}=\begin{pmatrix}-1&4&-2\\-3&4&0\\-3&1&3\end{pmatrix}$；　(3) $\boldsymbol{A}=\begin{pmatrix}0&0&0\\0&0&0\\3&0&1\end{pmatrix}$；

(4) $\boldsymbol{A}=\begin{pmatrix}19&-9&-6\\25&-11&-9\\17&-9&-4\end{pmatrix}$；　(5) $\boldsymbol{A}=\begin{pmatrix}a&1&0\\0&a&1\\0&0&a\end{pmatrix}$.

2. 求出 a 的值，使得 $\boldsymbol{A}=\begin{pmatrix}1&-1&0\\-1&0&0\\0&0&1\end{pmatrix}$ 与 $\boldsymbol{B}=\begin{pmatrix}1&a&0\\-1&0&-1\\0&a&1\end{pmatrix}$ 相似.

3. 求出参数 x 和 y 的值，使得

$$\boldsymbol{A}=\begin{pmatrix}2&0&0\\0&0&1\\0&1&x\end{pmatrix}\text{与 }\boldsymbol{B}=\begin{pmatrix}2&0&0\\0&y&0\\0&0&-1\end{pmatrix}$$

相似，并求出 $\boldsymbol{A}$ 的所有的特征向量.

4. 求出三阶方阵 $\boldsymbol{A}$ 使得它的特征值 λ_1，λ_2，λ_3 和对应的特征向量 $\boldsymbol{p}_1$，$\boldsymbol{p}_2$，$\boldsymbol{p}_3$ 如下：

(1) $\lambda_1=1$，$\lambda_2=0$，$\lambda_3=-1$，$\boldsymbol{p}_1=\begin{pmatrix}1\\2\\2\end{pmatrix}$，$\boldsymbol{p}_2=\begin{pmatrix}2\\-2\\1\end{pmatrix}$，$\boldsymbol{p}_3=\begin{pmatrix}-2\\-1\\2\end{pmatrix}$；

(2) $\lambda_1=1,\lambda_2=1,\lambda_3=2,\ \boldsymbol{p}_1=\begin{pmatrix}1\\2\\1\end{pmatrix},\ \boldsymbol{p}_2=\begin{pmatrix}1\\1\\0\end{pmatrix},\ \boldsymbol{p}_3=\begin{pmatrix}2\\0\\-1\end{pmatrix}$.

5. 当参数 x 为何值时，$\boldsymbol{A}=\begin{pmatrix}-2&0&0\\2&x&2\\3&1&1\end{pmatrix}$的特征值为$-2,-1,2$? 并求出可逆阵 $\boldsymbol{P}$,使得 $\boldsymbol{P}^{-1}\boldsymbol{AP}$ 为对角阵.

第 6 章

正交阵与对称阵

与方阵的特征值理论密切相关的是实对称阵的标准形问题，它也有极大的实用性. 在本章中，我们把在第 5 章中所建立的实方阵的基本定理(方阵相似于对角阵的充要条件)具体运用到求实对称阵的标准形问题.

§6.1 向量内积

为了引进正交阵这一类重要的方阵，我们先要引进向量内积这一新概念.

我们仍考虑 n 维实行向量空间

$$\mathbf{R}^n = \{\boldsymbol{\alpha} = (a_1, a_2, \cdots, a_n) \mid \forall a_i \in \mathbf{R}\}.$$

我们知道，在 n 维向量空间 $\mathbf{R}^n$ 中只有加法、减法和数乘这三种运算，没有乘法、转置和求逆运算. 但是一个 n 维行向量与一个 n 维列向量却是可以相乘的，其结果是一个数.

定义 6.1.1 对于 $\boldsymbol{\alpha} = (a_1, a_2, \cdots, a_n)$，$\boldsymbol{\beta} = (b_1, b_2, \cdots, b_n) \in \mathbf{R}^n$，定义它们的**内积**为

$$(\boldsymbol{\alpha}, \boldsymbol{\beta}) = \sum_{i=1}^{n} a_i b_i = \boldsymbol{\alpha}\boldsymbol{\beta}'.$$

若 $\boldsymbol{\alpha}$，$\boldsymbol{\beta}$ 都是 n 维列向量，则定义它们的**内积**为 $(\boldsymbol{\alpha}, \boldsymbol{\beta}) = \sum_{i=1}^{n} a_i b_i = \boldsymbol{\alpha}'\boldsymbol{\beta}$.

因此，两个同维实向量的内积是对应分量的乘积之和，它是一个实数.

例 6.1.1 设 $\boldsymbol{\alpha} = (1, 2, 3)$，$\boldsymbol{\beta} = (4, 5, 6)$，则

$$(\boldsymbol{\alpha}, \boldsymbol{\beta}) = 4 + 10 + 18 = 32.$$

由内积定义可得以下基本性质：

(1) **对称性**：$(\boldsymbol{\alpha}, \boldsymbol{\beta}) = (\boldsymbol{\beta}, \boldsymbol{\alpha})$.

(2) **线性性**:对于 $k, l \in \mathbf{R}$, $\boldsymbol{\alpha}, \boldsymbol{\beta}, \boldsymbol{\gamma} \in \mathbf{R}^n$,有

$$(k\boldsymbol{\alpha}, \boldsymbol{\beta}) = (\boldsymbol{\alpha}, k\boldsymbol{\beta}) = k(\boldsymbol{\alpha}, \boldsymbol{\beta}), (\boldsymbol{\alpha}+\boldsymbol{\beta}, \boldsymbol{\gamma}) = (\boldsymbol{\alpha}, \boldsymbol{\gamma}) + (\boldsymbol{\beta}, \boldsymbol{\gamma}).$$

它们可以合并为 $(k\boldsymbol{\alpha}+l\boldsymbol{\beta}, \boldsymbol{\gamma}) = k(\boldsymbol{\alpha}, \boldsymbol{\gamma}) + l(\boldsymbol{\beta}, \boldsymbol{\gamma})$.

(3) **正定性**:$(\boldsymbol{\alpha}, \boldsymbol{\alpha}) \geqslant 0$,而且$(\boldsymbol{\alpha}, \boldsymbol{\alpha}) = 0 \Leftrightarrow \boldsymbol{\alpha} = \mathbf{0}$.

(4) **许瓦兹(Schwarz)不等式**:$(\boldsymbol{\alpha}, \boldsymbol{\beta})^2 \leqslant (\boldsymbol{\alpha}, \boldsymbol{\alpha})(\boldsymbol{\beta}, \boldsymbol{\beta})$,　　(∗)

而且其中等号成立当且仅当 $\boldsymbol{\alpha}$ 与 $\boldsymbol{\beta}$ 线性相关.

***证**　前三条性质是显然的,现在证明第四个性质.

若 $\boldsymbol{\beta} = \mathbf{0}$,则$(\boldsymbol{\alpha}, \boldsymbol{\beta}) = 0$, $(\boldsymbol{\beta}, \boldsymbol{\beta}) = 0$.(∗)式中的等号显然成立.

设 $\boldsymbol{\beta} \neq \mathbf{0}$,则$(\boldsymbol{\beta}, \boldsymbol{\beta}) > 0$.取 $\boldsymbol{\gamma} = \boldsymbol{\alpha} + t\boldsymbol{\beta}$,其中 t 为某个参数,则有

$$(\boldsymbol{\gamma}, \boldsymbol{\gamma}) = (\boldsymbol{\alpha}+t\boldsymbol{\beta}, \boldsymbol{\alpha}+t\boldsymbol{\beta}) = (\boldsymbol{\alpha}, \boldsymbol{\alpha}) + 2(\boldsymbol{\alpha}, \boldsymbol{\beta})t + (\boldsymbol{\beta}, \boldsymbol{\beta})t^2 \geqslant 0.$$

特别地,取 $t = -\dfrac{(\boldsymbol{\alpha}, \boldsymbol{\beta})}{(\boldsymbol{\beta}, \boldsymbol{\beta})}$,就有

$$(\boldsymbol{\alpha}, \boldsymbol{\alpha}) - 2\frac{(\boldsymbol{\alpha}, \boldsymbol{\beta})^2}{(\boldsymbol{\beta}, \boldsymbol{\beta})} + (\boldsymbol{\beta}, \boldsymbol{\beta})\frac{(\boldsymbol{\alpha}, \boldsymbol{\beta})^2}{(\boldsymbol{\beta}, \boldsymbol{\beta})^2} = (\boldsymbol{\alpha}, \boldsymbol{\alpha}) - \frac{(\boldsymbol{\alpha}, \boldsymbol{\beta})^2}{(\boldsymbol{\beta}, \boldsymbol{\beta})} \geqslant 0.$$

即
$$(\boldsymbol{\alpha}, \boldsymbol{\alpha})(\boldsymbol{\beta}, \boldsymbol{\beta}) - (\boldsymbol{\alpha}, \boldsymbol{\beta})^2 \geqslant 0.$$

据此证得(∗)式成立.其中等号成立当且仅当 $\boldsymbol{\gamma} = \mathbf{0}$,即 $\boldsymbol{\alpha}$ 与 $\boldsymbol{\beta}$ 线性相关.　　证毕

在定义向量的长度概念之前,我们先回忆一下在平面几何和立体几何中是如何计算向量的长度的.

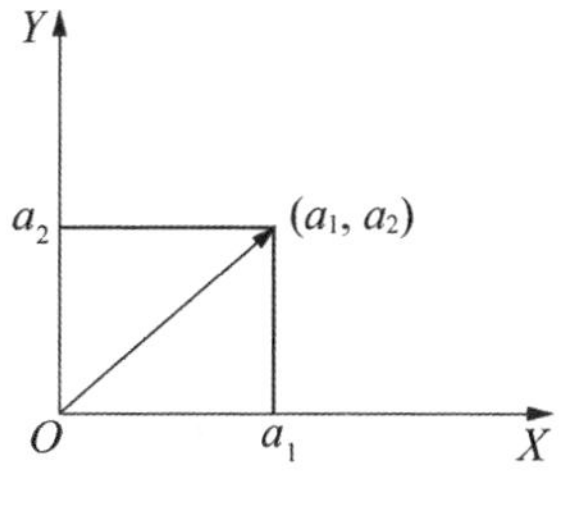

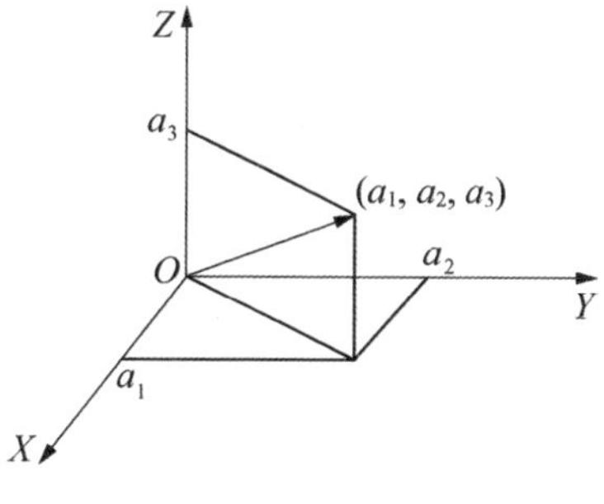

平面向量的长度为 $\sqrt{a_1^2+a_2^2}$,空间向量的长度为$\sqrt{a_1^2+a_2^2+a_3^2}$.

定义 6.1.2　对于 $\boldsymbol{\alpha} = (a_1, a_2, \cdots, a_n) \in \mathbf{R}^n$,定义它的**长度**

$$\|\boldsymbol{\alpha}\| = \sqrt{(\boldsymbol{\alpha}, \boldsymbol{\alpha})} = \sqrt{\sum_{i=1}^{n} a_i^2}.$$

向量长度有以下三条性质:

(1) **非负性**：$\|\boldsymbol{\alpha}\| \geqslant 0$ 而且 $\|\boldsymbol{\alpha}\| = 0 \Leftrightarrow \boldsymbol{\alpha} = \mathbf{0}$.

(2) **齐次性**：$\|k\boldsymbol{\alpha}\| = \sqrt{(k\boldsymbol{\alpha}, k\boldsymbol{\alpha})} = \sqrt{k^2(\boldsymbol{\alpha}, \boldsymbol{\alpha})} = |k| \times \|\boldsymbol{\alpha}\|$.

这里，$|k|$ 是数 k 的绝对值.

(3) **三角不等式**：$\|\boldsymbol{\alpha} + \boldsymbol{\beta}\| \leqslant \|\boldsymbol{\alpha}\| + \|\boldsymbol{\beta}\|$.

证 前两条性质是显然的. 由许瓦兹不等式得

$$(\boldsymbol{\alpha}, \boldsymbol{\beta})^2 \leqslant (\boldsymbol{\alpha}, \boldsymbol{\alpha})(\boldsymbol{\beta}, \boldsymbol{\beta}),$$

即

$$|(\boldsymbol{\alpha}, \boldsymbol{\beta})| \leqslant \|\boldsymbol{\alpha}\| \times \|\boldsymbol{\beta}\|.$$

证明第三条性质：

$$\begin{aligned}\|\boldsymbol{\alpha} + \boldsymbol{\beta}\|^2 &= (\boldsymbol{\alpha} + \boldsymbol{\beta}, \boldsymbol{\alpha} + \boldsymbol{\beta}) = (\boldsymbol{\alpha}, \boldsymbol{\alpha}) + (\boldsymbol{\beta}, \boldsymbol{\beta}) + 2(\boldsymbol{\alpha}, \boldsymbol{\beta}) \\ &\leqslant \|\boldsymbol{\alpha}\|^2 + \|\boldsymbol{\beta}\|^2 + 2\|\boldsymbol{\alpha}\| \times \|\boldsymbol{\beta}\| = (\|\boldsymbol{\alpha}\| + \|\boldsymbol{\beta}\|)^2,\end{aligned}$$

两边开方，即得所需的三角不等式. 证毕

我们定义 $\boldsymbol{\alpha} = (a_1, a_2, \cdots, a_n)$ 为**单位向量** $\Leftrightarrow \|\boldsymbol{\alpha}\| = 1 \Leftrightarrow \sum_{i=1}^{n} a_i^2 = 1$.

易见，任意一个非零向量 $\boldsymbol{\alpha} = (a_1, a_2, \cdots, a_n)$ 都可以**单位化**：

$$\tilde{\boldsymbol{\alpha}} = \frac{1}{\|\boldsymbol{\alpha}\|} \times \boldsymbol{\alpha}.$$

事实上，

$$\|\tilde{\boldsymbol{\alpha}}\| = \left\| \frac{\mathbf{1}}{\|\boldsymbol{\alpha}\|} \times \boldsymbol{\alpha} \right\| = \frac{\mathbf{1}}{\|\boldsymbol{\alpha}\|} \times \|\boldsymbol{\alpha}\| = 1.$$

如此求出的 $\tilde{\boldsymbol{\alpha}}$ 一定是单位向量.

进一步，若 $\boldsymbol{\beta} = k\boldsymbol{\alpha} \neq \mathbf{0}$，则 $\boldsymbol{\beta}$ 的单位化向量

$$\tilde{\boldsymbol{\beta}} = \frac{\mathbf{1}}{\|\boldsymbol{\beta}\|}\boldsymbol{\beta} = \frac{1}{\|k\boldsymbol{\alpha}\|} \times k\boldsymbol{\alpha} = \frac{1}{|k| \times \|\boldsymbol{\alpha}\|} \times k\boldsymbol{\alpha} = \pm \tilde{\boldsymbol{\alpha}}.$$

这说明，当 k 为正数时，$\boldsymbol{\beta}$ 的单位化向量就是 $\boldsymbol{\alpha}$ 的单位化向量；否则，两者异号.

例 6.1.2 对于 $\boldsymbol{\alpha} = (1, 2, 3)$，有 $\|\boldsymbol{\alpha}\| = \sqrt{14}$，$\tilde{\boldsymbol{\alpha}} = \frac{1}{\sqrt{14}}(1, 2, 3)$.

对于 $\boldsymbol{\beta} = (3, 6, 9) = 3(1, 2, 3) = 3\boldsymbol{\alpha}$，有

$$\tilde{\boldsymbol{\beta}} = \frac{\mathbf{1}}{\|\boldsymbol{\beta}\|} \times \boldsymbol{\beta} = \frac{1}{\|3\boldsymbol{\alpha}\|} \times 3\boldsymbol{\alpha} = \frac{\mathbf{1}}{\|\boldsymbol{\alpha}\|} \times \boldsymbol{\alpha} = \tilde{\boldsymbol{\alpha}} = \frac{1}{\sqrt{14}}(1, 2, 3).$$

例 6.1.3　设 $\boldsymbol{\alpha}, \boldsymbol{\beta}, \boldsymbol{\gamma} \in \mathbf{R}^n$，$n > 1$，则

(1) $(\boldsymbol{\alpha}, \boldsymbol{\beta})\boldsymbol{\gamma} - (\boldsymbol{\alpha}, \boldsymbol{\alpha})(\boldsymbol{\gamma}, \boldsymbol{\beta})$，$((\boldsymbol{\alpha}, \boldsymbol{\beta})\boldsymbol{\gamma}, \boldsymbol{\gamma}) + 2\boldsymbol{\alpha}$ 都是无意义的表示式. 因为，向量与数不能相减和相加.

(2) 因为一维向量 $\boldsymbol{\alpha} = (a)$ 就是一个数 a，所以，它的长度 $\|\boldsymbol{\alpha}\|$ 就是数 a 的绝对值 $|a|$. 例如，$\boldsymbol{\alpha} = (6)$ 就是实数轴上的点 $x = 6$，此向量的长度当然是 6. 因此，对于 $\boldsymbol{\alpha}, \boldsymbol{\beta} \in \mathbf{R}^n$，有

$$\|(\boldsymbol{\alpha}, \boldsymbol{\beta})\| = |(\boldsymbol{\alpha}, \boldsymbol{\beta})|.$$

(3) 当 $\boldsymbol{\beta} \neq \mathbf{0}$ 时，$\left(\boldsymbol{\alpha}, \dfrac{\boldsymbol{\beta}}{\|\boldsymbol{\beta}\|}\right)\boldsymbol{\gamma}$ 是向量. 当 $\boldsymbol{\beta} = \mathbf{0}$ 时，它无意义.

定义 6.1.3　设 $\boldsymbol{\alpha} = (a_1, a_2, \cdots, a_n)$，$\boldsymbol{\beta} = (b_1, b_2, \cdots, b_n) \in \mathbf{R}^n$. 如果 $(\boldsymbol{\alpha}, \boldsymbol{\beta}) = 0$，即 $\sum\limits_{i=1}^{n} a_i b_i = 0$，则称 $\boldsymbol{\alpha}$ 与 $\boldsymbol{\beta}$ **正交**. 记为 $\boldsymbol{\alpha} \perp \boldsymbol{\beta}$.

由此定义可以知道，零向量与任意同维向量都正交. 反之，如果某个 n 维向量 $\boldsymbol{\alpha}$ 与 $\mathbf{R}^n$ 中任意一个向量都正交，则 $\boldsymbol{\alpha}$ 当然与 $\boldsymbol{\alpha}$ 正交. 于是，由 $(\boldsymbol{\alpha}, \boldsymbol{\alpha}) = 0$ 可知有 $\boldsymbol{\alpha} = \mathbf{0}$.

例 6.1.4　(1) 在平面 $\mathbf{R}^2$ 中与 $\boldsymbol{\alpha} = (2, 4)$ 正交的向量 (x, y) 一定满足

$$2x + 4y = 0,\ y = -0.5x.$$

它是一条过原点的斜率为 -0.5 的直线.

(2) 在 $\mathbf{R}^3$ 中与 $\boldsymbol{\alpha} = (1, 1, 1)$ 正交的向量 (x, y, z) 满足 $x + y + z = 0$. 它是过原点的与向量 $\boldsymbol{\alpha}$ 垂直的平面.

定理 6.1.1　两两正交的**非零**向量组一定是线性无关组.

证　任取两两正交的非零向量组 $\boldsymbol{\alpha}_1, \boldsymbol{\alpha}_2, \cdots, \boldsymbol{\alpha}_m$. 设

$$k_1\boldsymbol{\alpha}_1 + k_2\boldsymbol{\alpha}_2 + \cdots + k_m\boldsymbol{\alpha}_m = \mathbf{0},$$

则由两两正交性知道，对于任意一个 $1 \leqslant i \leqslant m$，一定有

$$(k_1\boldsymbol{\alpha}_1 + k_2\boldsymbol{\alpha}_2 + \cdots + k_m\boldsymbol{\alpha}_m, \boldsymbol{\alpha}_i) = k_i(\boldsymbol{\alpha}_i, \boldsymbol{\alpha}_i) = 0.$$

由 $\boldsymbol{\alpha}_i \neq \mathbf{0}$，可知 $(\boldsymbol{\alpha}_i, \boldsymbol{\alpha}_i) > 0$，所以 $k_i = 0$，$i = 1, 2, \cdots, m$.

这就证明了 $\boldsymbol{\alpha}_1, \boldsymbol{\alpha}_2, \cdots, \boldsymbol{\alpha}_m$ 为线性无关组.　　证毕

说明　线性无关组中都是非零向量，可是它们未必是正交的.

定义 6.1.4　$\mathbf{R}^n$ 中的向量组 $\boldsymbol{S} = \{\boldsymbol{\alpha}_1, \boldsymbol{\alpha}_2, \cdots, \boldsymbol{\alpha}_m\}$ $(m \leqslant n)$，称为**标准正交向量组**，如果其中每个向量都是单位向量，而且它们中的任意两个向量都是正交的(简称为**两两正交**).

我们常把这两个条件合并写成

$$(\boldsymbol{\alpha}_i, \boldsymbol{\alpha}_j) = \delta_{ij} = \begin{cases} 1, & i = j \\ 0, & i \neq j \end{cases},$$

其中专用记号 δ_{ij} 称为 Kronecker 符号.

例 6.1.5 在 $\mathbf{R}^3$ 中,$\boldsymbol{\varepsilon}_1 = (1, 0, 0)$, $\boldsymbol{\varepsilon}_2 = (0, 1, 0)$, $\boldsymbol{\varepsilon}_3 = (0, 0, 1)$ 显然是标准正交向量组.

不难验证 $\boldsymbol{\alpha}_1 = \dfrac{1}{3}(2, -1, 2)$, $\boldsymbol{\alpha}_2 = \dfrac{1}{3}(2, 2, -1)$, $\boldsymbol{\alpha}_3 = \dfrac{1}{3}(1, -2, -2)$ 也是 $\mathbf{R}^3$ 中标准正交向量组.

习题 6.1

1. 设 $\boldsymbol{\alpha} = (-1, 1)$, $\boldsymbol{\beta} = (4, -2)$,求$\left(\left[(\boldsymbol{\alpha}, \boldsymbol{\alpha})\boldsymbol{\beta} - \dfrac{1}{3}(\boldsymbol{\alpha}, \boldsymbol{\beta})\boldsymbol{\alpha}\right], 6\boldsymbol{\alpha}\right)$.

2. 求出 k 的值,使得 $\boldsymbol{\alpha} = \left(\dfrac{1}{3}k, \dfrac{1}{2}k, k\right)$是单位向量.

3. (1) 在 $\mathbf{R}^3$ 中求出所有与 $\boldsymbol{\alpha} = (1, -1, 1)$, $\boldsymbol{\beta} = (-1, 1, 1)$ 都正交的向量;

(2) 在 $\mathbf{R}^3$ 中求出所有与 $\boldsymbol{\alpha} = (1, -1, 0)$ 正交的向量;

(3) 在 $\mathbf{R}^n$ 中求出以原点为始点的单位向量$(x_1, x_2, \cdots, x_n)$的终点所满足的方程.

4. 在 $\mathbf{R}^4$ 中求一个单位向量,使它与以下三个向量都正交:

$$\boldsymbol{\alpha}_1 = (1, 1, -1, 1), \boldsymbol{\alpha}_2 = (1, -1, -1, 1), \boldsymbol{\alpha}_3 = (2, 1, 1, 3).$$

5. 已知在 $\mathbf{R}^3$ 中有某个非零向量同时垂直于以下三个向量,试求出其中 λ 的值:

$$\boldsymbol{\alpha}_1 = (1, 0, 2), \boldsymbol{\alpha}_2 = (-1, 1, -3), \boldsymbol{\alpha}_3 = (2, -1, \lambda).$$

§6.2 正 交 阵

定义 6.2.1 如果 n 阶实方阵 $\boldsymbol{A}$ 满足 $\boldsymbol{A}\boldsymbol{A}' = \boldsymbol{I}_n$,则称 $\boldsymbol{A}$ 为**正交阵**.

例 6.2.1 两类重要的二阶正交阵:

$$\begin{pmatrix} \cos\theta & \sin\theta \\ -\sin\theta & \cos\theta \end{pmatrix} \text{和} \begin{pmatrix} \cos\theta & \sin\theta \\ \sin\theta & -\cos\theta \end{pmatrix}.$$

因为

$$\begin{pmatrix} \cos\theta & \sin\theta \\ -\sin\theta & \cos\theta \end{pmatrix}\begin{pmatrix} \cos\theta & -\sin\theta \\ \sin\theta & \cos\theta \end{pmatrix} = \begin{pmatrix} 1 & \\ & 1 \end{pmatrix},$$

$$\begin{pmatrix} \cos\theta & \sin\theta \\ \sin\theta & -\cos\theta \end{pmatrix}\begin{pmatrix} \cos\theta & \sin\theta \\ \sin\theta & -\cos\theta \end{pmatrix} = \begin{pmatrix} 1 & \\ & 1 \end{pmatrix}.$$

* 实际上可以证明，二阶正交阵只有这两类方阵.

设 $\boldsymbol{A} = \begin{pmatrix} x & y \\ z & w \end{pmatrix}$ 为正交阵，则由

$$\boldsymbol{AA}' = \begin{pmatrix} x & y \\ z & w \end{pmatrix}\begin{pmatrix} x & z \\ y & w \end{pmatrix} = \begin{pmatrix} 1 & 0 \\ 0 & 1 \end{pmatrix}$$

知道，必有

$$\begin{cases} x^2 + y^2 = 1 \\ z^2 + w^2 = 1 \\ xz + yw = 0 \end{cases}.$$

由 $x^2 + y^2 = 1$ 知道，可设 $x = \cos\theta$，$y = \sin\theta$，则

$$z = -\frac{y}{x} \times w = -\frac{\sin\theta}{\cos\theta} \times w = -\tan\theta \times w.$$

将它代入第二个方程可得

$$w^2(1 + \tan^2\theta) = 1, \text{即} \frac{w^2}{\cos^2\theta} = 1.$$

据此即可确定

$$w^2 = \cos^2\theta,\ w = \pm\cos\theta.$$

因而
$$z = \mp\sin\theta,$$

$$\boldsymbol{A} = \begin{pmatrix} x & y \\ z & w \end{pmatrix} = \begin{pmatrix} \cos\theta & \sin\theta \\ -\sin\theta & \cos\theta \end{pmatrix} \quad \text{或者} \begin{pmatrix} \cos\theta & \sin\theta \\ \sin\theta & -\cos\theta \end{pmatrix}.$$

正交阵的基本性质：设 $\boldsymbol{A}$ 是正交阵，则有以下结论：

(1) 对 $\boldsymbol{A}\boldsymbol{A}'=\boldsymbol{I}_n$,用行列式乘法规则和 $|\boldsymbol{A}'|=|\boldsymbol{A}|$ 可知 $|\boldsymbol{A}|^2=1$,所以正交阵的行列式 $|\boldsymbol{A}|=\pm1$. 反之不成立,行列式为 $|\boldsymbol{A}|=\pm1$ 的 $\boldsymbol{A}$ 未必是正交阵. 例如 $\boldsymbol{A}=\begin{pmatrix}1 & 1\\ 0 & 1\end{pmatrix}$.

(2) 由 $\boldsymbol{A}\boldsymbol{A}'=\boldsymbol{I}_n$ 立刻得到 $\boldsymbol{A}^{-1}=\boldsymbol{A}'$. 这说明正交阵的逆阵就是转置矩阵.

(3) $\boldsymbol{A}\boldsymbol{A}'=\boldsymbol{I}_n \Leftrightarrow \boldsymbol{A}'\boldsymbol{A}=\boldsymbol{I}_n$. 这说明正交阵的转置矩阵(逆阵)也是正交阵.

(4) 因为 $\boldsymbol{A}\boldsymbol{A}^*=|\boldsymbol{A}|\boldsymbol{I}_n$,所以 $\boldsymbol{A}^*=|\boldsymbol{A}|\boldsymbol{A}^{-1}=|\boldsymbol{A}|\boldsymbol{A}'$. 于是由

$$\boldsymbol{A}^*(\boldsymbol{A}^*)'=|\boldsymbol{A}|^2\boldsymbol{A}'\boldsymbol{A}=\boldsymbol{I}_n$$

可知正交阵 $\boldsymbol{A}$ 的伴随阵 $\boldsymbol{A}^*$ 一定是正交阵.

(5) 对于任意 n 维列向量 $\boldsymbol{\alpha}$, $\boldsymbol{\beta}$,都有

$$(\boldsymbol{A\alpha},\ \boldsymbol{A\beta})=(\boldsymbol{A\alpha})'(\boldsymbol{A\beta})=\boldsymbol{\alpha}'\boldsymbol{A}'\boldsymbol{A}\boldsymbol{\beta}=\boldsymbol{\alpha}'\boldsymbol{\beta}=(\boldsymbol{\alpha},\ \boldsymbol{\beta}),$$

因此, $\|\boldsymbol{A\alpha}\|=\|\boldsymbol{\alpha}\|$, $(\boldsymbol{\alpha},\ \boldsymbol{\beta})=0 \Leftrightarrow (\boldsymbol{A\alpha},\ \boldsymbol{A\beta})=0$.

这就是说,正交阵不改变任何两个向量的内积,因此也不改变向量的长度,而且还保持向量的正交性. 正交阵一定把标准正交向量组变成标准正交向量组.

定理 6.2.1 同阶正交阵的乘积一定是正交阵.

证 当 $\boldsymbol{A}\boldsymbol{A}'=\boldsymbol{I}_n$, $\boldsymbol{B}\boldsymbol{B}'=\boldsymbol{I}_n$ 时, 一定有

$$(\boldsymbol{AB})(\boldsymbol{AB})'=\boldsymbol{B}'\boldsymbol{A}'\boldsymbol{A}\boldsymbol{B}=\boldsymbol{I}_n.$$

证毕

说明 这个结论可以推广到有限个正交阵相乘的情形:有限个同阶正交阵的乘积一定是正交阵.

定理 6.2.2 n 阶实方阵 $\boldsymbol{A}$ 是正交阵

$\Leftrightarrow \boldsymbol{A}$ 的 n 个行向量是标准正交向量组

$\Leftrightarrow \boldsymbol{A}$ 的 n 个列向量是标准正交向量组.

说明 以 $n=3$ 为例示范证明如下.

设三阶方阵 $\boldsymbol{A}$ 的三个行向量为 $\boldsymbol{\alpha}_1$, $\boldsymbol{\alpha}_2$, $\boldsymbol{\alpha}_3$,则

$$\boldsymbol{A}\boldsymbol{A}'=\begin{pmatrix}\boldsymbol{\alpha}_1\\ \boldsymbol{\alpha}_2\\ \boldsymbol{\alpha}_3\end{pmatrix}(\boldsymbol{\alpha}'_1,\ \boldsymbol{\alpha}'_2,\ \boldsymbol{\alpha}'_3)=\begin{pmatrix}\boldsymbol{\alpha}_1\boldsymbol{\alpha}'_1 & \boldsymbol{\alpha}_1\boldsymbol{\alpha}'_2 & \boldsymbol{\alpha}_1\boldsymbol{\alpha}'_3\\ \boldsymbol{\alpha}_2\boldsymbol{\alpha}'_1 & \boldsymbol{\alpha}_2\boldsymbol{\alpha}'_2 & \boldsymbol{\alpha}_2\boldsymbol{\alpha}'_3\\ \boldsymbol{\alpha}_3\boldsymbol{\alpha}'_1 & \boldsymbol{\alpha}_3\boldsymbol{\alpha}'_2 & \boldsymbol{\alpha}_3\boldsymbol{\alpha}'_3\end{pmatrix}=\begin{pmatrix}1 & 0 & 0\\ 0 & 1 & 0\\ 0 & 0 & 1\end{pmatrix}$$

$$\Leftrightarrow \boldsymbol{\alpha}_i\boldsymbol{\alpha}'_j=\begin{cases}1, & i=j,\\ 0, & i\neq j.\end{cases}$$

例 6.2.2 根据定理 6.2.2 可以直接验证以下三个方阵都是正交阵:

$$A=\frac{1}{3}\begin{pmatrix}2&-1&2\\-1&2&2\\2&2&-1\end{pmatrix};$$

$$A=\begin{pmatrix}0&1/\sqrt{2}&-1/\sqrt{2}\\-2/\sqrt{6}&1/\sqrt{6}&1/\sqrt{6}\\1/\sqrt{3}&1/\sqrt{3}&1/\sqrt{3}\end{pmatrix};$$

$$A=\begin{pmatrix}1/2&-1/2&1/2&-1/2\\1/2&-1/2&-1/2&1/2\\1/\sqrt{2}&1/\sqrt{2}&0&0\\0&0&1/\sqrt{2}&1/\sqrt{2}\end{pmatrix}.$$

验证方法如下：**每一个**行向量中各个分量的平方之和都为 1，而且**任意两个**行向量中对应分量的乘积之和都为 0.

***定理 6.2.3**　设 A 是 n 阶正交阵，λ 是 A 的任意一个特征值，则 $\lambda\neq 0$，而且 $\frac{1}{\lambda}$ 也是 A 的特征值.

证　因为 $\prod_{i=1}^{n}\lambda_i=|A|=\pm 1\neq 0$，所以，任意一个特征值 $\lambda_i\neq 0$.

当 $Ap=\lambda p$ 时，有 $A'p=A^{-1}p=\frac{1}{\lambda}p$，这说明 $\frac{1}{\lambda}$ 是 A' 的特征值. 因为 A 和 A' 有相同的特征值，所以，$\frac{1}{\lambda}$ 也是 A 的特征值.　　证毕

例 6.2.3　(1) $A=\begin{pmatrix}\cos\theta&\sin\theta\\-\sin\theta&\cos\theta\end{pmatrix}$ 的特征值为 $\cos\theta\pm \mathrm{i}\sin\theta$，这里 $\mathrm{i}=\sqrt{-1}$ 为纯虚数.

(2) $B=\begin{pmatrix}\cos\theta&\sin\theta\\\sin\theta&-\cos\theta\end{pmatrix}$ 的特征值为 ± 1.

证　(1) $|\lambda I_2-A|=\begin{vmatrix}\lambda-\cos\theta&-\sin\theta\\\sin\theta&\lambda-\cos\theta\end{vmatrix}=\lambda^2-2\cos\theta\times\lambda+1=0$

的两个根为

$$\frac{2\cos\theta\pm\sqrt{4\cos^2\theta-4}}{2}=\cos\theta\pm\sqrt{-1}\sin\theta(\text{这是一对共轭复数}).$$

这两个特征值的乘积 $(\cos\theta+\mathrm{i}\sin\theta)(\cos\theta-\mathrm{i}\sin\theta)=1$，即这一对共轭复数

$$\cos\theta+\mathrm{i}\sin\theta \text{ 和 } \cos\theta-\mathrm{i}\sin\theta=\frac{1}{\cos\theta+\mathrm{i}\sin\theta}$$

都是 $\boldsymbol{A}$ 的特征值.

(2) $|\lambda\boldsymbol{I}_2-\boldsymbol{B}|=\begin{vmatrix}\lambda-\cos\theta & -\sin\theta\\ -\sin\theta & \lambda+\cos\theta\end{vmatrix}=\lambda^2-1=0,\ \lambda=\pm1.$ 证毕

***例 6.2.4** 设 $\boldsymbol{x}$ 为 n 维单位实列向量,证明 $\boldsymbol{H}=\boldsymbol{I}_n-2\boldsymbol{x}\boldsymbol{x}'$ 是对称阵和正交阵,且有 $\boldsymbol{H}\boldsymbol{x}=-\boldsymbol{x}$.

证 可以直接验证 $\boldsymbol{H}'=(\boldsymbol{I}_n-2\boldsymbol{x}\boldsymbol{x}')'=\boldsymbol{I}_n-2\boldsymbol{x}\boldsymbol{x}'=\boldsymbol{H}$. 这说明 $\boldsymbol{H}$ 是对称阵.

因为 $\boldsymbol{x}$ 为 n 维单位列向量,所以 $\|\boldsymbol{x}\|=\sqrt{(\boldsymbol{x},\boldsymbol{x})}=1$,即一定有 $\boldsymbol{x}'\boldsymbol{x}=(\boldsymbol{x},\boldsymbol{x})=1$. 将它代入 $\boldsymbol{H}=\boldsymbol{I}_n-2\boldsymbol{x}\boldsymbol{x}'$ 可以证得

$$\boldsymbol{H}\boldsymbol{H}'=(\boldsymbol{I}_n-2\boldsymbol{x}\boldsymbol{x}')(\boldsymbol{I}_n-2\boldsymbol{x}\boldsymbol{x}')=\boldsymbol{I}_n-4\boldsymbol{x}\boldsymbol{x}'+4\boldsymbol{x}\boldsymbol{x}'\boldsymbol{x}\boldsymbol{x}'=\boldsymbol{I}_n-4\boldsymbol{x}\boldsymbol{x}'+4\boldsymbol{x}\boldsymbol{x}'=\boldsymbol{I}_n.$$

这说明 $\boldsymbol{H}$ 是正交阵.

仍然利用 $\boldsymbol{x}'\boldsymbol{x}=1$,可以验证

$$\boldsymbol{H}\boldsymbol{x}=(\boldsymbol{I}_n-2\boldsymbol{x}\boldsymbol{x}')\boldsymbol{x}=\boldsymbol{x}-2\boldsymbol{x}\boldsymbol{x}'\boldsymbol{x}=\boldsymbol{x}-2\boldsymbol{x}=-\boldsymbol{x}.$$ 证毕

说明 由 $\boldsymbol{x}$ 为 n 维单位列向量可知 $\boldsymbol{x}'\boldsymbol{x}=1$,但 $\boldsymbol{x}\boldsymbol{x}'$ 却是 n 阶对称阵,两者截然不同!所以不能说 $\boldsymbol{H}=\boldsymbol{I}_n-2\boldsymbol{x}\boldsymbol{x}'=\boldsymbol{I}_n-2$,也不能说 $\boldsymbol{H}=\boldsymbol{I}_n-2\boldsymbol{x}\boldsymbol{x}'=\boldsymbol{I}_n-2\boldsymbol{I}_n=-\boldsymbol{I}_n$.

如果把 $\boldsymbol{H}$ 看作一面镜子. 站在镜子前面的人在镜中所成的像,正好是与镜面的距离相等但方向相反,这就是 $\boldsymbol{H}\boldsymbol{x}=-\boldsymbol{x}$ 的含义. 所以,常称 $\boldsymbol{H}$ 为**镜像阵**.

习题 6.2

1. 判定以下方阵是否为正交矩阵:

(1) $\dfrac{1}{\sqrt{2}}\begin{pmatrix}1 & 0 & 1\\ -1 & 0 & 1\\ 0 & \sqrt{2} & 0\end{pmatrix}$; (2) $\dfrac{1}{9}\begin{pmatrix}1 & -8 & -4\\ -8 & 1 & -4\\ -4 & -4 & 7\end{pmatrix}$; (3) $\begin{pmatrix}1 & -1/2 & 1/3\\ -1/2 & 1 & 1/2\\ 1/3 & 1/2 & -1\end{pmatrix}$.

2. 设 $\boldsymbol{A}$ 和 $\boldsymbol{B}$ 以及 $\boldsymbol{A}+\boldsymbol{B}$ 都是 n 阶正交矩阵,证明 $(\boldsymbol{A}+\boldsymbol{B})^{-1}=\boldsymbol{A}^{-1}+\boldsymbol{B}^{-1}$.

§6.3 对 称 阵

n 阶实方阵 $\boldsymbol{A}=(a_{ij})$ 是**对称阵** $\Leftrightarrow\boldsymbol{A}'=\boldsymbol{A}\Leftrightarrow a_{ij}=a_{ji},\ \forall i,j=1,2,\cdots,n.$

对称阵是一类常见的重要方阵. 自然要问:它有哪些特性呢? 这就是本节讨论的内容.

定理 6.3.1　对称阵的特征值一定是实数,特征向量一定是实向量.(证略)

定理 6.3.2　对称阵 $\boldsymbol{A}$ 的属于不同特征值的特征向量一定是正交向量.

证　设 $\boldsymbol{A}\boldsymbol{p}_1=\lambda_1\boldsymbol{p}_1$, $\boldsymbol{A}\boldsymbol{p}_2=\lambda_2\boldsymbol{p}_2$, $\lambda_1\neq\lambda_2$. 计算

$$\boldsymbol{p}'_1(\boldsymbol{A}\boldsymbol{p}_2)=\lambda_2\boldsymbol{p}'_1\boldsymbol{p}_2$$

和

$$(\boldsymbol{p}'_1\boldsymbol{A})\boldsymbol{p}_2=(\boldsymbol{p}'_1\boldsymbol{A}')\boldsymbol{p}_2=(\boldsymbol{A}\boldsymbol{p}_1)'\boldsymbol{p}_2=\lambda_1\boldsymbol{p}'_1\boldsymbol{p}_2.$$

因为 $\boldsymbol{p}'_1(\boldsymbol{A}\boldsymbol{p}_2)=(\boldsymbol{p}'_1\boldsymbol{A})\boldsymbol{p}_2=\boldsymbol{p}'_1\boldsymbol{A}\boldsymbol{p}_2$, 所以

$$\lambda_1\boldsymbol{p}'_1\boldsymbol{p}_2=\lambda_2\boldsymbol{p}'_1\boldsymbol{p}_2,\text{即}\quad(\lambda_1-\lambda_2)\boldsymbol{p}'_1\boldsymbol{p}_2=0.$$

再据 $\lambda_1\neq\lambda_2$ 即可证得 $\boldsymbol{p}'_1\boldsymbol{p}_2=0$, $(\boldsymbol{p}_1,\boldsymbol{p}_2)=0$,所以 $\boldsymbol{p}_1\perp\boldsymbol{p}_2$.　　证毕

例 6.3.1　已知三阶对称阵 $\boldsymbol{A}$ 的特征值为 1, 2, 3,属于 $\lambda_1=1$, $\lambda_2=2$ 的特征向量依次为

$$\boldsymbol{p}_1=\begin{pmatrix}1\\1\\0\end{pmatrix}\text{和 }\boldsymbol{p}_2=\begin{pmatrix}1\\-1\\0\end{pmatrix},$$

求出属于 $\lambda_3=3$ 的特征向量 $\boldsymbol{p}_3$ 和 $\boldsymbol{A}$.

解　因为对称阵 $\boldsymbol{A}$ 的属于不同特征值的特征向量一定是正交向量,所以属于 $\lambda_3=3$ 的特征向量 $\boldsymbol{p}_3=\begin{pmatrix}x_1\\x_2\\x_3\end{pmatrix}$一定满足$\begin{cases}x_1+x_2=0\\x_1-x_2=0\end{cases}$, x_3 是自由变量.

可取 $\boldsymbol{p}_3=\begin{pmatrix}0\\0\\1\end{pmatrix}$.

令

$$\boldsymbol{P}=\begin{pmatrix}1&1&0\\1&-1&0\\0&0&1\end{pmatrix}.$$

因为 $\boldsymbol{P}$ 是可逆阵,根据定理 5.2.2 可知

$$\boldsymbol{A}=\boldsymbol{P}\boldsymbol{\Lambda}\boldsymbol{P}^{-1}=\begin{pmatrix}1&1&0\\1&-1&0\\0&0&1\end{pmatrix}\begin{pmatrix}1&&\\&2&\\&&3\end{pmatrix}\begin{pmatrix}1&1&0\\1&-1&0\\0&0&1\end{pmatrix}^{-1}$$

$$= \left(-\frac{1}{2}\right)\begin{pmatrix} 1 & 2 & 0 \\ 1 & -2 & 0 \\ 0 & 0 & 3 \end{pmatrix}\begin{pmatrix} -1 & -1 & 0 \\ -1 & 1 & 0 \\ 0 & 0 & -2 \end{pmatrix}$$

$$= \left(-\frac{1}{2}\right)\begin{pmatrix} -3 & 1 & 0 \\ 1 & -3 & 0 \\ 0 & 0 & -6 \end{pmatrix} = \begin{pmatrix} 3/2 & -1/2 & 0 \\ -1/2 & 3/2 & 0 \\ 0 & 0 & 3 \end{pmatrix}.$$

定理 6.3.3(对称阵基本定理) 对于任意一个 n 阶对称阵 $\boldsymbol{A}$，一定存在 n 阶正交阵 $\boldsymbol{P}$，使得

$$\boldsymbol{P}^{-1}\boldsymbol{AP} = \boldsymbol{P}'\boldsymbol{AP} = \begin{pmatrix} \lambda_1 & & & \\ & \lambda_2 & & \\ & & \ddots & \\ & & & \lambda_n \end{pmatrix} = \boldsymbol{\Lambda},$$

其中 $\lambda_1, \lambda_2, \cdots, \lambda_n$ 就是 $\boldsymbol{A}$ 的 n 个特征值. 反之，凡是正交相似于对角阵的实方阵一定是对称阵. 因此，n 阶实方阵 $\boldsymbol{A}$ 正交相似于对角阵当且仅当 $\boldsymbol{A}$ 是对称阵.

我们称对角阵 $\boldsymbol{\Lambda}$ 是 $\boldsymbol{A}$ 的**正交相似标准形**.

说明 (1) 当 $\boldsymbol{P}$ 是可逆阵时，称 $\boldsymbol{B} = \boldsymbol{P}^{-1}\boldsymbol{AP}$ 与 $\boldsymbol{A}$ 相似；当 $\boldsymbol{P}$ 是正交阵时，称 $\boldsymbol{B} = \boldsymbol{P}^{-1}\boldsymbol{AP}$ 与 $\boldsymbol{A}$ **正交相似**. 正交相似的两个矩阵一定相似，反之，相似的两个矩阵不一定正交相似.

(2) 因为对角阵 $\boldsymbol{\Lambda}$ 是对称阵，所以，当 $\boldsymbol{A}$ 正交相似于对角阵 $\boldsymbol{\Lambda}$ 时，由 $\boldsymbol{P}'\boldsymbol{AP} = \boldsymbol{\Lambda}$ 可以推出

$$\boldsymbol{A} = (\boldsymbol{P}^{-1})'\boldsymbol{\Lambda}\boldsymbol{P}^{-1},\ \boldsymbol{A}' = (\boldsymbol{P}^{-1})'\boldsymbol{\Lambda}'(\boldsymbol{P}^{-1}) = (\boldsymbol{P}^{-1})'\boldsymbol{\Lambda}(\boldsymbol{P}^{-1}) = \boldsymbol{A},$$

所以 $\boldsymbol{A}$ 一定是对称阵.

(3) 我们略去此定理的证明，而仅用实例说明求出所需的正交阵 $\boldsymbol{P}$ 的具体方法.

例 6.3.2 求 $\boldsymbol{A} = \begin{pmatrix} 3/2 & -1/2 & 0 \\ -1/2 & 3/2 & 0 \\ 0 & 0 & 3 \end{pmatrix}$ 的正交相似标准形.

解 易见 $tr(\boldsymbol{A}) = |\boldsymbol{A}| = 6$. 先求出特征方程和特征值.

$$|\lambda\boldsymbol{I}_3 - \boldsymbol{A}| = \begin{vmatrix} \lambda - 3/2 & 1/2 & 0 \\ 1/2 & \lambda - 3/2 & 0 \\ 0 & 0 & \lambda - 3 \end{vmatrix} = (\lambda - 1)(\lambda - 2)(\lambda - 3) = 0.$$

属于 $\lambda_1 = 1$ 的特征向量满足 $\begin{cases} -\dfrac{1}{2}x_1 + \dfrac{1}{2}x_2 = 0 \\ \dfrac{1}{2}x_1 - \dfrac{1}{2}x_2 = 0 \\ -2x_3 = 0 \end{cases}$.

取单位解

$$p_1 = \frac{1}{\sqrt{2}}\begin{pmatrix}1\\1\\0\end{pmatrix}.$$

属于 $\lambda_2 = 2$ 的特征向量满足 $\begin{cases} \dfrac{1}{2}x_1 + \dfrac{1}{2}x_2 = 0 \\ -x_3 = 0 \end{cases}$.

取单位解

$$p_2 = \frac{1}{\sqrt{2}}\begin{pmatrix}1\\-1\\0\end{pmatrix}.$$

属于 $\lambda_3 = 3$ 的特征向量满足 $\begin{cases} \dfrac{3}{2}x_1 + \dfrac{1}{2}x_2 = 0 \\ \dfrac{1}{2}x_1 + \dfrac{3}{2}x_2 = 0 \end{cases}$.

取单位解

$$p_3 = \begin{pmatrix}0\\0\\1\end{pmatrix}.$$

令 $$P = (p_1, p_2, p_3) = \begin{pmatrix}1/\sqrt{2} & 1/\sqrt{2} & 0\\ 1/\sqrt{2} & -1/\sqrt{2} & 0\\ 0 & 0 & 1\end{pmatrix}.$$

因为三个特征值两两不同,所以根据定理 6.3.2 可知 P 为正交阵,再据定理 6.3.3 可知必有

$$P^{-1}AP = P'AP = \begin{pmatrix}1 & & \\ & 2 & \\ & & 3\end{pmatrix} = \Lambda.$$

说明 (1) 必须把求出的每一个特征向量都单位化. 因为这个方阵的特征值都是单重根,对应的特征向量必正交,所以由单位化以后的特征向量拼成的方阵一定是正交阵.

(2) 上述计算是否正确,只需要验证以下矩阵等式:

$$\boldsymbol{AP}=\begin{pmatrix}3/2 & -1/2 & 0\\ -1/2 & 3/2 & 0\\ 0 & 0 & 3\end{pmatrix}\begin{pmatrix}1/\sqrt{2} & 1/\sqrt{2} & 0\\ 1/\sqrt{2} & -1/\sqrt{2} & 0\\ 0 & 0 & 1\end{pmatrix}=\begin{pmatrix}1/\sqrt{2} & 2/\sqrt{2} & 0\\ 1/\sqrt{2} & -2/\sqrt{2} & 0\\ 0 & 0 & 3\end{pmatrix}=\boldsymbol{P\Lambda}.$$

(3) 特征值可以任意排序,但 $\boldsymbol{p}_i$ 必须与 λ_i 互相对应,即 $\boldsymbol{P}$ 中各列的排列次序与对角阵 $\boldsymbol{\Lambda}$ 中 n 个对角元,即 $\boldsymbol{A}$ 的 n 个特征值的排列次序,必须一致.

(4) 如果只是把求出的三个线性无关特征向量(没有把它们单位化)

$$\boldsymbol{p}_1=\begin{pmatrix}1\\1\\0\end{pmatrix},\ \boldsymbol{p}_2=\begin{pmatrix}1\\-1\\0\end{pmatrix},\ \boldsymbol{p}_3=\begin{pmatrix}0\\0\\1\end{pmatrix}$$

拼成一个可逆阵

$$\boldsymbol{Q}=\begin{pmatrix}1 & 1 & 0\\ 1 & -1 & 0\\ 0 & 0 & 1\end{pmatrix},$$

则仍然有

$$\boldsymbol{Q}^{-1}\boldsymbol{AQ}=\begin{pmatrix}1 & & \\ & 2 & \\ & & 3\end{pmatrix}=\boldsymbol{\Lambda}.$$

但是未必有

$$\boldsymbol{Q}'\boldsymbol{AQ}=\begin{pmatrix}1 & & \\ & 2 & \\ & & 3\end{pmatrix}=\boldsymbol{\Lambda}.$$

我们知道两个相似的方阵一定有相同的特征值,而有相同的特征值的两个同阶方阵却不一定相似. 例如,与单位阵相似的方阵就是单位阵本身. 可是,对于对称阵来说,有相同的特征值的两个对称阵不但一定相似,而且它们一定正交相似. 这是对称阵的重要特性.

例 6.3.3 证明两个有相同特征值的同阶对称阵一定正交相似,因而两个相似的对称阵必正交相似.

证 设 n 阶对称阵 $\boldsymbol{A}$，$\boldsymbol{B}$ 有相同的特征值 λ_1，λ_2，…，λ_n，则根据定理 6.3.3 可知，存在 n 阶正交阵 $\boldsymbol{P}$ 和 $\boldsymbol{Q}$，使得

$$\boldsymbol{P}^{-1}\boldsymbol{AP}=\boldsymbol{Q}^{-1}\boldsymbol{BQ}=\begin{pmatrix}\lambda_1 & & & \\ & \lambda_2 & & \\ & & \ddots & \\ & & & \lambda_n\end{pmatrix}.$$

于是有矩阵等式

$$\boldsymbol{B}=\boldsymbol{QP}^{-1}\boldsymbol{APQ}^{-1}=(\boldsymbol{PQ}^{-1})^{-1}\boldsymbol{A}(\boldsymbol{PQ}^{-1}).$$

由 $\boldsymbol{P}$，$\boldsymbol{Q}$ 都是正交阵可知 $\boldsymbol{Q}^{-1}$ 和 $\boldsymbol{PQ}^{-1}$ 也是正交阵，这就证明了 $\boldsymbol{A}$ 与 $\boldsymbol{B}$ 正交相似.

两个相似的对称阵必有相同的特征值，因而必正交相似. **证毕**

例 6.3.4 求 $\boldsymbol{A}=\begin{pmatrix}4 & 2 & 2\\ 2 & 4 & 2\\ 2 & 2 & 4\end{pmatrix}$ 的相似标准形.

解 $$|\lambda\boldsymbol{I}_3-\boldsymbol{A}|=\begin{vmatrix}\lambda-4 & -2 & -2\\ -2 & \lambda-4 & -2\\ -2 & -2 & \lambda-4\end{vmatrix}=(\lambda-8)\begin{vmatrix}1 & -2 & -2\\ 1 & \lambda-4 & -2\\ 1 & -2 & \lambda-4\end{vmatrix}$$
$$=(\lambda-8)\begin{vmatrix}1 & -2 & -2\\ 0 & \lambda-2 & 0\\ 0 & 0 & \lambda-2\end{vmatrix}=(\lambda-2)^2(\lambda-8)=0.$$

三个特征值之和确为 $\operatorname{tr}(\boldsymbol{A})=4+4+4=12$，三个特征值之积确为 $|\boldsymbol{A}|=32$.

属于 $\lambda_1=\lambda_2=2$ 的特征向量满足 $x_1+x_2+x_3=0$. 可取两个线性无关解

$$\boldsymbol{p}_1=\begin{pmatrix}1\\ 0\\ -1\end{pmatrix},\ \boldsymbol{p}_2=\begin{pmatrix}0\\ 1\\ -1\end{pmatrix}.$$

属于 $\lambda_3=8$ 的特征向量满足

$$\begin{cases}4x_1-2x_2-2x_3=0\\ -2x_1+4x_2-2x_3=0,\\ -2x_1-2x_2+4x_3=0\end{cases}$$

即 $x_1=x_2=x_3$. 可取解

$$\boldsymbol{p}_3=\begin{pmatrix}1\\1\\1\end{pmatrix}.$$

它们可以拼成可逆阵

$$\boldsymbol{P}=(\boldsymbol{p}_1,\ \boldsymbol{p}_2,\ \boldsymbol{p}_3)=\begin{pmatrix}1&0&1\\0&1&1\\-1&-1&1\end{pmatrix},$$

使得

$$\boldsymbol{P}^{-1}\boldsymbol{AP}=\begin{pmatrix}2&&\\&2&\\&&8\end{pmatrix}.$$

说明 如此产生的 $\boldsymbol{P}$ 是可逆阵,未必是正交阵,因此未必有 $\boldsymbol{P}^{-1}\boldsymbol{AP}=\boldsymbol{P}'\boldsymbol{AP}$.

如果某个对称阵的特征值有重根,那么要求出所需的正交阵的方法会稍许复杂一些.

以下介绍求单个方程的正交解的**直观方法**.

在例 6.3.4 中属于 $\lambda_1=\lambda_2=2$ 的特征向量满足的方程是 $x_1+x_2+x_3=0$. 对于这个方程,可以用直观法求出它的两个互相正交的解:

$$\boldsymbol{p}_1=\begin{pmatrix}1\\0\\-1\end{pmatrix},\ \boldsymbol{p}_2=\begin{pmatrix}1\\-2\\1\end{pmatrix}.$$

其取法如下:在 $\boldsymbol{p}_1$ 中可任意取定一个分量为0,例如取 $x_2=0$. 再据 $x_1+x_2+x_3=0$ 可取 $x_1=1$, $x_3=-1$. 为了使得 $\boldsymbol{p}_2=(y_1,\ y_2,\ y_3)'$ 与 $\boldsymbol{p}_1$ 正交,由于在 $\boldsymbol{p}_1$ 中已经取 $x_2=0$, $x_1=1$, $x_3=-1$,所以可很容易取 $y_1=y_3=1$,再据 $y_1+y_2+y_3=0$ 就可确定 $y_2=-2$.

再把这三个两两正交的特征向量单位化,就可以拼成所需的正交阵:

$$\boldsymbol{P}=\begin{pmatrix}\frac{1}{\sqrt{2}}&\frac{1}{\sqrt{6}}&\frac{1}{\sqrt{3}}\\0&-\frac{2}{\sqrt{6}}&\frac{1}{\sqrt{3}}\\-\frac{1}{\sqrt{2}}&\frac{1}{\sqrt{6}}&\frac{1}{\sqrt{3}}\end{pmatrix},$$

有

$$P^{-1}AP = P'AP = \begin{pmatrix} 2 & & \\ & 2 & \\ & & 8 \end{pmatrix}.$$

当然,用同样的直观方法也可取以下两组正交解:

$$p_1 = \begin{pmatrix} 1 \\ -1 \\ 0 \end{pmatrix},\ p_2 = \begin{pmatrix} 1 \\ 1 \\ -2 \end{pmatrix} \quad 或 \quad p_1 = \begin{pmatrix} 0 \\ 1 \\ -1 \end{pmatrix},\ p_2 = \begin{pmatrix} -2 \\ 1 \\ 1 \end{pmatrix}.$$

把它们单位化后,连同属于 $\lambda_3 = 8$ 的单位特征向量 p_3,就可以得到另外两个所需的正交阵.

对于一般的齐次线性方程,很容易直接验证以下公式的正确性:

当 $abc \neq 0$ 时,$ax + by + cz = 0$ 的两个正交解可以取为

$$(-b,\ a,\ 0),\ (ac,\ bc,\ -a^2 - b^2).$$

当 $abcd \neq 0$ 时,$ax + by + cz + dw = 0$ 的三个两两正交解可以取为

$$(-b,\ a,\ 0,\ 0),\qquad (0,\ 0,\ -d,\ c),$$
$$(a(c^2+d^2),\quad b(c^2+d^2),\quad -c(a^2+b^2),\quad -d(a^2+b^2)).$$

这些公式不必去死记,针对具体方程用直观方法很容易凑出所需的正交解.

例如,用直观方法就可以求出 $x_1 - x_2 - x_3 + x_4 = 0$ 的两两正交的非零解向量组:

$$p_1 = \begin{pmatrix} 1 \\ 1 \\ 0 \\ 0 \end{pmatrix},\ p_2 = \begin{pmatrix} 0 \\ 0 \\ 1 \\ 1 \end{pmatrix},\ p_3 = \begin{pmatrix} 1 \\ -1 \\ 1 \\ -1 \end{pmatrix}.$$

其取法如下:在 p_1 中任意取定两个分量为0,例如 $x_3 = x_4 = 0$, $x_1 = x_2 = 1$;在 p_2 中取定剩下的两个分量为0:$x_1 = x_2 = 0$, $x_3 = x_4 = 1$;再根据向量的正交性和必须满足的方程式,就可很容易地求出第三个解向量 p_3.

用上述公式就可以求出 $x_1 + 2x_2 + 3x_3 + 4x_4 = 0$ 的两两正交的非零解向量组:

$$p_1 = \begin{pmatrix} -2 \\ 1 \\ 0 \\ 0 \end{pmatrix},\ p_2 = \begin{pmatrix} 0 \\ 0 \\ -4 \\ 3 \end{pmatrix},\ p_3 = \begin{pmatrix} 25 \\ 50 \\ -15 \\ -20 \end{pmatrix}.$$

例 6.3.5 求 $\boldsymbol{A}=\begin{pmatrix}0&1&1&-1\\1&0&-1&1\\1&-1&0&1\\-1&1&1&0\end{pmatrix}$ 的相似标准形.

解 先求出 $\boldsymbol{A}$ 的特征方程和特征值.

$$|\lambda\boldsymbol{I}_4-\boldsymbol{A}|=\begin{vmatrix}\lambda&-1&-1&1\\-1&\lambda&1&-1\\-1&1&\lambda&-1\\1&-1&-1&\lambda\end{vmatrix}=(\lambda-1)\begin{vmatrix}1&-1&-1&1\\1&\lambda&1&-1\\1&1&\lambda&-1\\1&-1&-1&\lambda\end{vmatrix}$$

$$=(\lambda-1)\begin{vmatrix}1&-1&-1&1\\0&\lambda+1&2&-2\\0&2&\lambda+1&-2\\0&0&0&\lambda-1\end{vmatrix}=(\lambda-1)^2(\lambda^2+2\lambda-3)$$

$$=(\lambda-1)^3(\lambda+3)=0.$$

属于三重根 $\lambda_2=1$ 的特征向量满足 $x_1-x_2-x_3+x_4=0$. 可以求出三个线性无关解：

$$\boldsymbol{p}_1=\begin{pmatrix}1\\1\\0\\0\end{pmatrix},\ \boldsymbol{p}_2=\begin{pmatrix}1\\0\\1\\0\end{pmatrix},\ \boldsymbol{p}_3=\begin{pmatrix}-1\\0\\0\\1\end{pmatrix}.$$

属于 $\lambda_1=-3$ 的特征向量满足

$$\begin{cases}-3x_1-x_2-x_3+x_4=0\\-x_1-3x_2+x_3-x_4=0\\-x_1+x_2-3x_3-x_4=0\\x_1-x_2-x_3-3x_4=0\end{cases}.$$

可取单位解

$$\boldsymbol{p}_4=\begin{pmatrix}1\\-1\\-1\\1\end{pmatrix}.$$

(把前两式相加得 $x_1+x_2=0$,把后两式相加得 $x_3+x_4=0$,把中间两式相减得 $x_2=x_3$.)

于是找到可逆阵

$$P=\begin{pmatrix}1&1&-1&1\\1&0&0&-1\\0&1&0&-1\\0&0&1&1\end{pmatrix}$$

使得

$$P^{-1}AP=\begin{pmatrix}1&&&\\&1&&\\&&1&\\&&&-3\end{pmatrix}=\Lambda.$$

说明　属于三重根 $\lambda_2=1$ 的特征向量满足 $x_1-x_2-x_3+x_4=0$. 前已用直观法求出三个两两正交特征向量:

$$p_1=\begin{pmatrix}1\\1\\0\\0\end{pmatrix},\ p_2=\begin{pmatrix}0\\0\\1\\1\end{pmatrix},\ p_3=\begin{pmatrix}1\\-1\\1\\-1\end{pmatrix}.$$

把这四个两两正交的特征向量都单位化,得到正交阵

$$P=(p_1,p_2,p_3,p_4)=\begin{pmatrix}1/\sqrt{2}&0&1/2&1/2\\1/\sqrt{2}&0&-1/2&-1/2\\0&1/\sqrt{2}&1/2&-1/2\\0&1/\sqrt{2}&-1/2&1/2\end{pmatrix},$$

也可得到

$$P^{-1}AP=P'AP=\Lambda.$$

习题 6.3

1. 设 $A=\begin{pmatrix}2&0&0\\0&3&2\\0&2&3\end{pmatrix}$,求出正交阵,使得 $P^{-1}AP$ 为对角阵.

2. 已知 $\boldsymbol{A}=\begin{pmatrix}1 & -2 & -4\\ -2 & x & -2\\ -4 & -2 & 1\end{pmatrix}$ 与 $\boldsymbol{\Lambda}=\begin{pmatrix}5 & & \\ & y & \\ & & -4\end{pmatrix}$ 相似,求出可逆阵 $\boldsymbol{P}$,使得 $\boldsymbol{P}^{-1}\boldsymbol{A}\boldsymbol{P}=\boldsymbol{\Lambda}$.

3. 求分块矩阵 $\boldsymbol{A}=\left(\begin{array}{cc:cc}5 & -2 & 0 & 0\\ -2 & 2 & 0 & 0\\ \hdashline 0 & 0 & 5 & -2\\ 0 & 0 & -2 & 2\end{array}\right)$ 的正交相似标准形.

4. 设三阶实对称阵 $\boldsymbol{A}$ 的特征值为 $\lambda_1=1$, $\lambda_2=2$, $\lambda_3=3$. 已知 $\boldsymbol{A}$ 的属于 λ_1 和 λ_2 的特征向量分别为

$$\boldsymbol{p}_1=\begin{pmatrix}-1\\ -1\\ 1\end{pmatrix},\ \boldsymbol{p}_2=\begin{pmatrix}1\\ -2\\ -1\end{pmatrix},$$

求出 $\boldsymbol{A}$ 的属于 λ_3 的特征向量.

5. 设 $\boldsymbol{A}$ 是三阶实对称阵,其特征值为 $\lambda_1=\lambda_2=2$, $\lambda_3=1$. 已知属于 $\lambda_1=\lambda_2=2$ 的特征向量为

$$\boldsymbol{p}_1=\begin{pmatrix}1\\ -1\\ 1\end{pmatrix},\ \boldsymbol{p}_2=\begin{pmatrix}1\\ 1\\ 1\end{pmatrix},$$

求出属于 $\boldsymbol{\lambda}_3=1$ 的特征向量 $\boldsymbol{p}_3$ 和 $\boldsymbol{A}$.

部分习题参考答案或提示

第1章　行　列　式

习题 1.1　行列式的定义

1. (1) 1；(2) 0；(3) 1；(4) 0.

2. (1) $D_3 \neq 0 \Leftrightarrow a \neq 1$ 且 $a \neq 3$；

(2) $D_3 < 0 \Leftrightarrow a < -2$ 或者 $a > 2$，$D_3 > 0 \Leftrightarrow -2 < a < 2$.

3. 直接按三阶行列式的计算公式证明.

习题 1.2　行列式的展开

1. $D = -8$.

2. $D = -15$.

3. (1) 14；(2) 0；(3) $(a_1d_1 - b_1c_1)(a_2d_2 - b_2c_2)$.

4. (1) $f(x) = -4x - 4$；(2) $f(x) = -4x$.

5. (1) $D_5 = 5!$；(2) $D_6 = -6!$.

习题 1.3　行列式的性质

1. (1) 0；(2) $-22\,680$；(3) -70；(4) 1.

2. (1) $x = 0, 1, 2$；(2) $x = -3$；(3) $x = 1, 2, 3, \cdots, n-1$；(4) $x = a_1, a_2, \cdots, a_{n-1}$；

(5) $x = -3$ 或 $x = 1$；(6) $x = \pm 2, \pm\sqrt{6}$.

3. 提示：将这两点的坐标代入行列式，其值确为零.

此直线方程是 $(y_1 - y_2)x + (x_2 - x_1)y + (x_1y_2 - x_2y_1) = 0$.

5. 提示：(1) 用行列式性质 5 作列化简；(2) 把后两列都加到第一列上去，提出公因数 2，再在后两列中都减去第一列，再把后两列都加到第一列上去，即可得证.

6. -12.

习题 1.4　行列式的计算

1. (1) $(b-a)(c-a)(c-b)$；(2) 8；(3) 0；(4) -14；(5) 90；(6) 0；(7) $a+b+d$；

(8) $(-1)^{n+1} \times n!$；(9) $a^n + (-1)^{n+1}b^n$.

2. (1) 18; (2) $-2(x^3+y^3)$; (3) 160; (4) -3; (5) $(x+4a)(x-a)^4$;
(6) $(n-1+a)(a-1)^{n-1}$.

第2章 矩 阵

习题 2.2 矩阵运算

2. $|\boldsymbol{A}|=-1$, $3|\boldsymbol{A}|=-3$, $|3\boldsymbol{A}|=-27$,满足 $|3\boldsymbol{A}|=3^3|\boldsymbol{A}|$.

3. $\boldsymbol{X}=\frac{1}{2}\begin{pmatrix}8 & 3 & -2\\ -2 & 5 & 2\\ 7 & 11 & 5\end{pmatrix}$.

4. $y=x+1$.

7. $\begin{pmatrix}-4 & -8 & 0\\ -3 & -11 & 7\\ -8 & -12 & -16\end{pmatrix}$, $\begin{pmatrix}0 & -4 & 0\\ 2 & -14 & 6\\ -11 & -11 & -17\end{pmatrix}$, $\begin{pmatrix}-8 & -12 & 0\\ -8 & -8 & 8\\ -5 & -13 & -15\end{pmatrix}$.

8. $\boldsymbol{O}$.

9. 提示:分别计算 $\boldsymbol{AA}'$ 和 $\boldsymbol{A}'\boldsymbol{A}$.

习题 2.3 方阵的逆阵

1. 提示:(1),(3)⇒(2):用 $\boldsymbol{A}$ 左乘 $\boldsymbol{AA}'=\boldsymbol{I}_n$.

2. 提示:对 m 用数学归纳法证明.

3. 提示:分别用 $(\boldsymbol{A}^{-1})'=(\boldsymbol{A}')^{-1}$ 和 $\boldsymbol{A}^*=|\boldsymbol{A}|\boldsymbol{A}^{-1}$ 证明.

4. 提示:证明当 $\boldsymbol{A}$ 是可逆阵时必有 $\boldsymbol{A}=\boldsymbol{I}_n$.

5. (1) $\begin{pmatrix}\cos\theta & -\sin\theta\\ \sin\theta & \cos\theta\end{pmatrix}$; (2) $\begin{pmatrix}\cos\theta & \sin\theta\\ \sin\theta & -\cos\theta\end{pmatrix}$; (3) $\boldsymbol{A}$ 不可逆.

6. 提示:用 $|\boldsymbol{AB}|=|\boldsymbol{A}|\times|\boldsymbol{B}|$.

习题 2.5 初等变换与初等方阵

1. (1) $\begin{pmatrix}\boldsymbol{I}_3\\ \boldsymbol{O}\end{pmatrix}$; (2) $\begin{pmatrix}\boldsymbol{I}_2 & \boldsymbol{O}\\ \boldsymbol{O} & \boldsymbol{O}\end{pmatrix}$.

2. (1) $\frac{1}{8}\begin{pmatrix}-2 & 2 & 2\\ 5 & -1 & -1\\ 1 & -5 & 3\end{pmatrix}$; (2) $\frac{1}{7}\begin{pmatrix}-3 & 5 & -11\\ 2 & -1 & -2\\ 2 & -1 & 5\end{pmatrix}$; (3) $\begin{pmatrix}1 & 1 & 3\\ 2 & 3 & 7\\ 3 & 4 & 9\end{pmatrix}$;

(4) $\boldsymbol{A}^{-1}=\begin{pmatrix}22 & -6 & -26 & 17\\ -17 & 5 & 20 & -13\\ -1 & 0 & 2 & -1\\ 4 & -1 & -5 & 3\end{pmatrix}$.

3. (1) $\boldsymbol{X}=\begin{pmatrix}0 & 2\\ 1 & 1\end{pmatrix}$; (2) $\boldsymbol{X}=\begin{pmatrix}9 & 7\\ -10 & -8\end{pmatrix}$;

(3) $\boldsymbol{X}=\begin{pmatrix}1&-4&-3\\1&-5&-3\\-1&6&4\end{pmatrix}\begin{pmatrix}4&2&3\\1&1&0\\-1&2&3\end{pmatrix}=\begin{pmatrix}3&-8&-6\\2&-9&-6\\-2&12&9\end{pmatrix}$;

(4) 提示:用 $\boldsymbol{P}_{12}^{-1}=\boldsymbol{P}_{12}$, $\boldsymbol{P}_{23}^{-1}=\boldsymbol{P}_{23}$ 得 $\boldsymbol{X}=\begin{pmatrix}2&-1&0\\1&3&-4\\1&0&-2\end{pmatrix}$.

习题 2.6　矩阵的秩

1. (1) 2;　(2) 4;　(3) 2;　(4) 3;　(5) 4;　(6) 4.

2. 应选(C).

3. 应选(B).

4. 应选(B).

第 3 章　向　　量

习题 3.1　*n* 维向量空间

1. (0, −8, 0, 2).

2. (1) $\frac{1}{3}(0,1,-2)$;　(2) (3, −1, 4).

习题 3.2　向量的线性组合

1. (1) $\boldsymbol{\beta}=-\boldsymbol{\alpha}_1+(1-2k)\boldsymbol{\alpha}_2+k\boldsymbol{\alpha}_3$, k 为任意数;　(2) $\boldsymbol{\beta}=2\boldsymbol{\alpha}_1-\boldsymbol{\alpha}_2+3\boldsymbol{\alpha}_3$;
(3) $\boldsymbol{\beta}$ 不能表成 $\boldsymbol{\alpha}_1$, $\boldsymbol{\alpha}_2$, $\boldsymbol{\alpha}_3$ 的线性组合.

2. $t=92$.

3. $a=-1$, $b\neq 0$.

习题 3.3　线性相关向量组与线性无关向量组

1. (1) 线性无关;　(2) 线性相关;　(3) 线性相关;　(4) 线性无关;　(5) 线性相关;
(6) 线性相关;　(7) 线性相关;　(8) 线性无关.

2. $t=1$.

3. $a=b+c$.

4. 提示: $\boldsymbol{\beta}_1=-\boldsymbol{\alpha}_1+3\boldsymbol{\alpha}_2$, $\boldsymbol{\beta}_2=\boldsymbol{\alpha}_1-\boldsymbol{\alpha}_2$ 和 $\boldsymbol{\alpha}_1=\frac{1}{2}\boldsymbol{\beta}_1+\frac{3}{2}\boldsymbol{\beta}_2$, $\boldsymbol{\alpha}_2=\frac{1}{2}\boldsymbol{\beta}_1+\frac{1}{2}\boldsymbol{\beta}_2$.

习题 3.4　向量组的秩

1. (1) 2;　(2) 2;　(3) 3;　(4) 1;　(5) 3;　(6) 2;　(7) 3.

2. 提示: $\boldsymbol{T}$ 的秩 $r\leqslant 6$, $8-r\geqslant 2$, 考虑 $\boldsymbol{T}$ 中任取的极大无关组 $\boldsymbol{S}=\{\boldsymbol{\alpha}_1,\boldsymbol{\alpha}_2,\cdots,\boldsymbol{\alpha}_r\}$.

3. 线性相关, $\boldsymbol{\alpha}_3=2(\boldsymbol{\alpha}_2-\boldsymbol{\alpha}_1)$.

4. (1) 线性无关； (2) 线性相关； (3) 线性无关； (4) 线性相关.

5. $\{\boldsymbol{\alpha}_1, \boldsymbol{\alpha}_2, \boldsymbol{\alpha}_4\}$, $\{\boldsymbol{\alpha}_1, \boldsymbol{\alpha}_3, \boldsymbol{\alpha}_4\}$, $\{\boldsymbol{\alpha}_2, \boldsymbol{\alpha}_3, \boldsymbol{\alpha}_4\}$.

第 4 章　线性方程组

习题 4.1　齐次线性方程组

1. 是.

2. (1) 是； (2) 它们之和是零向量,不是 $\boldsymbol{Ax}=\boldsymbol{0}$ 的基础解系.

3. (1) 只有零解； (2) 通解为 $k\begin{pmatrix}-2\\1\\0\\0\end{pmatrix}$, k 为任意实数； (3) 只有零解；

(4) 通解为 $k_1\begin{pmatrix}-6\\1\\0\\0\end{pmatrix}+k_2\begin{pmatrix}1\\0\\-3\\1\end{pmatrix}$, k_1, k_2 为任意实数；

(5) 通解为 $k_1\begin{pmatrix}-2\\1\\0\\0\\0\end{pmatrix}+k_2\begin{pmatrix}-5\\0\\1\\-2\\1\end{pmatrix}$, k_1, k_2 为任意实数.

4. (1) $a=-3$,通解为 $\xi=k\begin{pmatrix}-1\\1\\1\end{pmatrix}$, k 为任意实数；

(2) $a=5$,通解为 $\xi=k\begin{pmatrix}-9\\3\\1\end{pmatrix}$, k 为任意实数.

习题 4.2　非齐次线性方程组

1. (1) 无解； (2) 通解为 $\boldsymbol{\eta}=\begin{pmatrix}3\\0\\2\\1\end{pmatrix}+k\begin{pmatrix}-2\\1\\0\\0\end{pmatrix}$, k 为任意实数；

(3) 有唯一解 $\boldsymbol{\eta}=\begin{pmatrix}2\\1\\3\end{pmatrix}$；

(4) 通解为 $\boldsymbol{\eta}=\begin{pmatrix}-16\\23\\0\\0\\0\end{pmatrix}+k_1\begin{pmatrix}1\\-2\\0\\1\\0\end{pmatrix}+k_2\begin{pmatrix}5\\-6\\0\\0\\1\end{pmatrix}$，$k_1$，$k_2$ 为任意实数.

2. 有解当且仅当 $a=-1$，通解为 $\boldsymbol{\eta}=\boldsymbol{\eta}^*+k\begin{pmatrix}1\\-3\\2\end{pmatrix}$，$k$ 为任意实数，其中特解满足

$\begin{cases}x_1+x_2+x_3=0\\2x_2+3x_3=-1\end{cases}$. 可取解 $\begin{pmatrix}1/2\\-1/2\\0\end{pmatrix}$ 或 $\begin{pmatrix}1/3\\0\\-1/3\end{pmatrix}$ 或 $\begin{pmatrix}0\\1\\-1\end{pmatrix}$ 或 $\begin{pmatrix}1\\-2\\1\end{pmatrix}$.

3. (1) 方程组有解 $\Leftrightarrow c=a+b$，且有无穷多个解：$\begin{cases}x_1=b-x_3\\x_2=a-b-x_3\end{cases}$；

(2) 方程组有解 $\Leftrightarrow b=3a$ 且 $c=-2a\Leftrightarrow a:b:c=1:3:(-2)$；

(3) 对任意 a, b, c，方程组 $\boldsymbol{A}\boldsymbol{x}=\boldsymbol{b}$ 都有唯一解 $\boldsymbol{x}=\boldsymbol{A}^{-1}\boldsymbol{b}$.

4. 提示：$(\boldsymbol{A}\,\vdots\,\boldsymbol{b})\rightarrow\left(\begin{array}{cccc:c}1&1&1&1&0\\0&1&2&2&1\\0&0&a-1&0&b+1\\0&0&0&a-1&0\end{array}\right)$.

(1) 当 $a\neq1$ 时，有唯一解

$$x_1=\frac{-a+b+2}{a-1},\ x_2=\frac{a-2b-3}{a-1},\ x_3=\frac{b+1}{a-1},\ x_4=0;$$

(2) 当 $a=1$, $b=-1$ 时，有无穷多个解

$$\boldsymbol{\eta}=\begin{pmatrix}-1\\1\\0\\0\end{pmatrix}+k\begin{pmatrix}1\\-2\\1\\0\end{pmatrix}+l\begin{pmatrix}1\\-2\\0\\1\end{pmatrix},\ k,\ l \text{ 为任意实数；}$$

(3) 当 $a=1$, $b\neq-1$ 时，由于 $R(\boldsymbol{A})=2<R(\boldsymbol{A}\,\vdots\,\boldsymbol{b})=3$，所以此方程组无解.

习题 4.3　克拉默法则

1. (1) $x=2$, $y=0$, $z=-2$；

(2) 解为　$x=\dfrac{a+c}{2}$, $y=\dfrac{a+b}{2}$, $z=\dfrac{b+c}{2}$；

(3) 解为　$x=\dfrac{13}{5}$, $y=-\dfrac{4}{5}$, $z=-\dfrac{7}{5}$；

(4) 解为　$x_1=7$, $x_2=5$, $x_3=4$, $x_4=8$.

2. $f(x)=-x^2+2x-3$.

3. $\lambda=0, 2, 3$.

第 5 章　特征值与特征向量

习题 5.1　特征值与特征向量

1. 提示：$|\boldsymbol{A}|=\prod_{i=1}^{n}\lambda_i$.

2. 提示：$|\boldsymbol{A}-\boldsymbol{I}_3|=(-1)^3|\boldsymbol{I}_3-\boldsymbol{A}|$，$|\boldsymbol{A}+2\boldsymbol{I}_3|=(-1)^3|-2\boldsymbol{I}_3-\boldsymbol{A}|$，

$|\boldsymbol{A}^2+3\boldsymbol{A}-4\boldsymbol{I}_3|=|(\boldsymbol{A}+4\boldsymbol{I}_3)(\boldsymbol{A}-\boldsymbol{I}_3)|$.

3. 提示：$\boldsymbol{A}$ 的特征值为 $-1, -2, 1$，$\boldsymbol{I}_3+\boldsymbol{A}+\boldsymbol{A}^2$ 的特征值为 $1, 3, 3$，$|\boldsymbol{I}_3+\boldsymbol{A}+\boldsymbol{A}^2|=9$.

4. (1) $\boldsymbol{A}$ 的特征值为 $\lambda_1=\lambda_2=-2$，$\lambda_3=1$.

属于 $\lambda_1=\lambda_2=-2$，只有一个线性无关的特征向量 $\boldsymbol{p}_1=\begin{pmatrix}1\\1\\0\end{pmatrix}$；

属于 $\lambda_3=1$ 的特征向量可取 $\boldsymbol{p}_2=\begin{pmatrix}1\\1\\1\end{pmatrix}$.

$\boldsymbol{p}_1$ 和 $\boldsymbol{p}_2$ 是 $\boldsymbol{A}$ 的极大线性无关特征向量组.

(2) $\boldsymbol{A}$ 的特征值为 $\lambda_1=\lambda_2=\lambda_3=2$，$\lambda_4=-2$.

属于 $\lambda_1=\lambda_2=\lambda_3=2$，可取三个线性无关的特征向量 $\boldsymbol{p}_1=\begin{pmatrix}1\\1\\0\\0\end{pmatrix}$，$\boldsymbol{p}_2=\begin{pmatrix}1\\0\\1\\0\end{pmatrix}$，$\boldsymbol{p}_3=\begin{pmatrix}1\\0\\0\\1\end{pmatrix}$；

属于 $\lambda_4=-2$ 的特征向量可取 $\boldsymbol{p}_4=\begin{pmatrix}-1\\1\\1\\1\end{pmatrix}$.

$\boldsymbol{p}_1$，$\boldsymbol{p}_2$，$\boldsymbol{p}_3$，$\boldsymbol{p}_4$ 是 $\boldsymbol{A}$ 的极大线性无关特征向量组.

5. $\boldsymbol{A}$ 的特征值必为 $\lambda=-2$.

习题 5.2　方阵的相似变换

1. (1) 特征值为 $\lambda_1=\lambda_2=1$，$\lambda_3=10$.

属于 $\lambda_1=\lambda_2=1$，可取两个线性无关的特征向量 $\boldsymbol{p}_1=\begin{pmatrix}1\\0\\-2\end{pmatrix}$，$\boldsymbol{p}_2=\begin{pmatrix}0\\1\\-2\end{pmatrix}$；

属于 $\lambda_3=10$ 的特征向量可取 $\boldsymbol{p}_3=\begin{pmatrix}2\\2\\1\end{pmatrix}$.

于是 $P^{-1}AP=\begin{pmatrix}1&&\\&1&\\&&10\end{pmatrix}$，其中 $P=\begin{pmatrix}1&0&2\\0&1&2\\-2&-2&1\end{pmatrix}$.

(2) 特征值为 $\lambda_1=1$，$\lambda_2=2$，$\lambda_3=3$. 对应的三个线性无关的特征向量可依次取

$$p_1=\begin{pmatrix}1\\1\\1\end{pmatrix},\ p_2=\begin{pmatrix}2\\3\\3\end{pmatrix},\ p_3=\begin{pmatrix}1\\3\\4\end{pmatrix}.$$

于是 $P^{-1}AP=\begin{pmatrix}1&&\\&2&\\&&3\end{pmatrix}$，其中 $P=\begin{pmatrix}1&2&1\\1&3&3\\1&3&4\end{pmatrix}$.

(3) 特征值为 $\lambda_1=\lambda_2=0$，$\lambda_3=1$.

属于二重零特征值，可取两个线性无关的特征向量 $p_1=\begin{pmatrix}1\\0\\-3\end{pmatrix}$，$p_2=\begin{pmatrix}0\\1\\0\end{pmatrix}$.

属于 $\lambda_3=1$ 的特征向量可取 $p_3=\begin{pmatrix}0\\0\\1\end{pmatrix}$.

所以 $P^{-1}AP=\begin{pmatrix}0&&\\&0&\\&&1\end{pmatrix}$，其中 $P=\begin{pmatrix}1&0&0\\0&1&0\\-3&0&1\end{pmatrix}$.

(4) 特征值为 $\lambda_1=\lambda_2=$，$\lambda_3=2$. 属于 $\lambda_1=\lambda_2=1$，只有一个线性无关特征向量，所以 A 不相似于对角阵.

(5) 属于三重特征值 $\lambda=a$ 的线性无关的特征向量只有一个 $p=\begin{pmatrix}1\\0\\0\end{pmatrix}$，$A$ 不相似于对角阵.

2. $a=-\dfrac{1}{2}$.

3. $x=0$，$y=1$. A 的特征值为 -1，1，2. 三个线性无关的特征向量为

$$p_1=\begin{pmatrix}0\\1\\-1\end{pmatrix},\ p_2=\begin{pmatrix}0\\1\\1\end{pmatrix},\ p_3=\begin{pmatrix}1\\0\\0\end{pmatrix}.$$

所以 A 的所有特征向量为 $\{k_1p_1,\ k_2p_2,\ k_3p_3\}$，这里，$k_1$，$k_2$，$k_3$ 为任意非零实数.

4. 提示：首先要求出可逆阵 P 和 P^{-1}，再求出 $A=P\Lambda P^{-1}$，其中 $\Lambda=\begin{pmatrix}\lambda_1&&\\&\lambda_2&\\&&\lambda_3\end{pmatrix}$.

(1) $\boldsymbol{P}=\begin{pmatrix}1&2&-2\\2&-2&-1\\2&1&2\end{pmatrix}$. 直接计算出 $\boldsymbol{PP}'=9\boldsymbol{I}_3$，所以 $\boldsymbol{P}^{-1}=\frac{1}{9}\boldsymbol{P}'$，$\boldsymbol{A}=\frac{1}{3}\begin{pmatrix}-1&0&2\\0&1&2\\2&2&0\end{pmatrix}$；

(2) $\boldsymbol{P}=\begin{pmatrix}1&1&2\\2&1&0\\1&0&-1\end{pmatrix}$，$\boldsymbol{P}^{-1}=\begin{pmatrix}1&-1&2\\-2&3&-4\\1&-1&1\end{pmatrix}$，$\boldsymbol{A}=\begin{pmatrix}3&-2&2\\0&1&0\\-1&1&0\end{pmatrix}$.

5. 首先定出 $x=0$. 特征方阵为 $\lambda\boldsymbol{I}_3-\boldsymbol{A}=\begin{pmatrix}\lambda+2&0&0\\-2&\lambda&-2\\-3&-1&\lambda-1\end{pmatrix}$.

属于 $\lambda_1=-2$，$\lambda_2=-1$ 和 $\lambda_3=2$ 的特征向量依次取

$$\boldsymbol{p}_1=\begin{pmatrix}1\\0\\-1\end{pmatrix},\ \boldsymbol{p}_2=\begin{pmatrix}0\\-2\\1\end{pmatrix},\ \boldsymbol{p}_3=\begin{pmatrix}0\\1\\1\end{pmatrix}.$$

所求的可逆阵 $\boldsymbol{P}=\begin{pmatrix}1&0&0\\0&-2&1\\-1&1&1\end{pmatrix}$，有 $\boldsymbol{P}^{-1}\boldsymbol{AP}=\begin{pmatrix}-2&&\\&-1&\\&&2\end{pmatrix}$.

第 6 章　正交阵与对称阵

习题 6.1　向量内积

1. -48.

2. $k=\pm\frac{6}{7}$.

3. (1) $\boldsymbol{x}=(a, a, 0)$，a 为任意实数；　(2) $S=\{(a, a, b)\mid a, b\in\mathbf{R}\}$；
(3) $x_1^2+x_2^2+\cdots+x_n^2=1$，它是 n 维单位球.

4. $\widetilde{\boldsymbol{\beta}}=\pm\frac{1}{\sqrt{26}}(4, 0, 1, -3)$.

5. $\lambda=5$.

习题 6.2　正交阵

1. (1) 是正交阵；　(2) 是正交阵；　(3) 不是正交阵.

2. 提示：直接验证 $(\boldsymbol{A}+\boldsymbol{B})(\boldsymbol{A}^{-1}+\boldsymbol{B}^{-1})=\boldsymbol{I}_n$，或直接求出 $(\boldsymbol{A}+\boldsymbol{B})^{-1}=\boldsymbol{A}^{-1}+\boldsymbol{B}^{-1}$.

习题 6.3　对称阵

1. 特征值为 $\lambda_1=1$，$\lambda_2=2$ 和 $\lambda_3=5$. 可取正交阵

$$\boldsymbol{P}=\begin{pmatrix}0&1&0\\1/\sqrt{2}&0&1/\sqrt{2}\\-1/\sqrt{2}&0&1/\sqrt{2}\end{pmatrix},$$

使得

$$P^{-1}AP=\begin{pmatrix}1 & & \\ & 2 & \\ & & 5\end{pmatrix}.$$

2. 首先求出 $x=4$，$y=5$，且 $\boldsymbol{A}$ 的特征值就是 $\lambda_1=\lambda_2=5$，$\lambda_3=-4$. 求出可逆阵

$$P=\begin{pmatrix}1 & 0 & 2\\ -2 & -2 & 1\\ 0 & 1 & 2\end{pmatrix},$$

使得

$$P^{-1}AP=\begin{pmatrix}5 & & \\ & 5 & \\ & & -4\end{pmatrix}.$$

3. 提示：对于准对角分块阵，可以对每个主对角块分别求出正交相似标准形.

令 $A_1=\begin{pmatrix}5 & -2\\ -2 & 2\end{pmatrix}$. 求出正交阵 $Q=\dfrac{1}{\sqrt{5}}\begin{pmatrix}1 & -2\\ 2 & 1\end{pmatrix}$ 使得 $Q^{-1}A_1Q=\begin{pmatrix}1 & \\ & 6\end{pmatrix}$.

于是可取正交阵 $P=\begin{pmatrix}Q & \\ & Q\end{pmatrix}$，使得

$$P^{-1}AP=\begin{pmatrix}Q & \\ & Q\end{pmatrix}^{-1}\begin{pmatrix}A_1 & \\ & A_1\end{pmatrix}\begin{pmatrix}Q & \\ & Q\end{pmatrix}=\begin{pmatrix}1 & & & \\ & 6 & & \\ & & 1 & \\ & & & 6\end{pmatrix}.$$

4. 提示：属于 λ_3 的特征向量必与 p_1 和 p_2 都正交，可取 $p_3=\begin{pmatrix}1\\0\\1\end{pmatrix}$.

5. 提示：p_3 必与 p_1 和 p_2 都正交，可取 $p_3=\begin{pmatrix}1\\0\\-1\end{pmatrix}$. 令 $P=\begin{pmatrix}1 & 1 & 1\\ -1 & 1 & 0\\ 1 & 1 & -1\end{pmatrix}$，先求出

$P^{-1}=\dfrac{1}{4}\begin{pmatrix}1 & -2 & 1\\ 1 & 2 & 1\\ 2 & 0 & -2\end{pmatrix}$. 于是可求出 $A=\dfrac{1}{4}\begin{pmatrix}6 & 0 & 2\\ 0 & 8 & 0\\ 2 & 0 & 6\end{pmatrix}$.

图书在版编目(CIP)数据

线性代数/徐诚浩编著. —上海:复旦大学出版社,2011.12(2024.2 重印)
ISBN 978-7-309-08605-8

Ⅰ. 线…　Ⅱ. 徐…　Ⅲ. 线性代数-成人高等教育-教材　Ⅳ. 0151.2

中国版本图书馆 CIP 数据核字(2011)第 240089 号

线性代数
徐诚浩　编著
责任编辑/梁　玲

复旦大学出版社有限公司出版发行
上海市国权路 579 号　邮编:200433
网址:fupnet@fudanpress.com　http://www.fudanpress.com
门市零售:86-21-65102580　团体订购:86-21-65104505
出版部电话:86-21-65642845
盐城市大丰区科星印刷有限责任公司

开本 787 毫米×960 毫米　1/16　印张 10.75　字数 189 千字
2024 年 2 月第 1 版第 7 次印刷

ISBN 978-7-309-08605-8/O · 484
定价:25.00 元